中外科技奖励概论

姚昆仑◎著

科学技术文献出版社
SCIENTIFIC AND TECHNICAL DOCUMENTATION PRESS
·北京·

图书在版编目（CIP）数据

中外科技奖励概论 / 姚昆仑著. —北京：科学技术文献出版社，2022.3
ISBN 978-7-5189-8945-4

Ⅰ. ①中⋯　Ⅱ. ①姚⋯　Ⅲ. ①科技奖励—研究—世界　Ⅳ. ① G321

中国版本图书馆 CIP 数据核字（2022）第 032134 号

中外科技奖励概论

策划编辑：丁芳宇　　责任编辑：赵　斌　　责任校对：王瑞瑞　　责任出版：张志平

出　版　者	科学技术文献出版社
地　　　址	北京市复兴路15号　　邮编 100038
编　务　部	（010）58882938，58882087（传真）
发　行　部	（010）58882868，58882870（传真）
邮　购　部	（010）58882873
官方网址	www.stdp.com.cn
发　行　者	科学技术文献出版社发行　全国各地新华书店经销
印　刷　者	北京时尚印佳彩色印刷有限公司
版　　　次	2022 年 3 月第 1 版　2022 年 3 月第 1 次印刷
开　　　本	710×1000　1/16
字　　　数	331千
印　　　张	21.75　彩插6面
书　　　号	ISBN 978-7-5189-8945-4
定　　　价	88.00元

本书简介

　　本书是介绍中外科技奖励历史、理论及实践方面的读本。作者查阅和搜集了大量古今中外文献，梳理了中外科技奖励的发展脉络，对当今中外科技奖励制度进行了比较研究，提出了中国科技奖励的 3 个历史分期，以及国外科技奖励中可资借鉴的理论和运行模式。

　　本书涉猎面广，蕴含的科技奖励信息丰富，对想了解科技奖励知识、申报科技奖励的科技人员有重要的参考作用，对从事科技奖励和科技政策研究的人员也有较高的参考价值。

序

　　一个国家和民族的科技进步可以从两个方面来反映：一是科技政策的演变；二是产生的科技成果的质量和数量。重大奖励中的获奖项目是无数科技成果中的精品，因此可以说，那些获得世界著名科技奖励和国家科技奖励的项目是科技进步和人类文明的重要象征。科技奖励作为一种荣誉制度，不仅是褒赏做出重要贡献的科技人员，也是激励科技不断发展的重要政策和动力。

　　对科技奖励发展和机制的研究，实际上也是对人类文明进步史的研究。国外学者对科技奖励制度的研究始于20世纪初，研究人员从科学社会学、心理学等学科对科技奖励制度的起源、功能及作用进行了多方面的分析，提出了不同的理论观点。相对而言，我国学界对科技奖励的研究要晚些。直到20世纪80年代初期，随着改革开放后科技奖励制度的恢复和影响的扩大，国外一些著名的科技奖励情况陆续介绍到国内，科技奖励的研究开始受到学者们的关注。近30多年来，不少学者对我国现行科技奖励制度进行了有益的探讨，包括以问卷调查形式开展实证研究，弥补了我国科技奖励研究方面的不足。

　　我国科技奖励的起源甚早，是伴随着科技的发展而不断改进的。正如宋代陈亮（1143—1194年）所说："三代之用赏罚，大概犹法唐虞，……后世之用赏罚，执为已有以驱天下之人而已。……故赏罚以驱天下者，霸者之术也。"早在上古时期，我国就有了对天文、水利等方面的奖励。春秋战国时期以后，随着人类对自然界认识的深化，奖励的范围进一步扩大，面向"格致学"和技艺方面的奖励不断增多，在天文学、医学、数学、农业、军事科技、建筑等领域都有获奖的记载。到清代中期，太平天国的洪仁玕首次提出了建立专利制度的奖励思想，晚清的光绪皇帝批准设立了我国第一个制度化科技奖励。民国时期，我国科技奖励制度已形成了较好的基础，政府、研究院所和学术团体的奖励互为补充，科技奖励体系已具雏形。新中国成立后，在党和政府的高度重视和关注下，经过70多年的不断改进和完善，已形成了中国特色的科技奖励制度。今天，以国家最高科学技术奖、国家自然科学奖、国家技术发明奖、国家科学技术进步奖和中华人民共和国国际科学技术合作奖五大科技奖项为代表的国家科技奖励与省部级科技奖励、社会力量设立的科技奖励构成了多方位、多渠道、多层次的科技奖励体系，基本覆盖了所有的科技研究和活动领域，对激励广大科技人员不断创新、多出成果产生了积极的作用。

近日读到姚昆仑研究员撰写的《中外科技奖励概论》一书，为其中的内容所吸引。该书以史为线索，以分析和理论阐述为支撑，以中外比较为镜像，以中国现行的科技奖励制度与评审实践为基础，较为全面地反映了中国和国外科技奖励发展的全貌，是一本理论与实践结合的佳作，也是一本科技奖励方面的知识小词典。姚昆仑研究员曾在国家科学技术奖励工作办公室工作21年，长期从事科技奖励政策研究和评审实践工作，该书是他多年来工作经验的积累和研究心得的结晶。我认为，该书至少有如下几个鲜明的特点：

一是首次对中国古代的科技奖励理论和实例进行了较为系统的研究。作者查阅了浩繁的文献资料，发掘出第一手古代科技奖励史料，包括奖励的起源、奖励的领域和理论，如"少而精""赏罚分明""赏赐不逾时"等奖励观点，注重对科技人才的奖励等。同时对清代这一时期从"非制度化奖励"走向"制度化奖励"的重要转折进行了归纳分析。

二是对民国时期的科技奖励进行了梳理和分析。民国时期是近代科学在中国较快发展和科学建制化出现时期，同时又面临着抗日战争艰难复杂的社会环境。该书较为全面地分析了民国时期科技奖励发展的背景和特点，同时对中国共产党领导的边区开展的科技奖励活动进行了论述和分析，反映出在科技奖励制度的推动下，中国传统科学的转型及对促进近现代科技进步的作用。

三是对新中国成立后的科技奖励制度的发展进行了归纳总结和分析。新中国的科技奖励制度可以说是共和国科技发展的缩影。该书分析了新中国成立 70 多年来，特别是 1999 年国家科技奖励制度改革后，科技奖励制度在不同历史时期的使命和重要作用，对目前我国国家科技奖励的五大奖项、省部级科技奖项和社会力量设立的科技奖励进行了综合分析。

四是对国外科技奖励的发展及其特点进行了分析。国外科技奖励可追溯到古希腊、古埃及和古巴比伦对工匠的奖励，这些国家与中国同是世界文明的源头，也是科技奖励起步的源头。该书阐述了国外科技奖励的演变和理论发展，尤其对 20 世纪诺贝尔奖、国际性组织设立的重大科技奖项进行了梳理分析。同时，首次对当代中国与国外科技奖励的某些方面进行了比较分析，提出了国外可资借鉴的内容。

该书史料丰富、涉猎广泛，有理论、有实践、有故事、有内涵，是一本集科技奖励历史、理论和实践于一体的读本，填补了我国科技奖励研究的一些空白。我想，该书对想了解科技奖励知识、申报科技奖励的科技人员有较好的参考作用，对从事科技奖励和科技政策研究的人员也有较高的参考价值。

作为一种荣誉制度，国家科学技术奖等有影响的奖项凝聚了获奖者们无数的心血和智慧，也展示了共和国科技发展中令世人瞩目的精彩和辉煌。借此，祝我国科技奖励制度在激励科技人员不断创新，特别是促进青年人才成长发挥更大的作用！

是为序。

中国科学院院士
南京航空航天大学教授　赵淳生

2021 年 6 月 29 日

目　录

第一章　明代末期前的科技奖励 ……………………………… 1

　第一节　古代奖励思想和理论 ………………………………… 2

　　一、赏罚是治国的权柄之一 …………………………………… 3

　　二、崇尚和奖励贤良之才 ……………………………………… 5

　　三、赏罚要准确分明 …………………………………………… 7

　　四、赏贵在精和及时 …………………………………………… 9

　第二节　古代科技奖励的形式 ………………………………… 9

　　一、授官赐爵 …………………………………………………… 10

　　二、赏赐金钱和物质 …………………………………………… 11

　　三、树碑立传以留名青史 ……………………………………… 12

　　四、赐姓、赐名或赐诗文等 …………………………………… 12

　　五、赏赐惠及家庭和后代 ……………………………………… 13

　　六、其他奖励方式 ……………………………………………… 14

　第三节　古代科技奖励的领域 ………………………………… 15

　　一、天文气象方面 ……………………………………………… 15

　　二、中医药领域 ………………………………………………… 17

　　三、农田水利方面 ……………………………………………… 19

　　四、军事科技方面 ……………………………………………… 20

　　五、营造方面 …………………………………………………… 22

　　六、冶铸和工艺等领域 ………………………………………… 22

　第四节　古代科技奖励的特点 ………………………………… 24

一、授奖基本是君王与权贵的个人行为 ……………………… 25

二、奖励与古代人才观紧密联系 …………………………… 27

三、沿袭和丰富了非制度化奖励的形式 …………………… 28

第二章　清代的科技奖励 …………………………………… 32

第一节　清代早期的科技奖励 …………………………… 32

一、顺治、康熙时期的科技奖励 ………………………… 33

二、乾隆至道光时期的科技奖励 ………………………… 35

第二节　清代晚期的科技奖励 …………………………… 37

一、洪仁玕等人的科技奖励思想 ………………………… 37

二、洋务运动对建立科技奖励制度的推动 …………… 39

三、中国第一个科技奖励法规 …………………………… 42

四、对留学归国科技人才的奖励 ………………………… 45

第三节　清代科技奖励的特点和作用 …………………… 47

一、授予的"奖品"注重官职 …………………………… 47

二、随机性科技奖励与专利性质的奖励制度并存 …… 48

三、把西方专利制度纳入科技奖励制度 ……………… 49

四、科技奖励对象以人为主 ……………………………… 50

五、奖励与科普并重，促进了近代科技在中国的
传播与发展 …………………………………………… 50

第三章　民国时期的科技奖励 …………………………… 52

第一节　国民政府的科技奖励制度 ……………………… 53

一、对工艺品和技术发明的奖励 ………………………… 53

二、对基础研究的奖励 …………………………………… 58

第二节　研究机构与社会团体的科技奖励 ……………… 61

一、中央研究院等研究院所设立的奖励 ……………… 61

二、学术团体设立的科技奖励 …………………………… 62

第三节　中国共产党领导的边区科技奖励 ……………… 66

一、中国共产党领导的边区科技奖励政策和制度 …… 66

二、陕甘宁边区的科技奖励活动 ………………………… 69

三、激励科技人员的优惠政策和条件 ……………………… 70

第四节　民国时期科技奖励评述 ……………………………… 72

一、初步形成了政府、研究机构和社会团体相结合的科技

奖励体系 ……………………………………………… 72

二、以杰出创造性人才为授奖对象 …………………………… 73

三、注重奖励应用技术和实用产品 …………………………… 74

四、善于学习和借鉴国外科技奖励的先进经验 ……………… 74

五、解放区的科技奖励奠定了新中国科技奖励发展的基石 …… 75

第四章　中华人民共和国的科技奖励制度 ……………… 76

第一节　新中国科技奖励制度的发展 ………………………… 76

一、初创阶段（1949—1966 年） …………………………… 77

二、停滞阶段（1966—1976 年） …………………………… 80

三、恢复阶段（1978—1984 年） …………………………… 80

四、快速发展阶段（1985—1999 年） ……………………… 82

五、改革完善阶段（1999 年至今） ………………………… 85

第二节　改革开放后国家科学技术奖励状况分析 …………… 89

一、国家最高科学技术奖 ……………………………………… 91

二、国家自然科学奖 …………………………………………… 96

三、国家技术发明奖 …………………………………………… 97

四、国家科学技术进步奖 ……………………………………… 99

五、中华人民共和国国际科学技术合作奖 …………………… 100

第三节　国家科学技术奖的提名与评审 ……………………… 111

一、关于提名书的撰写 ………………………………………… 111

二、国家科技奖励的评审 ……………………………………… 113

三、异议的处理 ………………………………………………… 117

四、哪些因素影响提名项目获奖 ……………………………… 118

第四节　我国科技奖励的作用分析 …………………………… 120

一、承认和肯定科技人员的创新与贡献 ……………………… 120

二、发挥了政策和科研的导向作用 …………………………… 121

三、高度体现了国家及社会对科技人才和知识的尊重 ……… 122

四、加速了获奖项目的转化应用和知识的传播·················· 123

五、对加强学风建设、树立科研诚信产生了积极作用·········· 124

六、获奖项目对推动我国现代化建设和经济发展起到了重要
作用·· 125

第五章　我国省部级科技奖励和社会力量设立的科技奖励 ······ 127

第一节　省部级科技奖励·································· 127

一、省部级科技奖励现状································ 128

二、省部级科技奖励特点································ 135

第二节　社会力量设立的科技奖励·························· 140

一、社会力量设立科技奖励的登记审批及备案制·········· 142

二、社会力量设立科技奖励的特点和作用分析············ 145

三、关于社会力量设立科技奖励的几点思考·············· 148

第六章　国外科技奖励 ································ 151

第一节　国外科技奖励的起源与发展······················ 151

一、非制度化科技奖励时期······························ 151

二、制度化科技奖励的出现······························ 153

第二节　20 世纪国外的科技奖励制度······················ 157

一、诺贝尔奖等重大奖项对世界科技奖励发展的推动作用····· 157

二、国际性组织设立的科技奖励·························· 158

三、发达国家的科技奖励································ 161

四、发展中国家的科技奖励······························ 164

第三节　国外科技奖励理论的研究························ 165

一、科技奖励制度的起源研究···························· 165

二、专利制度与科技奖励制度之间的关系················ 172

三、科技奖励制度对科学研究资助的影响················ 175

四、有关科技奖励（激励）心理学的研究················ 177

五、科技奖励中的其他问题······························ 183

第四节　世界科技奖励的几点评述······················ 185

一、调整并发展了科技奖励的组织建制·················· 186

二、改进和完善科技奖励的形式和手段 ……………………… 187

三、创立科技奖励理论研究并不断发展 ……………………… 188

四、在诺贝尔奖的影响下，近百年来大奖不断涌现 ………… 189

第七章　中外科技奖励的比较分析 ……………… 191

第一节　中外科技奖励运行方式的比较研究 ………… 191

一、候选人的来源 …………………………………………… 191

二、评委构成情况的比较 …………………………………… 193

三、评审方式的分析比较 …………………………………… 195

第二节　影响科技奖励知名度的因素及其比较 ………… 197

一、设奖的时间（历史）对奖励知名度的影响 …………… 198

二、获奖人的科技贡献对奖励知名度的影响 ……………… 198

三、设奖机构的权威性对奖励知名度的影响 ……………… 199

四、奖项名称对奖励知名度的影响 ………………………… 199

五、奖金额度对奖励知名度的影响 ………………………… 200

六、奖励频度和规模对奖励知名度的影响 ………………… 200

七、颁奖规格和层次对奖励知名度的影响 ………………… 201

八、宣传力度对奖励知名度的影响 ………………………… 201

第三节　奖金额度的演变及其比较分析 ………………… 202

一、英国等国家奖金额度的演变 …………………………… 202

二、我国科技奖金额度的演变 ……………………………… 204

第四节　中国与美国、印度科技奖励的分析比较 ……… 209

一、美国的科技奖励系统 …………………………………… 209

二、印度的科技奖励系统 …………………………………… 216

三、中国与美国、印度科技奖励制度的比较 ……………… 222

第五节　国外科技奖励的特点和启示 …………………… 225

一、政府高度重视科技奖励的立法和评审 ………………… 225

二、重视学术团体等社会科技奖，奖励体系多元化 ……… 226

三、奖励对象以人为主、以项目为辅 ……………………… 226

四、注重传统奖项的同时与时俱进设置新奖项 …………… 227

五、注重精神奖励与物质奖励并重的奖励方式 …………… 227

六、政府奖坚持"少而精"的原则，并加强对获奖人员的
宣传·· 228

第八章　其他激励方式及科技奖励的发展态势 ·············· 230

第一节　科技奖励发展的主要阶段····································· 230
一、从中华文明曙光初现到明代末期······························· 230
二、清代至民国时期··· 231
三、新中国成立至今··· 231
第二节　其他形式的激励方式··· 232
一、知识产权保护制度的激励本质···································· 233
二、科学基金对科研的激励与促进作用······························ 237
三、科技计划项目的激励作用·· 240
第三节　科技奖励发展态势·· 246
一、"揭榜挂帅"将成为常态化的激励机制························· 247
二、政府科技奖励向"少而精"发展，权威性增强·············· 249
三、社会力量设立科技奖的影响进一步提升························ 250
四、科技奖项设置更注重科技战略的需求和学科发展············ 250
五、从奖励科技项目为主转向奖励科技人才为主·················· 251
六、科技奖励管理趋向专业化·· 251

附录一　科技奖励中的趣闻与轶事····································· 252
附录二　获得国家重大奖项的科技专家和项目······················ 272
附录三　部分国家政府和社会力量设立的重要科技奖项·········· 281
附录四　国际性科技奖励··· 295
附录五　中国科技奖励历史沿革··· 307

主要参考文献 ·· 327

后　记 ··· 333

第一章
明代末期前的科技奖励

奖励在中国有久远的历史。人类最初的奖励行为应该来自劳动和战争这两类最基本的社会活动。自有文字以来，史册上记载最多的奖励活动，是对耕作、征战中有功劳者给予的加爵、封地、财物等奖励。古人起初把奖励称为"赉""赏赐"。商代甲骨卜辞中就记载了有关赏赐的内容，如"庚戌□贞旸（赐）多女（汝）有贝朋"。先秦令书早期除用于命令之意外，还用于赏赐和册封，有后启之意。西周康王时期的"大盂鼎"，不仅记录了"盂"受周王册令继承其祖南公的职位，还有"易（赐）女（汝）邦嗣白（伯）"等有关赏赐的信息。《诗经·周颂》中的诗词名"赉"，即为赏赐之意。东汉许慎的《说文》对"赏"的解释是："赏，赐有功也，从贝。"赏是对有功之人赐予财物、官爵等，贝是最初的货币。在《左传·僖公二十八年》中最先出现了"奖"字，即"皆奖王室。""奖励"一词，可能最先出现在《汉书·哀帝纪》中："立楚孝王孙景为定陶王，奉恭敬王祀，所以奖励太子，专为后之谊。"其后，"奖励"一词与"赏赐"被广泛应用。在其后的文献资料中，又出现了"奖拔""赏赣""奖掖"等与奖励相关的词。直到近代，"奖励"一词逐渐应用，并成为主流，特别是用于对重大贡献和功绩的表彰方面。

在中国文明进步史上，曾出现过不少贤达硕学的人才，他们为全人类的文明进步和社会的繁荣昌盛做出过光昭日月的贡献。对不同人才及他们的创新性贡献的奖励，作为社会建制的重要内容，始终贯穿在人类文明的长河中。就政治建制而言，封建统治者为维护皇权的需要，把赏赐作为重要的管理手段。赏赐的对象有官员、军队将领、少数民族首领、有孝悌的人士等；赏赐的领域有政治、军事、经济、文学艺术、天文医学、农田水利和技艺等；奖品有金银、珠宝、钱币、住宅、田地、药物、人、畜乃至擢升官职等。据《周礼》记载，周代有官职"职岁"，其任务之一是掌管天子赏赐的记录和发放奖品。赏赐作为一项重要措施，它和朝觐、会盟、宴飨、聘问、祭祀、婚嫁、战争等活动一样，在建立和协调不同社会阶层贵族内部关系、维护王室的统治秩序上发挥了积极的作用。

从笔者查询的资料来看，记载最早的科技奖励，可能是舜帝对大禹的奖励。相传大禹在治水过程中，"随山刊木，平土治水"，采用了疏导水流这一科学方法，成功地根治了为害多年的水患。为表彰他的功绩，舜帝赏赐他象征权力的深红色玉器："禹平土已成，帝赐玄圭。"后来舜帝又禅位给禹。

春秋战国时期，学术思想自由，百家争鸣，游走讲学成风，不同思想学说跨越区域传播，促进了科技文化的交流，促进了学术的勃兴和整合。主要表现为科学思想和科学理论的初步建立，多种技术日臻成熟，涌现出农学家许行、医学家扁鹊、建筑专家鲁班、冶汞世家"寡妇清"、制盐专家猗顿等专业技术人才。他们的名字能够流传于世，实际上得益于中国早期的"命名法"奖励。

从秦代到明末，随着科技的发展，面向科技领域的奖励也逐渐多了起来，出现了大量的科技奖励行为。虽然这些科技奖励具有较大的随意性，但在一定程度上鼓励了人们的创新精神，推动了中国古代科技的发展。由于现存的史料不多，我们难以具体描述古代科技奖励活动的历史过程，仅从古代科技奖励的形式、奖励的领域和奖励的特点等方面做一初步的分析和评价。

第一节　古代奖励思想和理论

春秋战国时期，学术界"百家争鸣"，提出了异彩纷呈的奖励思想和理论，这些思想和理论符合当时社会发展的主流和思潮，具有社会进步意义，随着社会的发展，奖励理论也不断丰富完善。由于古代科学和技艺尚未形成独立的领域，也无独立的社会建制，因此没有针对科技奖励的专门思想和理论。不过古代的科技奖励行为属于社会奖励活动的一个方面，因而也受一般奖励思想和理论的影响和支配。所以，透过古代一般的奖励思想和理论，可以体会到古人对科技奖励的认识。通过对先秦以来古代文献的分析，这些奖励思想和理论大致有以下几个方面。

一、赏罚是治国的权柄之一

古人把赏罚看作治国的权柄之一，君王、朝廷官员和社会贤哲不仅注重赏罚的作用，同时也践行赏罚，如《尚书》中就记载了大保和芮伯赞扬周成王善用赏罚来行政的事情：

"惟新陟王毕协赏罚，戡定厥功，用敷遗后人休。"

这段话说明周成王能够按照先王的成法，通过赏罚等措施，完成了大功，留给后人以美好的家邦，体现了周成王善于用赏罚治国的思想。《周礼》中也说，治理王城外公卿大夫的采邑有 8 条方法，第七条为："七曰刑赏，以驭其威。"其意是施用刑赏的法则来树立他们的权威。可见从周代甚至更早，君王就把赏罚当作建功立业的重要手段之一。战国时期，君王和学者贤人对赏罚与治国的关系多有论述。《商君书》中说："圣人之为国也，壹赏，壹刑，壹教。"这就是说，圣人治理国家，主要的手段是对臣民的赏赐、刑罚和教育。吕不韦认为，"赏罚之柄，此上之所以使也。……故善教者，不以赏罚而教成，教成而赏罚弗能禁。用赏罚不当亦然"。他不仅提出了赏罚与政权的关系、赏罚与封建教义的关系，还提出了掌握好赏罚的度的问题。韩非子则明确提出赏罚是执政的重要工具：

"赏罚者，利器也。君操之以制臣，臣得之以拥主。故君先见所赏则臣粥之以为德，君先见所罚则臣膏之以为威。…… 故明上之治国也，厚其爵禄以尽贤能，重其刑罚以禁奸邪，使民以力得富，以事致贵，以过受罪，以功致赏而不念慈惠之赐。"

在韩非子看来，赏罚是人主驾驭群才的有力武器，是须臾不可失去的法宝。有赏才能使人羡慕，赏多群贤就会自然而至，至而人尽其力，物尽其用，为人主奔走服役，富国强兵。而罚又使人害怕，罚重群臣就会无不小心，不敢为非，不敢作恶。管子认为，治国有三种手段，奖赏是其中之一："三器者何也？曰：号令也，斧钺也，禄赏也。"鬼谷子也赞同这一思想，提出"为善者君为之赏，为非者君为之罚"。其意是做好事者君王给予奖励，作恶者君王加以惩罚。如果圣人运用这个办法，就能够把握大局。照这样的道理做，国家才能长久。

汉代的学者们对赏罚在治国中的重要性同样有着精辟的论述。荀悦提出："赏罚，政之柄也。"他还认为："荣辱者，赏罚之精华也。"荀悦在这里不仅谈及赏罚与国家大政的关系，也把赏罚看作体现个人荣辱的最高境界。徐幹认为："政之大纲有二，二者何也？赏罚之谓也。人君明乎赏罚之道，则治不难矣。夫赏罚者，不在乎必重，而在乎必行。"在徐幹眼中，赏与罚是为政大纲，君王只要懂得赏罚的道理，治理国家就不难了。赏罚不在于轻重，而在于认真地施行。

晋代的傅玄在他的文章中多次论及赏罚的作用。他认为赏罚是治理国家的两件武器，而且"赏者，政之大德也，罚者，政之大威也"。北齐的刘昼把赏罚看成立法施教的重中之重，提出："立法施教，莫大于赏罚。赏罚者，国之利器，而制人之柄也。"

唐代陆贽也提出"爵赏刑罚，国之大纲。一纲或棼，万目皆驰"。在陆贽看来，赏罚是国家的施政纲领之一，如果这个根本被扰乱或不执行，大家都不会把国法放在眼里。他还用恰当的比喻来说明赏罚的重要性：

"故赏罚之于驭众也，犹绳墨之于曲直，权衡之揣重轻，輗軏之所以行，衔勒之所以服马也。"

輗軏（读倪月），古人指的是大车辕端与横木相接的关键部位；衔勒，一端固定在马首或牛首上，另一端由人把持以控制牛或马前进方向的绳子。陆贽用这样的比喻，旨在生动地说明，赏罚对掌控民众方面，就像木工的墨绳决定曲直、秤与秤砣决定重量、车的輗軏决定行走、衔勒驭控马一样。

宋代不少学者对奖励与为政的关系提出了深刻的见解。司马光认为，"夫安危之本，在于任人。治乱之机，在于赏罚，二者不可不察也"。在他看来，尊贤使能，用好赏罚这个机制，就能治理好国家。陈子昂把奖励提升到国家应首先考虑的政策高度，他认为"勤励百僚，以及将士，此最当今圣政之所宜先也"。

明代的统治者十分注重赏罚在政务中的作用。明太祖朱元璋曾对侍臣说："赏罚者，国之大权，人君操赏罚之权，以御天下。"简言之，赏罚是国家执政的杠杆，而皇上用赏罚这个权柄来治理天下。他还认为，"滥赏则无功者蒙利，而有功者不言恩，必推至公，毋有所徇。""朝廷大公至正之道，有功则赏，有过则刑。刑赏者，治天下之大法也。"从朱元璋的话不难看出，他不仅重视赏罚在政务中的作用，而且注重赏罚的公正性和分寸。

古代把赏罚看作治国的权柄不无道理。通过赏赐，使受赏者尝到甜头，激励更多的人为朝廷出力；通过惩罚，使百姓产生畏惧，不敢犯上作乱，从而达到稳定国家的目的。因而，"进退赏罚，国家之大权"。从以上古人对赏罚的论述中，我们不难看出，在古代无论是掌权的君主，还是贤达的学者，都把赏罚看作治理国家的根本和稳定社会的源泉，把成功实施赏罚看作衡量君主的政绩和成就事业的一种重要手段。

二、崇尚和奖励贤良之才

尚贤是古代的奖励形式之一，尚贤就是崇尚、尊重有才能的人。古人提倡尚贤，不仅是对治理国家、提升贤哲的社会地位和激励他们为社会服务，实现其自我价值有积极意义，对形成尊重人才的社会风气也产生了重要影响。

春秋战国时期，最早提出改革人事制度、主张奖励贤能之士的是李悝。他任魏国宰相时，便提出"使有能而赏必行，罚必当"。墨子则从安邦治国的高度来论述奖励贤良的作用："有贤良之士众，则国家之治厚"，"夫尚贤者，政之本也"，当然，贤良之士也包括从事科学研究和精于技艺的人。墨子将"尚贤"视为"为政之本"，将"众贤"看作"为政之要"，将"举贤"当作"为政之能"，旨在创造"贤人执政"的制度，充分反映了墨子为政重贤、唯能是举、重才重奖的思想。孟子从民众的心理出发，强调尊重贤人，把他们放在合适的位置上，是天下人都欢欣鼓舞的事："尊贤使能，俊杰在位，则天下之士皆悦，而愿立于其朝矣。"荀子则从"王道"出发，提出古代先王的为政办法是崇尚贤人、使用能人，最有意义的是荀子提出了广义的人才观：

"君子之所谓贤者，非能遍能人之所能之谓也；……相高下，视垆肥，序五种，君子不如农人；通财货，相美恶，辩贵贱，君子不如贾人；设规矩，陈绳墨，便备用，君子不如工人。"

在荀子看来，贤人是多种多样的，因为人各有各的长处，在农业生产和工艺制作方面有特长者也是人才。

汉代杨泉非常重视人才的作用，他认为，世间万物中最宝贵者，是贤达之才。"黄金累千，不如一贤。"后汉桓谭在《新论》中提出，有才能和德行的人，是治理国家的利器。他比喻说："唯针艾方药者，已病之具也。

非良医不能以愈人。才能德行者，治国之器也。非明君不能以立功。"

北齐刘昼非常注重贤德之人的作用。他在《荐贤》一文中指出：

"国之需贤，譬车之恃轮，犹舟之倚楫也。车摧轮则无以行，舟无楫则无以济，国乏贤则无以理。国之多贤，如托造父之乘，附越客之舟，身不劳而千里可期，足不行而蓬莱可至。"

分析刘昼的话，可知他的人才观有一定的高度。其比喻非常贴切，然后层层递进。在他看来，国家需要贤人，就像车子需要车轮，船需要船桨一样。车轮被损坏则无法行走，船没有桨就到不了目的地，国家没有贤才就难以治理。国家贤才多，就如同搭乘造父的车，坐上越国人的船，人不用劳顿而千里之路指日可待，脚不用行走则蓬莱仙岛可以到达。刘昼还提出对推荐贤达人才应该得到最高的奖励，埋没贤达人才应遭到严惩的赏罚思想，可见他用贤的立意之高。

唐宋时期，用贤的思想和措施非常普遍。唐太宗李世民说："致安之本，唯在得人。"据此可看出他对人才的高度重视。唐代李筌的奖励思想是赏罚并举。他认为，应"据罪而制刑，按功而设赏。赏一功而千万人悦，刑一罪而千万人慎"，即按罪量刑，按功给赏，奖一位真正有功的人皆大欢喜，罚一位有罪者警醒千万人。

宋代司马光的用贤赏贤观则更有特点："诚能博选在位之士，不问其始所以进，及资序所当为，使有德行者掌教化，有文学者待顾问，有政术者为守长，有勇略者为将帅。明于礼者典礼，明于法者主法，下至医卜百工，皆度才而授任，量能而施职。有功则增秩而加赏，而勿徙其官；无功则降黜废弃，而更求能者，有罪则流窜刑诛，而勿加宽贷。"

司马光在这里提出了不论人才出身如何，应根据其特长使用的主张。他认为，要广选人才，不能看他出身贵贱及资历情况，使那些德行好的人来掌管思想和社会风气方面的教育，在文化学术方面有造诣的可任咨询顾问等职，有政治特长的可以任行政官员，有勇有谋的人可以任将帅。懂得礼教的人掌管礼教，精通法律的人主管司法，对懂得医学和技艺的各种能人，都要根据他们的才智和能力委以职务或任用。对做出贡献者，提升品级并给予奖赏，但不调动到其他部门任职；没有做出贡献的则降职甚至罢免，请有能力的人取而代之；对犯罪之人根据罪行给予流放、判刑甚至处死，不加以宽恕。理学家程颢、程颐指出，"天下之治，由得贤也。天下不治，由失贤也"。

选贤任能体现了古代的人才观。当然，古代贤人多指德才兼备、在政治管理方面有独特能力的人才。古代的尊贤，就是对贤者要予以任用和奖励，这才是国家政治和社会发展的根本。但是，由于不同学派对贤者的认识不同，产生了对尚贤理解的差异，如儒家以尚礼为贤才，墨家以兼爱为贤才，道家以体道为贤才，法家以执法为贤才。虽然那时科学没有形成建制，但也有像韩非子那样有眼光者把"技能者"视为贤人能人。古人的人才观，在今天仍然具有启发和借鉴意义。培育和激励人才是科学技术发展最重要的根基，缺乏一流人才，缺乏一流的科学大师，是难以产生领先世界的自主创新成果的。发挥贤人和能人的作用，才是推动整个社会加速进步的动因之一。

三、赏罚要准确分明

量功受爵，因能授任，是古代奖惩分明思想的体现。管子主张要赏罚分明，才能明确是非，崇尚美德。这是赏罚的一个重要原则。他提出"罚有罪，赏有功则天下从之矣"，"故有罚者不怨上，受赏者无贪心"。不难看出，管子的思想是赏罚分明，赏罚上没有亲疏和偏爱，一视同仁，赏罚才能起到应有的作用。这样，受罚者不会有埋怨情绪，获奖者不会有贪欲，天下的人就服气和顺从了。

《战国策》中指出"人主""明主"在赏罚上的区别："人主赏所爱，而罚所恶。明主则不然，赏必加于有功，刑必断于有罪。"一般的君主是赏爱罚恶，而明君则是赏功罚罪，这是从奖励的对象上判断一个君主是不是明君的标准。《左传·襄十四年》中提出："善则赏之，过则匡之。"有善必赏，有过必纠，这是治国之道和为政之道。

韩非子通过总结以往帝王用人的经验，提出"闻古之善用人者，必循天顺人而明赏罚"。他还认为，"夫厚赏者，非独赏功也，又劝一国。受赏者甘利，未赏者慕业，是报一人之功而劝境内之众也"。韩非子强调的是，重赏并不只是对有功之人的赏赐，而是达到对全国民众的示范和劝诫作用。获奖人得到利益，未获奖者羡慕他的事业和行为，其实是奖励一人的功绩而在国内树立了榜样。

汉代荀悦认为"明赏必罚，审信慎令"的目的是"赏以劝善，罚以惩恶"。他还说："赏不劝谓之止善，罪不惩谓之纵恶。"赏赐如不能起到劝诫激励的目的，就会使好的行为难以弘扬；有罪过不受到惩罚就是纵容恶行。徐斡与荀悦的看法基本相同："罚必施于有过，赏必加于有功。苟能赏信而罚明，则万人从之，若舟之循川，车之遵路。"这里徐斡明确地提出，惩罚的规则必须用在有过失的人和事情，赏赐必须用于有功者。赏罚只要讲求信誉和分明，众人才会信服，就像船顺着河流行走，车辆沿着马路前行一样。

董仲舒从儒学观点出发，提出："有功者赏，有罪者罚，功盛者赏显，罪多者罚重。不能致功，虽有贤名，不予之赏。"根据贡献大小给予不同等级的赏赐、对那些虽有贤名但未做出贡献的人不予赏赐，董仲舒的赏赐观是非常现实的。他要求奖励的是实实在在的贡献，而不是那些徒有虚名的"贤人"。其后北魏的辛雄认为："故赏必行，罚必信，使亲疏、贵贱、勇怯、贤愚，闻钟鼓之声，见旌旗之列，莫不奋激。"只要赏罚分明，无论关系亲疏、地位贵贱、勇敢与怯弱、聪明与愚钝的人，都能起到激励作用，这种认识是符合实际的。

唐代吴兢认为，赏赐是为了表彰天下有功之人，罚是为了惩戒天下犯有罪行者。但"赏不可以喜而及，罚不可以怒而用，要公行于上而必信于下。"这句话实际上明确地表达了赏罚是一个严肃的事情，不能因为施行赏罚者的情绪好坏而滥用，朝廷官员的公正公平施政对下面的百姓才能建立信用。

明代高拱则论述了治道与赏罚、是非等方面的关系：
"欲兴治道，必振纪纲。欲振纪纲，必明赏罚。欲明赏罚，必辨是非。如辨是非，必决壅蔽。"高拱的论述表明，欲治理好国家，首先要制定好法纪；而振兴法纪，就要明确赏罚；而明确赏罚，就得辨别是非；而要是非分明，必须除去壅塞的弊政。他的论述，层层递进，颇有新意。

赏罚分明，是让人心悦诚服的"治道"之一。无论在古代，还是今天，如果赏罚不分，或者当赏不赏、不当赏者赏，不仅起不到激励的效果，反而会挫伤获奖者和他人的积极性，造成负面影响。为保证赏罚分明，有的统治者还在法律中规定了赏罚的等级。如战国时的齐威王奖励进谏者，提出臣民中若能当面批评自己过失的，受上等奖赏；能写信批评自己的，受中等奖赏；能在城市大街批评朝政过失，被自己听到后，即给下等奖赏。

于是政通人和，齐国由此而迅速强盛。

四、赏贵在精和及时

"赏贵在精"主要指奖励数量要少、准确和权威。战国时的文子可能最先提出了以精神奖励为主、物质奖励为辅的奖励思想。他说："善赏者费少而劝多，故圣人赏一人而天下趋之。"以文子看来，善于施用赏的人不在于用很多的钱物，而主要以精神奖励为主，所以明君只要奖励一人就可以达到激励天下人向获奖者学习的目的。

汉代徐斡鲜明地提出了奖励的时效性问题："赏罚不踰时，欲使民速见善恶之报。踰时且犹不可"，"赏罚不可以重，亦不可以轻，轻则民不劝，重则民无聊"。徐斡认为，及时奖励，让民众立即知道做了善事（成绩）可得到好的回报，而做了恶事会受到惩罚。奖惩太滞后是达不到效果的。同时也提出了赏罚的多少与激励程度的关系及赏罚适度的问题。杨泉则提出："善赏者，赏一善则天下之善皆劝；善罚者，罚一恶而天下之恶皆除矣。"杨泉这里也提出了赏罚应坚持"少而精"的原则，奖得准确就可奖一人而达到激励天下之人的目的。

唐代李筌也强调："赏一功而千万人悦，刑一罪而千万人慎。"南宋著名军事将领宗泽也表达了同样的观点："故赏一善而天下之为善者劝，知其非私善也，罚一恶而天下之为恶者沮，……使人知所趋、知所避、知所行、知所止者，赏罚而已。"宗泽希望通过赏罚的作用，来左右人的某些行为规范。

古人关于奖励的思想和理论，大致可概括为以上几类，可以说这是对赏罚作用的精辟论述。奖励是为政之本，赏贤任能社会才能稳定、才能发展，赏罚分明才能达到奖励的效果等言论今天看来仍不失其正确性，仍有积极的现实意义，对今天的科技奖励工作具有一定的借鉴意义。此外，古人还有重赏轻罚的论述，通过重赏树立标范作用，营造一种积极向上的社会氛围等，这些观点无疑都具有积极的意义。

第二节　古代科技奖励的形式

虽然中国古代施行的是一种非制度化的科技奖励，但对激励和鞭策创造者的热情、推动当时科学技术的发展是具有积极意义的。从古代科技奖励活动来看，其数量和内容是随机的，同时与赏赐者的兴趣、心情及当时社会环境有关。通过对上古以来到明末前科技奖励的分析研究，笔者认为中国古代有如下几种科技奖励形式，这些形式有的沿袭下来，有的则随着社会的发展逐渐演化，使我国的科技奖励形式变得丰富多彩。

一、授官赐爵

授官赐爵这种形式在夏代就有了，如前面谈到的大禹治水成功后得到了舜帝的奖掖。中国古代是一种官本位的社会，古人认为升官晋级更能光宗耀祖，成就感更强，因此，升官晋爵也是古代较为普遍采用的一种奖励形式。中国古代的爵位，实际上是一种重要的奖励制度。王以下，有公、侯、伯、子、男五等。爵位是帝王用以封赠有功之臣的，可以活着立功时封，也可以死后追赠，还可以世袭，与职务有关，但不是实际职务。爵位与物质待遇挂钩，与排场规格更是完全挂钩。由于爵位牵涉到利益分配、地位、名誉，任何朝代的统治者和功臣，都很重视这种赏赐方式。

从有关科技奖励的史料中发现，奖掖官职占了一定的比例。汉武帝时的方士栾大，巧妙地利用磁石的磁性，做了两个棋子，由于棋子的极性，两个棋子可相互排斥，也可相互吸引，他把这个称为"斗棋"的技艺献给武帝，武帝惊讶不已，龙心大悦，竟然封他为"五利将军""乐通侯""位上将军"。北朝庾季才是一位天文地理大师，皇帝令他与其儿子撰写《垂象》《地形》等志，"及书成奏之，赐米帛甚优"。后来还被委任为均州刺史。当他以年老请求辞职时，皇帝因念其才不许。

隋朝初期的何稠是营造方面的能人，多次获得朝廷的嘉奖。隋文帝时因建造战车万乘，钩陈（用于防卫的仪仗）八百连，得到嘉奖，提升为太府卿，后兼领少府监。据《隋书》记载，608 年隋炀帝"出塞巡长城"，命何稠主持行殿和六合板城的工程。他在一夜之内，在前线合成一座周围八里、高十仞的大城，四角有阙楼，四面有观楼，城上布列甲士，立仗建旗。"高丽望见，谓若神功。"因此，何稠被加封为金紫光禄大夫。宋代苗守信，因与其他历官校定的《乾元历》颇为精确，"优赐束帛"，迁升"冬官正"。后因在天文历法方面的贡献突出，"转为殿中丞，执掌少监之职，赐予金紫"。宋代的楚芝兰为汝州襄城人，当朝廷访求在方技上有造诣的人时，他毛遂自荐，被录为学生。后因占测天象较准，被提升为翰林天文，授乐源县主簿，迁司天春官正、判司天监事。宋代王克明专心医学，积累处方，成了针灸专家。被推荐进京后，迁至额内翰林医痊局，赐金紫。明代的胡瓒善于治水、疏浚河道被授都水主事。后以疏浚运道有功，得到"增秩一等"的奖励。

中国古代因在科技方面做出贡献而被提官晋职的例子很多，以上仅是其中几例。由此可以说明古代这种奖励形式的存在和盛行。

二、赏赐金钱和物质

对做出贡献的科技人员给予金钱、物质、增加俸禄等奖励最为普遍，历朝历代此类事例很多。这种赏赐可以即刻兑现，激励效果迅速而明显。

汉代的召信臣，发动农民开通水渠，溉灌良田，面积达三万顷，家家丰衣足食。荆州刺史为此上奏他的功绩，被"赐黄金四十斤，迁河南太守，治行常为第一，复数增秩赐金"。据《魏书》记载，名医徐謇很受北魏高祖的赏识。一次高祖在外考察，病重不起，传诏徐謇，他日夜兼程数百里赶往诊治。病愈后，高祖设宴表彰，并宣布："可鸿胪卿，金乡县开国伯，食邑五百户，赐钱一万贯。"正始元年（504 年），"以老为光禄大夫，加平北将军。死后，谥曰靖"。唐代段深精通医术待诏于翰林。当时唐太祖得病已久，经常呕吐，找御医诊治后又复发。段深看后提出自己的治疗方案，太祖听后赞同，"令进饮剂，疾稍愈，乃以币帛赐之"。唐代马重绩多次因观测天象、考证修订漏刻之法有功被赐以良马、器币。后周田敏在广顺三年（953 年）"献印板九经书五经文字"，得到太祖郭威的嘉奖，"赐衣缯彩银器，又赐司业赵铢袭衣缯彩"。宋代韩显符对浑天学有研究，他主持制造的"铜浑仪"完工后，皇上特在司天监筑台放置，并赐他"杂綵五十匹"。宋代许希擅长针灸。景祐元年，仁宗身体不适，太医院医生多次进药，没有疗效。后公主推荐许希诊治，他用针灸疗法，仁宗的病很快愈痊，随之许希被"命为翰林医官，赐绯衣，银鱼及器币"。元代亦思马因，也因善造砲多次获奖。当元兵攻襄阳时，亦思马因相地势，以砲攻陷城池，因功劳大被赏，赐银二百五十两，认命为"砲手总管"，并佩虎符。

用金钱、物质，特别是一些生活用品作为奖品，是比较实用实惠的。君王当众奖励的御赐品更是一种荣耀和长久的纪念，尤其被百姓尊崇。

三、树碑立传以留名青史

树碑立传实质上是"命名法"式的奖励，在历史上很有影响力。树碑立传有多种情况，一是当时的君王或地方政府所建造。如秦始皇当政时，对拥有一朱砂矿而"擅其利数世，礼抗万乘"的巴蜀寡妇"清"，以"贞妇而客之"，并下诏为她树碑立传，"筑女怀清台"这一奖赏无疑对后来朱砂的采掘和冶炼技术的发展起到一定的作用。二是后来的君王、地方官吏和人民为缅怀其功绩而建造。如秦昭王五十一年（公元前256年），李冰被任命为蜀郡守，主持了闻名中外的都江堰水利工程。为纪念他，唐代时人们在导江县（今都江堰市）建起了李冰祠，并为他树碑塑像。赵州桥（也称安济桥）建于隋开皇六年《公元586年》，历时十余年完工，是当今世界上跨径最大、建造最早的古代敞肩型坦弧石拱桥。虽然史料上对李春建桥后是否得到赏赐没有记载，但他在桥梁科学上的贡献被后人铭记，唐代中书令张嘉贞为此所作的《安济桥铭》曰："赵州交河石桥，隋匠李春之迹也；制造奇特，人不知所以为。"

唐玄宗先天元年六月，吐火罗国支汗那王派来天文学家大慕阁，"智慧幽深，问无不知"，因其博学多才、洞悉天文而受到尊崇，并被朝廷"令其供奉并置一法堂依本教供养"。明代治水获赏的有汤绍恩、胡瓒等。汤绍恩曾在山阴、会稽、萧山的三支河流入海处，为防止水患修闸，并巧妙设计了三道闸，在闸外筑石堤四百余丈控制潮水。从此三县数百里间杜绝了水患，后迁山东右布政使。人们为纪念他的功绩，在闸左建纪念祠。

古代也通过正史以立传的形式对很多在科技方面做出成就的饱学之士予以奖励。例如，宋代沈括，曾改制浑仪、浮漏和景表等天文仪器，撰《浑仪议》《浮漏议》《景表议》；提出了因太阳运动不均匀而引起的时差现象；著有《圩田五说》《万春圩图书》等关于圩田方面的书。尤其是他撰写的《梦溪笔谈》，书中涉及科学条目二百多条，是世界科技史的一份宝贵遗产。他曾屡次获得赏赐，"迁太子中允、检正中书刑房、提举司天监……"后来，《宋史》为他列传，以褒扬和纪念他的贡献。正是通过史书记载，使得很多著名科学家的名字及其贡献得以代代流传下来。

四、赐姓、赐名或赐诗文等

皇家赐予姓氏或其他名号是中国古代科技奖励中最独特的一种形式。

在唐代，赐姓比较普遍。赐姓是天子因官吏或百姓有功，就赐姓以示褒赏的一种重要手段。如制墨名家奚超，被南唐后主李煜赐予"李姓"。前面提到的宋代魏汉津，皇祐年间，领头铸造"九鼎""帝坐大钟""二十四气钟"，被赐为"冲显处士"。还有赐予年号的情况。如北宋时的昌南镇（现景德镇）在制瓷方面很有名，得到皇帝宋真宗的赏识，真宗将昌南镇改名为景德镇。"景德"是宋真宗的5个年号之一，"景德"元年即1004年，景德镇由此便以其精美的瓷器而名扬天下。此外，还有赐诗题词赐匾的情况。如宋代的王熙元知晓天文历算，曾"授权知司天少监"。宋真宗时奉诏于后苑"缵阴阳事十卷上之"，真宗亲自作序，赐名《灵台秘要》，并作诗纪之。如果说君王和地方官员对科技方面有贡献之人赐牌匾是光耀门庭的话，那么赐予谥号则是对他们的肯定和缅怀。如元代的孙拱，在制作兵器方面贡献突出，多次获奖，后升工部侍郎，死后，"赠大司农、神川郡公，谥文庄"。

五、赏赐惠及家庭和后代

在古代受奖的例子中，一人受赏而惠及家人甚至其后数代者不少，包括世袭官职、世袭产业等，这种赏赐带来的荣誉和利益是较为持久的。

隋代宗人许澄，医术高超。他的父亲许奭，与隋代名医姚僧垣齐名。许澄继承父业，"历尚药典御、谏议大夫，封贺川县伯。父子俱以艺术名重于周、隋二代"。宋代的王处讷，因天文历法方面的贡献，从少府少监一直提升到司天监。他去世后，儿子王熙元在开宝年间补司天历算，"累迁太子洗马兼春官正，加殿中丞"。元代的亦思马因去世后，他儿子布伯接替他的职位，也因砲战有功，被赐予佩戴三珠虎符，封"镇国上将军"加"砲手都元帅"。其后，提升为军匠万户府万户，迁刑部尚书。他的弟弟亦不剌金"为万户，佩元降虎符，官广威将军"。接着不久，布伯"进通奉大夫、浙东道宣慰使，赐钞二万五千贯，俾养老焉"。连布伯的儿子哈散，也荫授"昭信校尉、高邮府同知"。明代许绅，曾在御药房供事，历加工部尚书、太子太保、礼部尚书等，赐赉甚厚。他死后，赐谥恭僖，并提升一儿子为官。《明史》评述说："明世，医者官最显，止绅一人。"明代建筑师蒯祥是故宫和承天门（即天安门）的主要设计和建造者。成化十七年（1481年）三月，蒯祥在北京病逝。皇帝赠封蒯祥祖父、父亲为侍郎，并荫封两子，一为锦衣千户，一为国子监生，并将蒯祥当年的居住处、营造业的工匠聚集的那条巷命名为"蒯侍郎胡同"。宣德年间无锡著名雕刻石匠陆祥，因技艺超群，先后提升为营缮所丞、工部主事和工部左侍郎。

六、其他奖励方式

除上述几种奖励方式外，也还有其他罕见的奖励形式。据《史记》记载，周穆王的御者造父，善于养马相马，并常献好马给穆王。当徐偃王反叛时，穆王日驰造父的千里马，打败了徐偃王。周穆王为此"乃赐造父赵城，由此为赵氏"。汉代，朝廷尤重冶铸，并赐予一些大臣或技工以矿山。如汉文帝时赐予侍郎邓通"通蜀严道铜山，得自铸钱。邓氏钱布天下，其富如此"。也有懂得技艺的囚犯被减刑等情况。如隋代耿询因参与谋反，罪当诛，但他"能造浑天仪，不假人力以水转之"，始降刑为家奴，隋炀帝即位时，他"进欹器，帝善之放为良民"。此外还有"改年号"的情况，如汉代王延世治理黄河成功后，汉成帝在赞赏之余，提议将原来的年号"建始五年"改为"河平元年"。当然，这几种奖励方式不是单纯的，常常配合赏赐。

从古代文献中也不难看到，有个别人不愿受奖的情况。如汉代的董扶，懂天文术数，朝廷"举贤良方正、博士、有道，皆称疾不就"。晋代陶弘景，在天文医术等方面均有造诣，曾修订历法、制作"浑天象"。当皇帝赏赐他官职时，他婉言谢绝了。唐代孙思邈，"隋文帝辅政，征为国子博士，称疾不起"。唐太宗即位后，"将授以爵位，固辞不受"。值得遗憾的是，由于古代重儒学轻技艺，历史上很多能工巧匠的名字难入正史，更不用说获奖的情况了，他们的贡献因之湮没不彰。如《西京杂记》中记载的汉代匠人丁缓，技艺超群，他制作常蒲灯，上有七龙五凤，其间杂以芙蓉莲藕；制作的被中香炉，以机环转运四周，而炉体常平；制作的九层博山香炉，中镂为奇禽怪兽，皆自然运动；制作的七轮扇，一人运之，满堂寒战。但正史中未有记载。明代的徐杲，嘉靖皇帝当政时以木匠身份提升至工部尚书，也没有入正史。此外，也有不少获奖者因受人嫉妒而遭到迫害的。据《北史》记载，医生王显在宣武帝时多次获赏，"赏赐累加，为立馆宇，宠振当时"。当宣武帝驾崩后，孝明帝即位，王显遭受他人陷害，托以"侍疗无效，执之禁中。诏削爵位，徙朔州"。

古代科技奖励的形式，大致可概括为以上六大类。可以看到，赏赐官职和爵位是重要的一种形式，虽然受赏者可获得"名利双收"之效，但偏离了科技奖励的导向，显然是不可取的。其他的奖励形式，如赐予姓名、荫及后人等具有较浓的封建色彩，以至于进入制度化科技奖励时期后便失去其影响而逐渐被遗弃。但赏赐金钱和物质、树碑立传等形式是有一定的意义和积极作用的，在今天的科技奖励中依然采用这些形式。

第三节　古代科技奖励的领域

作为一种激励措施，奖励普遍应用在古代政治、文化、经济、军事等社会建制中。那时虽没有科技建制，但科技存在于生产生活的各个方面。从现存的史料中，可以查阅到不少古人因科技方面的创造而获奖的例子。由于正史为历代官方人士所撰写，其中记载官方授奖的情况较多；在古代野史和一些笔记小说中，也不乏一些零星的记载。从科技领域的奖励情况来看，主要授予在天文、（中）医学、农田水利、军事技术、营造、工艺及其他方面做出贡献的人才。

一、天文气象方面

天文气象是中国古人最早研究的学科之一。观察天象，不仅是敬授民时，更重要的是为政治和军事服务。夏、商、周三代，天文气象知识在民间相当普及。明代顾炎武在所著的《日知录》中说："三代以上，人人皆知天文。"表明当时几乎人人都掌握一定的天文气象知识。其原因是人们生活和生产实践需要掌握基本的天文常识，那时没有纸张，文字也刚发明，知识的传授主要靠口授相传，以掌握耕作季节，不误农时。

由于天文学与占星术联系紧密，占星术认为一些奇异天象与国家的兴衰、年成的丰歉有关。到了战国时诸侯纷争，君王们为了不让百姓知道这些天象知识而引起恐慌和动乱，便在民间禁习天文学，于是天文学成为一门皇家学问保密起来，因此，在正史中，记载从事天文学研究方面获奖受禄的事例较多。

战国时期，与天文学一脉相承的占星术备受重视，一些懂天文地理的人深受赏识而走到历史前台，如子产等。在汉代建立后的300余年间，天文历法备受重视。汉初的落下闳，由司马迁等推荐，应召至京修改历法，完成了我国第一部有文字记载的历书（太初历），并制造了天象观察仪——浑天仪。汉武帝特授以"侍中之职"，以示表彰。东汉著名天文学家张衡，"虽才高于世，而无骄尚之情。……尤致思于天文、阴阳、历算"，因此多次受到奖掖。他被汉安帝"征拜郎中，再迁为太史令"，后"作浑天仪"，并写下了《灵宪》等天文专著。特别是他发明的"候风地动仪"，可谓科技史上震烁古今的创造。东汉的崔瑗之赞赏张衡"数术穷天地，制作侔造化"。

从两晋、南北朝到隋唐时期，获得皇帝赏赐的有杜预、祖冲之、庾季才等天文历算家。晋代杜预是一位博学多才之士，他曾提出历法修改意见，上奏《二元乾度历》，得到皇帝的赞赏，并颁行于世，深受朝野赞美，有"杜武库"之称。祖冲之在天文学方面巧思过人，"宋孝武使直华林学省，赐宅宇车服"。他主持编修的《大明历》，每年只相差 52 秒，已相当精密。隋代耿询因谋反，其罪当斩。他自荐有巧思，建造用水力运转的浑天仪，被减刑；他制作的"马上刻漏，世称其妙"；隋炀帝即位时，他因进欹器被授"右尚方署监事"。唐代的尚献甫擅长天文，武则天任命他为太史令，他婉言辞谢。为用此人，武则天改太史局为浑仪监，令献甫为浑仪监。尚献甫去世后，武则天非常惋惜。同时将浑仪监恢复为太史局，依旧隶属于秘书监。唐代和尚一行（张遂）精天文历法，开元五年被唐玄宗从荆州强诏进京。到京后，一行著述颇丰，撰《大衍论》等书十余卷，撰新历《开元大衍历经》，又与他人造黄道游仪。在唐玄宗的支持下，他主持进行世界上第一次用科学方法实测子午线的活动，观测点分布范围至盛唐疆域的南北两端，如此浩大的测量工程，在当时史无前例。一行死后，赐谥号"大慧禅师"。玄宗还亲自为一行"制碑文，亲书于石，出内库钱五十万，为起塔于铜人之原"。

宋代韩显符擅长浑天之学，淳化初年请造铜浑仪、候仪。"至道元年浑仪成，于司天监筑台置之，赐显符杂彩五十匹。"其后他的官职由"补司天监生，迁灵台郎，累加司天冬官正"。燕肃曾造指南车、记里鼓车及欹器以献，又上莲花漏法，其精密程度世人赞叹。他多次获赏，进龙图阁直学士、知颖州，徙邓州，官至礼部侍郎致仕。苏颂在天文方面造诣颇深，据《宋史》记载，他与懂得算术的吏部令史韩公廉合作，研制出"水运浑仪"。他们参照古法，加以创新，"为台三层，上设浑仪，中设浑象，下设司辰，贯以一机，激水转轮，不假人力。……占候则验，不差晷刻，昼夜晦明，皆可推见，前此未有也"。他"曾拜刑部尚书，并迁吏部兼侍读"。

元、明时期，我国天文学在与外界交流中发展，取得了一定的成就，其中获得帝王赏赐的有郭守敬、杨恭懿、王恂、傅岩卿、靳德进等人。郭守敬曾主持制作了简仪、候极仪、玲珑仪、立运仪等十余种天文仪器，并修订历法，多次得到赏赐，先后被授予同知太史院事、拜昭文馆大学士、知太史院事。扎马鲁丁原供职于波斯马拉加天文台，1260 年忽必烈即位前来到中国，至元四年（1267 年），他造天文仪器七件，同年又撰进《万年历》；至元八年（1271 年）设立司天台时，扎马鲁丁被任命为提点，即天文台长，后贵从五品。明代周洪谟，曾造璇玑玉衡（古代天文仪器），皇帝"赐赉有加"。随着明代西方天文学传入我国，还出现了对外国天文学家的奖励。

综上所述，我国古代对天文气象方面的奖励，主要集中在历法修订、天文观测仪器的制造和改进、天象预测等方面，赏赐的内容有金钱、物品及官职。很有意思的是，古代一方面禁止民间习天文学，但当天文人才匮乏时，又从民间去寻觅人才。如唐代一行就是从民间征募而来的。沈括在《梦溪笔谈》中记载："皇祐中，礼部试'玑衡正天文之器赋'，举人皆杂用浑象事，试官亦不知晓，第为高等。"

二、中医药领域

中医是中国古代科技的一枝奇葩。"医方请食技术之人，焦神极能，为重糈也。"中医理论中的法自然、致中和、不执定期、以平为期、防患未然等思想，"望闻问切"的看病方法及经络学、针灸学等独具特色，充满中国古人的智慧。在史料中，中医药获奖事例不少。

扁鹊是战国时期的名医。《史记》中记载说，晋昭公时，赵简子为大夫，治理国事。一次，简子得病，五日不知人事，大夫皆惧，于是召扁鹊。扁鹊诊断后对大夫董安说："血脉治也，而何怪！昔秦穆公尝如此，七日而寤。不出三日必间，间必有言也。"果然不出扁鹊所料，赵简子在两天半后苏醒过来，董安将扁鹊的话告诉他。他非常感谢和钦佩扁鹊的医术，赐予扁鹊田四万亩。

汉代的郭玉善于诊脉治病，医术精微，名声很高。汉和帝为测试他的医术，令自己宠臣中的"美手腕者"与女子杂处帷中，叫郭玉各诊一手，问其病情。郭玉答道："左阳右阴，脉有男女，状若异人，臣疑其故。"和帝佩服叫好。他因医术高明而多次获得赏赐。

两晋南北朝时期，在医术上有不少高手得到不同程度的奖励。《北史》记载，医师姚僧垣医术高妙，"为当时所推，前后效验，不可胜纪。声誉既盛，远闻边服，至于诸蕃外域，咸请托之"。宣帝还在东宫时，因患心痛，召僧垣治疗，病很快愈痊。即位后，"恩礼弥隆，乃封长寿县公。册命之日，又赐以金带及衣服等"。隋代开皇初年，他被晋爵北绛郡公。北魏的李修也是名冠一时的医生。每当北魏高祖元宏和文明太后有病时，他出诊下药，"治多有效。赏赐累加，车服第宅，号为鲜丽"。

隋唐时期名医辈出，最著名的有孙思邈。他聪明博达，深究医学，著有《千金要方》《外台论要》。隋文帝辅政时，曾被征为国子博士。"上元元年，辞疾请归，特赐良马，及鄱阳公主邑司以居焉。"唐代甄权，懂养生，精于针灸术，曾撰《脉经》《针方》等书。鲁州刺史库狄嵚因风患，手不能拉弓，请了不少医生治后没有效果。甄权诊断后，"针其肩隅一穴，应时即射"。贞观十七年，甄权已 103 岁，唐太宗幸其家，"视其饮食，访其药性，授朝散夫，赐几杖衣服"。叶法善为唐高宗时的道士，但他反对荒诞的长生不老之术。法善曾上言："金丹难就，徒费财物，有亏政理，请核其真伪。"高宗觉得有理，令法善监视，使 90 多位炼丹者被罢逐。唐玄宗即位后，于先天二年，拜叶法善鸿胪卿"，封"越国公"。医师许胤宗初在陈国时，一次柳太后病风不能言语，请名医治皆不愈。许胤宗于是用蒸熏之法，煎制"黄蓍防风汤数十斛，置于床下，气如烟雾，其夜便得语，由是超拜义兴太守"。

宋代以后，获得朝廷不同程度赏赐的名医不少。宋代刘翰，一次宋太宗有疾，他出手诊治病愈，即刻"转尚药奉御，赐银器、缗钱、鞍勒马"。其后又加"检校工部员外郎"。由于帝王们都希望颐养天年，因此对医术养生有造诣者的奖励都非常丰厚。道士苏澄隐年逾八十而气貌健壮，宋太祖途经其寺观，请教养生之术，苏澄隐告之"引导之法，养生之道"。宋太祖"赐紫衣一袭，银器五百两，帛五百匹"。辽代的耶律敌鲁精于医道，能根据人的脸色察看病情，后入选太医，"官至节度使"。江苏武进人吴杰，明代弘治年间以善医征至京师。正德年间，武宗生病，服用吴杰药一副而愈，随后被提升为御医。"自是，每愈帝一疾，辄进一官，积至太医院使，前后赐彪虎衣、绣春刀及银币甚厚。帝每行幸，必以杰扈行。"明代凌云，在针灸上造诣很深，明孝宗闻其名后，召至北京，"命太医官出铜人，蔽以衣而试之，所刺无不中，乃授御医"。从以上获奖的20多个例子不难看出，医学方面获奖的内容包括了药理、号脉、针灸、养生等方面。获奖者不仅医技超群，有的甚至在中医理论研究方面的贡献也特别突出。医生治病救人，帝王和官员等对他们赏赉有加是情理之中的事。

三、农田水利方面

作为农业命脉的农田水利，在古代自然备受重视。在农田水利的治理方面，能人辈出，获赏者众多。

战国时期，奖励耕战是各诸侯国的政策之一。《管子》一书中提出了具体的奖励办法："民之能明于农事者""能蓄育六畜者""能已民疾病者"等，"置之黄金一斤、直食八石"的奖赏。这些奖励农桑的政策，对推进农田水利的建设，起到了积极作用，如在兴修水利方面出现了一些影响很大的工程：楚国令尹孙叔敖主持修建了位于今安徽寿县以南的芍陂；李冰在蜀郡主持修建了闻名中外的都江堰水利工程；史禄（公元前215年）主持凿通了连接湘水和漓水（今广西兴安县北）之间长33千米的灵渠；"西门豹引漳水治邺，以富魏之河内"等。虽然史书上没有记载他们获奖的事例，但他们的名字流传至今，实际上是受古代"命名法"奖励影响的结果。

汉代皇帝曾多次奖励农耕和河川治理。武帝末年，曾下诏说"方今之务，在于力农"。汉昭帝时，"蔡癸以好农使劝郡国，至大官"。成帝时，黄河大水造成决堤，水淹四郡三十二县。成帝派河堤使者王延世去治理，他组织民工"以竹落长四丈，大九围，盛以小石，两船夹载而下之。三十六日，河堤成"。成帝赞赏道："……惟延世长于计策，功费约省，用力日寡，朕甚嘉之。其以延世为光禄大夫，秩中二千石，赐爵关内侯，黄金百斤。"

三国时期魏国刘靖在嘉平二年（250年）组织军士在永定河上（今北京石景山附近）造戾陵堰，凿车箱渠，灌田二千顷，其后灌溉面积达到了百多万亩。因有功，被奖掖为大司农卫尉，进封广陆亭侯，迁镇北将军假节都督河北诸军事。他去世后，赠征北将军，进封"成乡侯，谥曰景侯"。

唐代的姜师度，"喜漕渠"，在农田水利建设方面做出很多贡献。唐玄宗时，姜师度被"拜营田支度修筑史，进为河中尹"。他后任同州刺史，期间清疏河道、灌通灵渠，将荒废之地变为上等耕田，唐玄宗再次"嘉其功，下诏褒美，加金紫光禄大夫，赐帛三百四。进而作大将"。宋代曾孝广曾为北外都水丞，因治水有功多次被提拔。一次黄河决堤，他亲自行视提出治理方案，除去了水患，升迁都水使者。洛河多次水患，曾孝广亲临河堤巡查，找到造成水患的地点，累石为防，消除了水患。后屡被皇上提拔，官至尚书。

元代的苗好谦在武宗大至二年"献种苷之法"，武宗赞赏并实施其法。1404 年，户部尚书夏原吉因垦田治水有功，使"苏、淞农田大利"，受到明成祖的嘉奖。明代嘉靖年间的万恭"教人以耕及用水车法，民之大利"，其后他负责"总理河道"，得到朝廷上下的赞赏。明万历三年（1575 年），徐贞明见北方驻军粮食多依靠江南运送，运输费超出购买费，他提出在京师附近筑圩蓄水，开垦水田，可省下购粮和运输费，但遭到一些人的反对。徐贞明于是把自己的想法写在《潞水客谈》一书中，得到御史苏瓒、徐待极力推崇，并上述给皇上。万历十三年（1585 年）徐贞明被提拔为尚宝司少卿，特赐敕令，前往京师附近府县，与地方官勘议落实京畿水田开发事宜。次年二月，便开垦出水田二万九千余亩。潘季驯在治河方面经验丰富，他四次奉命治河，前后二十七年，多次受到奖掖。他曾担任右都御史，总督河道。后官至工部尚书兼右都御史。

古代治水往往与垦田相济，没有不先治水而有田可垦之理。正是由于统治者认识到农业是天下之本，水利是农业之本这个道理，故而采取种种奖励措施。在获奖的一些古代治水专家中，提出了不少好的治水良策，如汉代的贾让，面对黄河下游决溢频繁的局势，他应诏上书，提出三种治河方案，即上、中、下三策，这"三策"是中国保留至今的最早、最全面的治河文献，世称"贾让三策"。

四、军事科技方面

"弧矢之利，以威天下。"我国奖励军事技术有悠久的历史。对军事技术的奖励，主要集中在马政、兵器制造、军事医疗和有关军事思想等方面。

在古代战争中，马是重要的工具之一，有时决定着战争的胜负。因此历代设有马政，用科学的方法选育马、养马和蓄马。人们熟知的有伯乐，他因对家畜的养治特别是相马术很有研究而誉满天下。

决定战争胜负除了战略战术的正确与否外，武器也是重要因素，古代不乏武器研制和发明者获赏的例子。战国时期，晋平公曾请一工匠造弓，弓成后，匠人之妻对晋平公讲了如何发射箭的技巧，"公以其言为仪（标准），而穿七扎弓立得出，赐金三镒"。綦毋怀文是一名制刀能手。他造的宿铁刀，锋利无比。《北史》记载其方法是："烧生铁精以重柔铤，数宿则成刚。以柔铁为刀脊，浴以五牲之溺，淬以五牲之脂，斩甲过三十札。"綦毋怀文因铸刀也获得了丰厚的回报，后"位至信州刺史"。

宋代曾公亮（999—1078年）是一位饱学多才之士，他负责编撰的《武经总要》最有影响，被"拜史部侍郎，集贤殿大学士"。他去世后，"帝临哭，辍朝三日，赠太师，中书令，谥曰宣靖"。宋代还对军医予以奖励。医生刘赟医术高明，武将韩崶跟随宋太祖出征晋阳，被箭射中左髀，箭镞入内不得出，留在其内三十年。景德年间，皇上叫刘赟治疗，"赟傅以药出之，步履如故。崶请见，自陈感激，愿得死所，又极称赟之妙。特赐赟百金，迁医官"。咸平年间，有一军士被流矢射中，箭穿面颊至耳，很多医生束手无策，而医官阎文显"以药傅之，一宿后便将镞取出。上嘉其能，命赐绯"。

元代的忽必烈南征北战，尤重军事。对武器方面的发明创造者多予奖赏。孙威"善为甲，尝以意制蹄筋翎根铠以献，太祖亲射之不能澈，大悦，赐也可兀兰（大工匠），佩以金符，授顺天安平怀州河南平阳诸路工匠都总管"。后武宗皇帝时为"中奉大夫、武备院使、神川郡公，谥忠惠"。孙威的儿子孙拱，子承父业，至元十一年（1274年），他制作叠盾，可张可收，"张则为盾，敛则合而易持。世祖以为古所未有，赐以币帛"。其后，他屡获奖掖，后升至工部侍郎。宗王阿老瓦丁为回族人，至元八年（1271年），元世祖征召"砲匠"，阿老瓦丁和亦思马因应诏。首造大砲，试用后，皇帝"各赐衣段"。后以阿老瓦丁为副万户。

从军事领域获奖者来看，史料上虽然记载不多，但反映了古代军事发展的特点。从早期的对马政、冷兵器的奖励到后来对枪、砲等热兵器发明的奖励，体现了兵器发展的趋向和历史。例如，曾公亮编撰的《武经总要》第一次较为全面地记载了从上古至宋代各种武器装备的制造技术，生动地勾画出各个朝代武器发展的轮廓，在军事技术史上占有十分重要的地位，对我国古代文化史的研究也有着重要价值。

五、营造方面

古代营造领域包括建筑、舟船等方面。春秋战国时期的《考工记》中，就有了营造法式，即城池等方面的建造方法。那些古代的建筑大师，用自己的"智思精巧"，创造了别具一格的东方建筑，因而获得了各种赏赐。

汉代高祖刘邦，因其父住在长安，思乡心切，于是他令吴宽为其父在长安仿造其家乡的村舍，结果"其似而德之，故竟加赏赐，月余致累百金"。隋代宇文恺博览群书，年轻时在建筑方面就才华显露。朝廷建"仁寿宫"时寻访人才，右仆射杨素推荐了他。皇上于是令他为大匠。一年后建成，"拜仁寿宫监，授仪同三司，寻为将作少监"。隋代很多营造方面的规划和制图，都出自宇文恺之手。隋代蒋少游在营造方面也多有建树。朝廷在平城营建太庙太极殿，他因主持地基的测量和修建任务有功，升为"散骑侍郎"。其后到江南从事舟楫、园林亭楼的研究和建设，"皆所措意，号为妍美"，后提升为太常少卿。《北史》中还记载，辛术"与仆射高隆之共典营构邺都宫室，术有思理，百工克济。再迁尚书右丞，出为清河太守"。

宋、明时期对营造技术的奖励也不少，但主要散见于笔记小说中。永乐十五年，明成祖朱棣重建北京城时，建筑设计师蒯祥同大批能工巧匠一起被征集到北京。由于他技艺超群，很受督工蔡信等人的重用，永乐十八年（1420 年）皇宫宫殿落成，蒯祥便被提升为工部营膳所丞。蒯祥不仅木工技术纯熟，还有很高的艺术天赋和审美意识。据记载，蒯祥能以双手握笔同时画龙，合二为一，一模一样，技艺已达炉火纯青的程度。营建宫殿楼阁时，他只需略加计算，便能画出设计图来。就连明宪宗皇帝都很敬重他，与工匠们同赞他为"蒯鲁班"。《宪宗实录》中评价他："一木工起隶工部，精于工艺"，"凡百营造，祥无不与"。景泰七年（1456 年），蒯祥从太仆寺少卿升为工部侍郎。成化年间，蒯祥年逾八十，被"执技供奉，俸禄食从一品"。此外，嘉靖年间的徐杲也以木匠身份提拔到了工部尚书，瓦工出身的杨青官至工部侍郎。

六、冶铸和工艺等领域

铸冶之术在古代很受帝王的重视。例如，铁器尚未出现之前的商周时期，青铜作为铸造礼器的主要材料和国家资源，商王曾多次征战南方地区以获取青铜原料。在《考工记》中说："知者创物，巧者述之，守之世，谓之功"；"天有时，地有气，材有美，工有巧，合其四者然后可以为良"。正是由于才美工巧，古人给我们留下了许多精美的器物和经久不衰的传统工艺。

在儒学风行的古代，文人雅士家中文房四宝的精良程度，是主人品位才学和地位的直接反映。因此，文房四宝得到古人的高度重视。人们熟知的东汉时期的蔡伦，《汉书》中称誉说"伦有才学，尽心敦慎"，因此，多次受到嘉奖。蔡伦于东汉"永元九年，监作秘剑及诸器械，莫不精工坚密，为后世法"。特别他在发明造纸术方面被后人赞赏："自古书契多编以竹简，其用缣帛者谓之为纸。缣贵而简重，并不便于人。伦乃造意，用树肤、麻头及敝布、鱼网以为纸。元兴元年奏上之，帝善其能，自是莫不从用焉，故天下咸称'蔡侯纸'。"蔡伦曾被奖掖为"中常侍，豫参帷幄，后加位尚方令"。晚唐时，制墨名匠奚超到安徽歙州，发现"宣歙之松"为制墨的上乘原料。他在祖传的基础上创新，改进了捣松、和胶、配料等技术，制出了"丰肌腻理、光泽如漆"的佳墨，受到南唐后主李煜的赏识，赏"赐给国姓"，从此奚氏变为李氏，他本人被宠封为"水部员外郎"。李廷圭和其弟及后人等，都不同程度地受到朝廷的奖励，其孙李惟庆还担任了李煜的墨务官。

我国的琢玉技艺，在殷商时期就已经十分精良，如战国时期的卞和善于识玉，"和氏璧"是他人生悲喜剧的写照。他前两次献玉给厉王和武王（约公元前740年），因被皇家玉工辨为假玉，而被相继断其左右足。后来文王即位，再次令玉工考证发现是真玉，于是被命名为"和氏之璧"。虽然和氏受尽苦难，但最终获得赏赐，以功封为"零阳侯"。《史记·卷八十一》所说的"完璧归赵"故事中的"璧"，即卞和所献之宝玉。隋代何通、明代陆子刚的琢玉工艺都有"鬼斧神工"之称，明代刘念的仿古玉可以乱真，但他们的名字和受赏的情况正史往往不载。在其他工艺技巧方面获奖的例子也不少。如何稠在隋文帝开皇年间奉命仿造波斯（今伊朗）金线锦袍，其精美远超原物，受到赞赏。朝廷要恢复琉璃砖瓦生产，一般匠人不敢试制，他潜心研制终获成功，恢复了琉璃砖瓦制作的传统技术。"稠以绿瓷为之，与真不异。寻加员外散骑侍郎。"元代的阿尼哥，善画及铸金像。十七岁时，皇帝要他修复毁坏的明堂针灸铜像。经他修复后的铜像，所有关窍脉络清清楚楚，得到皇帝赏赐。后来，他屡获奖掖，从"人匠总管""银章虎符"一直提升到"光禄大夫""大司徒"，可谓"宠遇赏赐，无与为比。死后，赠太师，谥敏慧"。此外，还有一些其他方面获奖的情况。例如，宋代和尚怀丙，聪明过人。他以绝技修复"真（正）定构木十三级的浮屠（木塔）"，修复年久摇摇欲坠的赵州桥。一次，河中府洪水泛滥，维系浮桥的八只铁牛中的一只被冲于河中，怀丙用两只大船装满土，以绳子捆住河中铁牛，系于横架在两船的大木上，然后抛掉舟中泥土，船上浮，从而将数万斤的铁牛从水中抬起，"转运使张涛以闻，赐紫衣"。

此外，还有精通音律获奖的。宋代的大魏汉津，原是巴蜀的士兵，因懂得音律和铸造乐器被推荐到宫廷。皇祐年间，宋徽宗要他铸造"九鼎"，然后铸造"帝坐大钟""二十四气钟"。鼎成后，被皇上赐予"汉津虚和冲显宝应先生"，去世后，被赐予谥号"嘉晟侯"。

从古代授奖的科技领域可以看到，奖励领域是随着时代发展和科技进步而逐渐扩展的。但史料中记载的授奖事例，不同领域有所不同，如《二十四史》中记载最多的是天文历算，其次是医学领域，之后是农田水利，这三大领域对当时生产力落后的农业大国来说无疑是统治者最关心的事情，也是最能显示他们尊重天时地利、关爱天下苍生的地方。但是我们也看到，其他领域获奖事例虽然较少，但行行出状元，精湛的技艺、好的科学方法等并没有遗漏在统治者褒扬和赏赐的视野之外。

第四节　古代科技奖励的特点

古代科技的发展对促进社会生产力发挥了积极的作用，也使得科技奖励活动渗透在古代社会的政治、经济和科技活动中。我们可以看到，无论是（科技）奖励思想和理念，还是奖励方式和措施，各个时代都有自己的特点，也是那个时代社会发展和人们心理需求的印记。

从中国古代各方面的因素来看，古代科技奖励得以发展的原因是多方面的：一是某些"格致学科"对皇权的维持和巩固具有重要作用，引起了统治阶级的重视，使赏赐上升到国家政治层面。如古代天文学与星占学关系密切，而占星术可"占卜君国命运"，利用它可宣扬"君权神授"，以达到其封建统治的目的，通过对天文气象方面的奖励，从而带动了天文学的发展。二是学术技艺关乎统治者自身的利益和国计民生，他们不得不通过赏赐等激励措施来推动科技的发展。如医学涉及芸芸众生，且可满足统治者希冀长生不老、终享荣华和永揽权势的愿望，因此对医生、养生家及炼丹术士给予了不同程度的奖励（如养生术、气功等）；而军事技术对战争胜负、治理国家有很大作用，因此对军事方面的赏赐颇丰。三是科技的进步与生产发展息息相关，统治阶级从现实中看到科技手段和方法可以达到"用力甚寡而见功多"之效。如对农田水利等方面的技术给予奖励，可以促进社会生产力的发展。四是科技产品可为封建统治阶级的享乐提供各种需要。虽然精美工艺品在统治者眼里是猎奇或装饰品，但他们可从中获得对奢侈生活的满足，同时也是点缀他们"太平盛世"的饰物，显示自己的地位和政绩，因此对一些能工巧匠也给予了不同程度的奖励。由于古代工匠的社会地位底下，所以工匠们获得赏赐的情况在史书上记载甚少。五是科技奖励相对于其他奖励来说所耗费的财物是微不足道的，不会引起国家财政的困难。而其他赏赐则不同，如唐代僖宗时，"赏赐乐工、伎儿所费动以万计，府藏空竭"。六是古代从事学术和技艺的人中有不少官员，他们得到皇帝或大臣们的赏赐不仅可促进科技的发展，对社会稳定发展也有好处。奖励他们不仅符合情理，也可起到示范、带动作用。英国著名科学史家李约瑟教授曾把中国古代科学家按来历分为五类：第一类，高级官员，在事业上获得成功、富有成果的学者；第二类，平民；第三类，半奴隶者；第四类，实际上的奴隶；第五类，小官吏，在仕途上不能再得提升的学者。李约瑟的看法是有道理的，官员显然是具有重要作用的一类。中国的历史表明，一些位居高官的人不仅在政治管理活动中有所作为，同时在科学发现和技术发明方面也做出了重要贡献。当然，有些人是在做出重要发明创造后被提升为高官的，但官员从事科技发明的毕竟是少数。因此，在我国古代从事科技活动的群体中，绝大部分人来自底层，这样技术发明便有了更为广阔的智力基础，中国古代比国外取得较好的科技成果便是情理之中的事了。笔者认为，古代科技奖励大致有以下几个特点。

一、授奖基本是君王与权贵的个人行为

从史料中的赏赐情况可以看出，皇帝赏赐频度最高的是获奖人对皇帝

有功，赏赐对国家和整个社会进步所做贡献的频度为次之。在大部分情况下，赏赐谁、赏赐多少、赏赐的时间等往往按照皇帝的意志进行，随意性很强，主要以皇帝的金口玉言为凭。从医学、天文学的奖励来看多是如此。隋开皇元年，隋文帝令天文学家庾季才和其儿子庾质撰写"垂象""地形"等志。"及书成奏之，赐米千石，绢六百段。"北齐的周澹尤善医药，当"太宗尝苦风头眩，澹治得愈，由此见宠，位至特进，赐爵成德侯"。明代的盛寅，一次为永乐皇帝看病，诊断为风湿病，"进药果效，遂授御医"。江苏武进人吴傑，正德年间武宗生病，服用吴傑药一副而愈，随后被提升为御医。

对技艺赏赐，更反映了君主的个人行为。古代君王多热衷于工艺品，刺激了工艺品向更加精致豪华的方向发展，使奢侈品在社会上很有市场。工艺品一般来自贡赋和官方监制两大渠道。汉代刘歆在《西京杂记》中记载了皇帝使用的一些物品的情况："天子笔管，以错宝为跗。毛皆以秋兔之毫。官师路扈为之以杂宝为匣，厕以玉璧翠羽，皆直百金。汉制天子玉几，冬则加绨锦其上，谓之绨几。以象牙为火笼。笼上皆散华文。"由于统治者对工艺奢侈品的重视，造成其用器"富者银口黄耳，金垒玉钟；中者舒玉紵器，金错蜀杯"，以至"一杯棬用百人之力，一屏风就万人之功"。唐代中宗曾令扬州为他造方丈镜，"铸铜为桂树，金花银叶。帝每骑马自照，人马并在镜中。"那些精美工艺品的制造者肯定会得到皇帝不同形式的赏赐，只不过在正史上不记载而已。如明万历年间，神宗朱翊钧有意访求制墨名家罗小华的"墨"，竟命内侍以重价收藏，造成民间"重赏争购"罗墨的情况。这种举动，既提高了罗墨的名望，又提高了罗墨的身价，是一个重要形式的奖励。对工艺品的赏赐，实际上是对匠人技术和艺术水平的奖励，这种以皇帝为代表的官方赏赐，也反映了古代重视官方赏赐的"官本位"思想。

赏赐对帝王来说是一件名利双收的事情，通过赏赐活动可征集到更好的赏品，同时借此立威立信。当然，古代帝王对科技的赏赐远远不如对政治和军事方面的赏赐，如唐代赏赐最多的是官员，尤其是高级官员。唐高祖对夺天下有大功的裴寂以特别礼遇，"群臣无与伦比，赏赐服玩，不可胜计"。唐太宗先后赐魏徵黄金、绢、钱等无数，仅贞观元年两次赏赐魏徵绢一千匹；赐打败突厥的李靖绢三千匹。唐玄宗赐诛杀太平公主时有护驾大功的郭元振等"官爵、第舍、金帛有差"。

二、奖励与古代人才观紧密联系

中国古代提倡尚贤，这种思想主要体现在用贤奖贤上。古代的有识之士提出并赞同这一做法，君主大臣践行这一做法，如春秋战国时期的墨子认为："故古者圣王甚尊尚贤，而任使能，不党父兄，不偏贵富，不嬖颜色。贤者举而上之，富而贵之，以为官长。"墨子以上古时期君王为例，来说明尊贤任能的重要性，并指出选贤的标准。墨子本人也是在科技上有作为的贤才，他的《墨经》对古代光学的发展做出了很大的贡献。韩非子也认为，有功的人才能授爵，有能的人方可任职。对于功劳大的贤人，不仅要给予尊贵的爵位，还要给予重赏。

中国古代的赏赐有两种情况：一种是直接赏赐人才；另一种是奖励推荐贤才的人。汉高祖刘邦统一天下后，视贤者为国器，规定有才不荐举者"免官"。汉文帝下诏提出"举贤良方正能直言及谏者，以匡朕之不逮"。他曾为太子立"思贤苑"，以招宾客。汉武帝刘彻首创选拔人才、立贡举的制度，设置了孝廉、秀才的察举，诏举贤良方正、直言极谏之士，并亲自策问。他还提出："且进贤受上赏，蔽贤蒙显戮。"对汉代的选贤用贤产生了很大的影响。如东汉天文学家张衡，"安帝雅闻衡善术学，公车特征拜郎中，再迁太史令"。

隋大业三年，隋炀帝下诏首开科举制度，设立了贤良、明经、进士、秀才等科。以科举选贤，扫除了门阀之风，改变了以往的"上品无寒门，下品无世族"状况，为出身贫寒的贤才带来了机会，开创了人才选拔的新局面，为其后历代仿效。唐代科举制度有较大发展，贞观元年，唐太宗李世民与房玄龄谈到用人之道时曾说："……倘有乐工杂类，假使术逾侪辈者，只可特赐钱帛以赏其能，必不可超授官爵。"唐太宗虽然不想赏赐官职给乐工和技艺超群的人，但提出要多赏钱财来奖励他的能干，使他们在技术上更上一层楼，这种奖励思想是比较贴近实际的。唐代高祖武德五年，还把进士科的第一名称为"状元"，从此"状元"的美称沿袭下来。唐代虽有些人不能由科举入仕，但因其在学术和技艺上的特长入仕的不少。如武则天当政期间，熟谙天文学的尚献甫被直接从道士提升为"浑仪监令"，掌管天文方面的事务。

宋代时重视对贤才的奖励，还实行了科考殿试制度，即由皇帝亲自出题面试，殿试第一名为状元。值得一提的是，古代有很多科举中的佼佼者在科技方面显示了高超的才能而获奖。如宋代曾公亮、苏颂；《明史》记载在明朝统治的 276 年间，获科技类奖的达 43 人，大部分为进士，如徐贞明、潘季驯、徐光启等。

以上说明，古代用贤与奖励是紧密相关的。这里特别提出的是，个别人在职业生涯中有大起大落的情况。如唐代阎让精于营建，曾因制衮冕六服、伞扇、护治献陵等拜大将。后因建昭陵、建离宫不合皇上之意两次被免职。其后又因造船、营建翠微玉宫受赏，提升为工部尚书。他去世后，"谥曰康，陪葬昭陵。"

三、沿袭和丰富了非制度化奖励的形式

古代科技奖励不是由科学共同体评价出来的，奖励行为缺乏统一的章程和标准，主要凭借统治者的兴趣和爱好，因此称为随机性奖励或非制度化奖励。造成这一情况主要是由于历史的局限性和缺乏科学技术建制方面的原因。在中国古代，科学技术活动往往是个人行为，没有形成建制，也就谈不上科学共同体了。在这种情况下，对某一发明创造者的技术和产品的奖励难以找到懂得相关技术的人员来评定，往往是重其外观或以实际应用中产生的效果来评定。往往是外行评内行，是权力行使的结果。当然这种没有评审过程的奖赏的优点是节省人力物力，注重实效性，其缺点是不加以考证或验证，也不考虑其后情况，有些获奖的东西便难以经受住时间的检验。

明末以前的 3000 多年中，中国科技奖励以非制度化形式为主体，奖励的内容随学科或行业的发展而增加，奖励的方式随社会物质文化的进步而多样化。

古代非制度化科技奖励的方式从比较单一逐步演进为形式多样化、多层次的格局。从奖励的"奖品"来说，其沿袭的脉络和发展趋向大致如下：

商周时期——升官晋爵，金钱、物质和田地，树碑立传；

汉晋时期——升官晋爵，金钱、物品（器具、布帛等）和田地，树碑立传，赏赐家庭和后代，赐予谥号等；

隋唐时期——擢拔官职，金钱、物品（器具、布帛等）和田地，树碑立传，赏赐家庭和后代，赐姓，赐予谥号等；

宋元时期——擢拔官职，金钱、物品（器具、布帛等）和田地，树碑立传，赐予雅号，死后赐谥号，赏赐家庭和后代，赐姓等；

明代——擢拔官职，金钱、物品（器具、布帛等）和田地，树碑立传，赐予雅号，死后赐谥号，赐姓，赏赐家庭和后代，赐予诗文等。

除了面对面的直接奖励之外，由于有些做出贡献的人不在京城，帝王们也采用下诏奖勉的形式。如前面谈到，唐玄宗对在农田水利有贡献的姜师度，"嘉其功，下诏褒美"。唐德宗时，绛州刺史韦武"凿汾水灌田万三千余顷，玺书劳勉"。实际上，由于诏书的作用，获奖人的声望会更广。

非制度化科技奖励方式的多样化是古人奖励观的发展和社会物质文明不断进步的反映，从商周时期奖励方式较为单调到明代已有十余种奖励方式说明，虽然在这漫长的时间内没有出现科学建制，但科技奖励与其他社会建制的奖励方式一样，不断发展丰富。正由于是非制度化的奖励，在奖品和方式上可以随心所欲选择，在奖励时间上可以自由控制（利于及时奖励），奖励场合和参与人员也是随机的。值得一提的是，唐代出现赐予国姓这种特殊的奖励方式，这与李氏王朝宣扬自己先祖是老子李聃，而百姓认为赐国姓是君王的特别恩宠，所以唐代盛行此风，也影响到其后的朝代，这可以说是中国古代奖励方式中的特色之一。

非制度化奖励一直难以进入制度化奖励的轨道，这是由古代科技活动长期未能实现建制化所决定的。直到近代科学技术诞生以后，随着科技建制的出现，制度化奖励机制才得以产生。而制度化奖励的方式（奖品）较为单调，一般为获奖证书、奖章、奖牌和奖金这几种形式。因此，古代科技奖励的方式是有其特殊性和合理性的。

笔者对《史记》到《明史》这"二十四史"中获得科技类奖励的人物进行了粗略统计（统计中可能有疏忽的情况），大约为275人（表1-1）。

表1-1 "二十四史"中获得科技奖励的人数统计　　　　单位：人

书名	天文地理	医学	农田水利	军事技术	营造技术	冶炼、工艺	其他	合计
史记	1	1	1	1		6	1	11
汉书	2	2	3		1	3	1	12
后汉书	4	3	1			1	2	11
三国志	1	4	2		1		4	12

续表

书名	天文地理	医学	农田水利	军事技术	营造技术	冶炼、工艺	其他	合计
晋书	6	1		1	1		1	10
宋书	1					1	1	3
南齐书	1						7	8
梁书						1	2	3
陈书	1						1	2
魏书	4	7			3		2	16
北齐书	2	2				1	1	6
周书	1	2					1	4
隋书	7	4			6	1	1	19
南史	3						1	4
北史	8	5			1	2	1	17
旧唐书	7	5	3		2	1	3	21
新唐书	4	3	3				1	11
旧五代史	1	1					1	3
新五代史	2						1	3
宋史	12	11		1		1	2	27
辽史	1	2	1					4
金史	2	4					1	7
元史	5	3	2	6		1	1	18
明史	5	9	18	3	4	3	1	43
总计	81	69	34	12	19	23	37	275

注：《清史稿》中统计获科技类奖的人数为62人。

从获奖领域来看，天文地理方面人数最多，为81人；第二是（中）医学方面，为69人。以上数据可能说明这样一个事实，天文科学对封建统治是非常重要的，这是因为统治者认为天象反映国家福祚兴衰及对农业耕作有指导作用，因而历朝历代都有对天文方面的奖励。而医学的重要性自不必说，因而获奖人数为第二。军事科技获奖人数较少，可能一方面是因为军事方面的奖励多在军功方面；另一方面是史料中不重视对这一类获奖人情况的记载。至于各个朝代中获奖人数的悬殊，这是一个复杂的因素，这可能与该朝代统治时间的长短有关，与写史人的偏好有关，也与科技的发展有关。例如，汉代统治的 426 年间，记载的科技方面获奖人数为 23 人；唐代统治的 289 年间，记载的科技方面获奖人数为 32 人；宋代统治的 319 年间，记载的科技方面获奖人数为 29 人；明代统治的 276 年间，记载的科技方面获奖人数为 43 人。

总之，从夏商时期到明末的科技奖励，反映了不同时代科技发展的动向和特点，也为其后科技奖励制度的诞生奠定了基础。

值得一提的是，明代后期一批耶稣会传教士陆续来到中国，由此开始了第一次西学东渐的历程。以利玛窦为代表的传教士以西方近代科学为媒介开始在中国传播西学。据统计，1581—1644 年，传教士们翻译和刊印了"算书 100 种，学术及伦理、物理书 55 种"。虽然当时传教士来华的主要目的是传播上帝的"福音"，但在不经意中把西方科学带进了中国。更为重要的是，他们把西方的船舰、武器、科学仪器、艺术物品、生活用品等一批洋器带进中国。西学与西器的东传对明代士大夫的视野和文化观念产生了巨大冲击，成为徐光启、李之藻等一批学者学习模仿西方科学技术的开始，使得当时中国研究自然科学的热潮，作为启蒙思潮的一个重要侧面得到了空前的重视。这一期间，还出现了《本草纲目》（李时珍著）、《律学新说》（朱载堉著）、《河防一览》（潘季驯著）、《算法统宗》（程大位著）、《农政全书》（徐光启著）、《天工开物》（宋应星著）等不少科技巨著。这些书的出版说明中国传统科学已完成了总结，且已开始向"重实践、重考察、重验证、重实测""相当注重数学化或定量化的描述"的科学方法转变，成为中国"近代实验科学萌芽的标志"。近代科学技术的传入，也为近代科技奖励制度在中国的诞生打下了基础。

明代以前的科技奖励史实及奖励理论，对今天科技奖励工作具有很好的借鉴作用，如"赏赐要少而精""赏罚分明""及时奖惩""赏罚要轻重适度"等思想，注重对人才的直接奖励方式等。古代科技奖励，作为当时治国的筹策和重要手段，在一定的程度上鼓舞了创造者的热情，为中国古代科学技术的辉煌发展产生了重要的推动作用。述往知来，透过历史这面多棱镜，我们可以看到中国古代科技奖励思想和奖励方式的丰富多彩，今天科技奖励的一些思想和理论，也不难从古代的科技奖励中找到其根源。

第二章
清代的科技奖励

　　清代是我国科技发展的一个特殊时期，是中国科技奖励发展历程中从非制度化科技奖励走向制度化科技奖励的分水岭。在西方，随着近代科学在当时的世界科学中心英国的迅速发展，从事科学技术研究和开发成为人类的一种重要活动，科学家在社会发展中开始承担重要的角色。科学研究成为一种社会建制后，奖励必然成为科学建制的一种目标。1731 年，英国设立了第一个制度化科技奖励——科普利奖。此后，面向自然科学不同领域的科技奖励制度迅速扩展，遍及欧洲和世界。而在中国，随着大批传教士来华和"西学东渐"，近代科学技术的"神奇作用"开始猛烈地冲击中国社会。中国的封建统治者和有识之士逐渐感到近代科学技术的重要性和对发展社会生产力的影响，希望通过学习、模仿西方的科学技术来改变中国的面貌。19 世纪中叶，太平天国的洪仁玕首次将与专利相关的奖励思想引入中国，他在其《资政新编》中阐述了在中国实行专利和奖励技术发明的主张和设想。洋务运动时期，李鸿章等人在大力鼓励"师夷之长技"的同时，也为中国近代科技奖励制度的建立做了充分的准备。近代科学技术在中国的传播发展，催生了中国的科技奖励制度并逐步发展起来。

第一节　清代早期的科技奖励

　　明末清初，一些西方传教士来到中国，带来了西方的科学和文化。明代徐光启等一些有识之士，开始研究西方的天文学、算术等，为建造中西科技交流的桥梁进行了有益的尝试。当时对西方的自然科学知识，中文里没有对等意义的词可表述，于是利玛窦、徐光启等就用出自《礼记》的

"格致"一词来称呼它。1874 年，美国传教士傅兰雅编辑出版了《格致汇编》，登载声、光、电、化及制造文章，目的是"意欲将格致之学问并制造工艺之理法广为传布"，皆将"格致"或"格物"与西文"science"（科学）对译。格致学作为科学的代称，一直影响到整个清朝时期。西学"格致"中不只有实用的"技术"，且存在高深的"学理"。在这一意义上，晚清人的科学观念中又有了"格致"与"格物"的区分。正是国人在对近代科学逐步理解和传播的过程中，西方的科技奖励制度也开始影响中国。

一、顺治、康熙时期的科技奖励

清初，顺治皇帝首开了对外国人的科技奖励。他对德国传教士汤若望非常器重，命他掌管钦天监信印，任钦天监监正，并以"玛法"（祖父之意）尊称汤氏，免除汤氏跪拜，召见时赐坐。顺治皇帝还多次亲临汤若望的住所，与他不拘形式地聊天。对汤若望的贡献，顺治赏赐隆厚，诰封汤氏祖先三代，赐地建筑教堂，提升汤若望的品级为正一品，可见顺治皇帝对传教士的重视。

康熙皇帝即位后，对西学尤为重视。《清史稿》上说："圣祖天纵神明，多能艺事，贯通中西历算之学，一时鸿硕，蔚成专家，国史跻之儒林之列。测绘地图，铸造枪砲，始仿西法。凡有一技之能者，往往召至蒙养斋。其文学侍从之臣，每以书画供奉内廷。又设如意馆，制仿前代画院，兼及百工之事。故其时供御器物，雕组陶埴，靡不精美，传播寰瀛，称为极盛。"1667 年，康熙皇帝亲政，朝中一些大臣对使用中国或西方历法意见不一。康熙决定以实事求是的精神来解决历法之争的是与非。1668 年 11 月 23 日，康熙命令钦天监官员杨光先、胡振钺、李光显等与南怀仁等人双方参与试验，比较优劣。经过连续三天的测验，认定南怀仁推算准确。杨光先被革职，表明康熙对南怀仁的天文历算知识的肯定信任。康熙其后准授南怀仁以监副品级，管理衙门事务。但南怀仁一再推辞官职任命，康熙于是同意南怀仁以无官职的形式管理钦天监，年给银 100 两、米 25 石。

南怀仁在钦天监的几年间，康熙皇帝不断地给他各种与近代科技相关的任务，如令他督造观象台，内廷备用的黄道经纬仪、赤道经纬仪、地平经仪、地平纬仪、纪限仪、天体仪、水准仪等仪器。完工后，康熙还亲自兴致勃勃地用圭表测日影长短。

为平定三藩之乱，康熙令南怀仁主持造炮。在短短的两年间，南怀仁受命铸各种型号的炮共 120 尊。南怀仁虽内心不情愿制造这些重型武器，但帝命不敢违。火炮铸成后，均行祝圣礼，供天主像，以教中圣人名号刻其上。三藩之乱的后期，南怀仁又受命铸造更多火炮，并训练炮手，1681 年康熙亲自验收成果，在试过南怀仁设计督制的 440 门大炮的演练后赞美说："尔向年制造大炮，陕西、湖广、江西等省都已有功效。今之新炮，较为更好。"说完，将自己的貂裘赏给南氏。第二年，南怀仁晋升为工部右侍郎。1686 年 7 月底，皇帝又命南怀仁造冲天炮。除此之外，南怀仁还参与多项发明设计，如设计滑轮运送巨石过桥、制造日晷及水钟、在皇室花园内建造引水马达、奉命参与水利工程等。南怀仁去世后，康熙谥其"勤敏"。

康熙皇帝对其他传教士也非常重视。经南怀仁引荐，闵明我、思理格、徐日升（Tomas Pereira）、安多（Antoine Thomas）等一批传教士接踵来清廷任职，并获得赏赐。徐日升所授恩宠甚多，最风光的是在御座前接受康熙所"赐牙金扇一柄，内绘自鸣钟、楼台花树。御题七言诗云："昼夜循环胜刻漏，绸缨宛转报时全，阴晴不改衷肠性，万里遥来二百年。"此外，洪若翰（Jean de Fontaney）、张诚（Jean – Francois Gerbillon）、刘应（Claude Visdelou）、李明（Louis Le Comte）、白晋等五名传教士在南怀仁面奏下，由浙江起送来京，"陛下见于乾清宫大殿，赐茶优待，各赐白银 50 两，留白晋、张诚在京备用"。康熙帝不仅向南怀仁等传教士虚心学习，还自己研究"格致学"，将研究心得写下来，光绪年间的盛昱曾将他的心得辑录成《康熙几暇格物编》。顺治和康熙对汤若望、南怀仁等传教士的奖励，可以认为是中国最早在科技领域的国际合作奖项。

康熙多次提到人才和激励人才的重要性。他认为："致治之道，首重人才。储养之源，由于学校。"他还认为，"自古选贤任能，为治之大道"。康熙还在朝廷实行三年一次的考核，以崇尚、奖励廉洁和美善。"国家三载考绩，原以崇奖廉善，摈斥贪残，必吏洽澄清，庶民生安乐。"一些大臣也非常重视奖励的作用，当时的刑部尚书魏象枢（1617—1687 年）提出，"举一真才，而天下之才皆劝；擢一廉吏，而天下之吏皆服用"。康熙还经常对国内科研人员进行奖励。康熙初年，浙江钱塘人戴梓以平民的身份从军，献连珠火铳法。他造的连珠铳，"形如琵琶，火药铅丸，皆贮於铳脊，以机轮开闭。……凡二十八发乃重贮"。戴梓奉命仿照西洋枪炮，"西洋人贡蟠肠鸟枪，梓奉命仿造，以十枪赍其使臣"。他造的"子母砲，母送子出坠而碎裂，如西洋炸砲，圣祖率诸臣亲临视之，赐名为'威远将军'"，后来戴梓被提拔至翰林院侍讲。山东济宁人焦秉贞，擅长人物楼观，通测算。他把西洋画法技巧与中国画结合起来，形成新的绘画风格，得到康熙的嘉奖，并"命绘耕织图四十六幅，镌版印赐臣工"，后官至钦天监五官正。河南祥符人、刑部主事刘源曾于康熙年间在江西景德镇主持御窑，"呈瓷样数百种，参古今之式，运以新意，备诸巧妙。……其精美过於明代诸窑"。他还监制其他御用木漆器物，康熙"甚眷遇之"；去世时，康熙"恩礼特异焉"。康熙还对数学家梅文鼎十分器重，就连梅文鼎的后人也得到照顾，"命其孙毂（珏）成内廷学习"。

关于康熙学习科技、奖励科技的目的，笔者认为，一是当时西学在中国兴起的形势使然。在康熙朝，西方耶稣会士将西方科学技术最新成果送到皇宫，使得康熙对欧洲国家的社会、地理、天文、科技等都有所了解，也激起康熙组建被西方誉为清朝皇家科学院的"蒙学馆"的兴趣。二是作为一国之君，康熙感到如有一定的科技知识，对判断一些是非和处理公务是有帮助的。如前面谈到的西方天文学与中国天文学的争论，他认为"己不思，焉能断人之是非？因而愤而学焉"。三是有一定的炫耀成分，康熙所具有的深厚的中国文化底蕴和丰富的西学知识使得他训示大臣时游刃有余。但他当政时，出于对汉人的威慑和警惕，曾限制火器引入和发展，失去了及时追赶国外先进科学技术的大好时机。

二、乾隆至道光时期的科技奖励

清中叶后，以乾隆为代表的清王朝再次实行闭关锁国的政策，把打开不久的国门重又关上。闭关锁国既是出于传统的保守与自大，也有对西方迅速强大的隐忧，但最根本的是落后的清王朝对发展科学技术来富国强兵的重要性认识不足。清王朝的闭关锁国政策，使得西学东渐的潮流受到严重阻滞，当封建统治者妄自尊大和沉溺于把玩奇器时，欧洲的科学技术进入了快速发展阶段。

当然，出于统治需要和本人偏好，乾隆在其统治的 60 年间，他奖励科学和工艺的事例还是屡见不鲜的。学者博启，"通天文，尚因勾股和较之术"。乾隆年间得到提拔，"官钦天监监副，五官正"。江苏吴江人徐大椿，对天文、地理、音律、医术等均有研究，被荐召入京，"命入太医院供奉"，死后"赐金治丧"。安徽歙县人吴谦，因医术高明被提升为太医院判，供奉内廷，"屡被恩赉"。乾隆年间，令他编撰医书，"一部为小而约者，以为初学诵读；大而博者，以为学成参考。……书成，赐名医宗金鉴"。据《清史稿》记载，乾隆在农田水利方面赏赐的人尤多，如潘思榘、史贻直、张允随、孙嘉淦、方承观、李清时、章攀桂等。其中孙嘉淦治理海河、梳理永定河政绩卓著，屡受乾隆赏赐，后任兵部侍郎、工部尚书、吏部尚书、协办大学士。又如乾隆南巡时，因镇江至江宁段江水险恶，只好从陆地行走。为其后巡访方便，乾隆下诏改通水道。江苏松太兵备道章攀桂看了地势后，提议"凿金乌珠刀枪河故道，以达丹徒，工省修易"。乾隆命他监修此工程，河道修成后，"攀桂亦因获优擢"。

乾隆奖励某种技艺有时是从人文科学的角度来考虑的。乾隆六年（1741年），安徽歙县汪惟高因制墨有名，被朝廷召为"制墨教习"，在京城御书处教习制墨。汪惟高做了"教习"之后，墨品更高，名声更大。当然，乾隆等对考据有功之人更是奖励有加。如纪昀因组织编撰《四库全书》有功，乾隆、嘉庆二帝对他赏赉有加，官至礼部尚书、协办大学士，加太子太保，管国子监事，可谓恩宠之极。

嘉庆年间，将军富俊大力鼓励和发展农垦。他在盛京（现沈阳）上任时，使当地出现了"比星环居、安土乐业、麦苗畅发、男耕女饁"的景象，得到嘉庆皇帝的赏赐。道光皇帝时富俊还被提升为"理藩院尚书，协办大学士"。他死后被赠为"太子太傅，谥文诚"。道光年间，广东人丁拱辰提出应学习外国的"轻便快捷之法"，并进献著述《演炮图说》，道光皇帝称赞他"矢志同仇，留心时务，可嘉之至"。后李鸿章奏请清政府授予丁拱辰广东候补县丞，又升任知县，留广东补用，并赏给五品花翎，但丁拱辰没有上任。广东南海邹伯奇（1819—1869年），在天文、数学、物理、地理和光学仪器（照相机）制作等多方面都卓有建树。广东巡抚郭嵩焘特上疏保举邹伯奇进京任职，清政府也两次优诏征聘邹伯奇，但邹伯奇却"坚以疾辞"。曾国藩也景慕邹伯奇品学，"欲以上海机器局旁设书院，延伯奇以数学教授生徒，亦未就"。

清代中期虽对科技人才进行了一些奖励，但重视程度是不够的，这是清政府闭关锁国和封建专制造成的。从雍正、乾隆到嘉庆，民族歧视和压迫政策日趋严重，迭兴的文字狱，空前严酷地钳制着思想文化界。乾隆年间更是妄意引申、构陷入罪，在实行长达19年的禁书活动期间，共禁毁书籍3100多种，151 000多部。同时，由于高压政策，造成知识分子对现实的淡漠和对古典的关注。知识分子多钻研故纸，高谈理性，专注训诂。这种潜心古籍，埋头于注疏、考据的学风，与近代科学知识风马牛不相及，以至于书本外的新知识难有创见。这样，把学术界引入脱离生产、脱离对自然界观察研究的歧途，致使中国的科学技术发展缓慢。

第二节　清代晚期的科技奖励

自1840年后，中国频遭列强侵略和掠夺，维系国家存亡、民族兴衰的救亡图存思想，构成了中国近代社会思潮的主旋律，而"科学救国"主张则是这一主旋律中的强音符。帝国主义的坚船利炮和民族矛盾的加剧，使当时中国的有识之士清醒地意识到，走科学图强之路，中华民族才有希望。于是"科学救国"的口号应运而生，中国在学习西方近代科学技术的同时，也开始探索制度化科技奖励。

一、洪仁玕等人的科技奖励思想

19世纪中叶的西方，资本主义已进入自由发展的全盛时期，而中国这个古老的封建大国由于政治腐败而日趋没落。西方主要资本主义国家挟着雄厚的资本和先进的大炮敲开了贫穷落后、闭关自守的满清王朝的大门，从此中国一步步沦为半殖民地、半封建社会。外国侵略者凭借与晚清政府签订的不平等条约，借助特权任意倾销商品，使中国原有的个体手工业和农民的家庭手工业受到了严重摧残，加速了自给自足自然经济的瓦解。与此同时，中国先进的知识分子透过西方全新的世界开始认识到要挽救中国，只有向西方学习先进科学技术。在"万马齐喑"的沉沉暮气中，一批先进的知识分子，最先提出了学习西方、改良朝政的口号，林则徐、魏源就是最突出的代表人物。

魏源在鸦片战争爆发之际即作《寰海》诗十首，提出"欲师夷技收夷用，上策惟当选节（使者）族"，即要想"师夷长技"，必须选派"节族"去学习西方先进文化。此后，他又将林则徐的《四洲志》扩撰为《海国图志》，明确提出了"师夷之长技以制夷"的口号，并指出："欲制外夷者，必先悉夷情始；欲悉夷情者，必先立译馆翻夷书始；欲造就边才者，必先用留心边事之督抚始。"魏源还认识到西方文化优于当时中国的方面并不仅限于军事方面，他认为："人但知船炮为西夷之长技，而不知西夷之所长不徒船炮也。"他还最早提出培养新式科技人才的设想，提议"有能造西洋战舰、火轮舟，造飞炮、火箭、水雷、奇器者，为科甲出身"等鼓励措施。

明确从立法方面提出科技奖励的是太平天国的洪仁玕。洪仁玕（1822—1864 年）是太平天国后期的革命领导人之一，他曾赴海外学习，对西方先进的科学文化知识有所了解，接受了不少资本主义的思想。尤其是他在滞留香港期间，认真地观察、分析和总结了世界局势和各国政治、经济情况，志在为发展太平天国的事业而奋斗。1859 年 5 月，洪仁玕从香港辗转来到天京，不久便受到了天王洪秀全的重用。为摆脱革命危机，重振太平天国，他提出了中国第一个近代化改革方案《资政新篇》。文中集中反映了他力图按照西方资本主义国家的面貌来改造中国、立法图强的政治主张，全书的重心在"法法类"。洪仁玕首先说明立法的重要性："所谓以法法之者，其事大关世道人心，如纲常伦纪，教养大典，则宜立法以为准焉。"他还举例说，英国"于今称为最强之邦，由法善也"；俄国学习法国之"邦法……大兴政教，百余年来，声威日著，今亦为北方冠冕之邦也"。其次，洪仁玕认为立法的人必须具备一定的知识，了解国内外情况。最后，洪仁玕提出了立法的基本原则。他极力倡导学习西方的科学技术，认为"火船、火车、钟表、电火表、寒暑表、风雨表、日暑表、千里镜、量天尺、连环枪、天球（仪）、地球（仪）等物"，绝非旧传统观念中的"奇技淫巧""雕虫小技"，要把科技当"中宝"一样珍视。科技有用于民，"千古可行"，是"堂堂正正之技"。因此，不仅应"以风风之，自上化之"，而且应该准许外国"教技艺之人入内，教导我民"。在《资政新篇》的"法法类"中，洪仁玕明确提出效仿西方国家的专利制度，对技术发明和投资工商业采取鼓励和保护措施。他对发明的专利权做了如下的说明：①"倘有能造外帮火轮车，一日夜能行六八千里者，准自专其利，限满准他人仿做"；②在"兴舟楫之利方面，以坚固轻便敏捷为妙，或用火用气用力用风，任乎智者自创。首创至巧者，赏以自专其利，限满准他人仿做，若愿公于世，亦禀明发行"；③在"兴器皿技艺"方面，他对专利做了更详尽的阐述，"有能造精奇利便者，准其自售；他人仿造，罪而罚之。即有法人而生巧者，准前造者仿做，收为己有，或招为徒焉。器小者赏五年，大者赏十年，益民多者数加多，无益之物，有责无赏。限满他人仿做"。洪仁玕的专利主张最根本的原则是益民，他将"大专利"（发明创造）和"小专利"（实用新型）分开，在保护期限和奖赏方面做了不同的规定，反映出中国专利萌芽初期的科技立法思想。与洪仁玕思想共振的是容闳。他曾在美国留学，于1855年太平天国革命高潮中回到国内。1860年11月他访问天京，与洪仁玕讨论了推进太平天国事业的方案。容闳感到"玕王居外久，见闻稍广，故较各王略悉外情，即较洪秀全之识见，亦略高一筹"。他提出了与《资政新编》互补的有关政治、科教、经济的七条建议。他俩的建议无疑是当时中国学习西方的最先进的方案，已远远超出魏源等人的想法，可以说是当时一种凝聚着报国热忱和新时代精神的救国良方。

由于洪仁玕在《资政新篇》中明确地提出了用专利制度来激励发明创造、鼓励私人投资与资本积累，这无疑具有进步意义。但当时太平天国正处于对付清政府的紧张战斗之中，主要精力在军事防御上。《资政新篇》虽在天京刊印，但如同新枝嫁接在枯木上，难以存活。太平天国失败后，《资政新篇》遭到禁毁，洪仁玕的专利立法的奖励措施也就戛然而止了。

《资政新编》是太平天国后期带有浓厚资本主义色彩的纲领性文件，是洪仁玕向西方资本主义国家学习的结晶。能将发展科技和奖励科学技术写进当时的政治纲领，确是一件了不起的事情。《资政新编》中虽有一些陈腐不堪的言论，从思想史和科技奖励角度看，则充满了时代气息和进步意义，是力图抓住机遇，实现中国近代化的一个方案。

二、洋务运动对建立科技奖励制度的推动

继洪仁玕之后，李鸿章和曾国藩在洋务运动中提出了科技奖励思想。在第二次鸦片战争至甲午战争前夕，曾国藩、李鸿章奉"中学为体，西学为用"为圭臬，在洋务运动中大规模地运用西方科学技术。甲午战争以后，康有为、梁启超等人希望借助西方的科学思想、技术方法和科学制度来变法自强。这些早期的"科学化"运动，为近代中国科技奖励制度的萌芽创造了积极条件。尤其在清军与太平天国军的战争中，带来了江南残破、民生凋敝的惨重局面，也刺激了清政府兴办洋务的决心。战争后期，曾国藩

在安庆兴办军械所，淮军接受了西洋武装。安庆军械所的建立和淮军接受西洋武装被认为是洋务运动的开始，这是中国历史的实质性进步。曾国藩等人从军事装备的改良入手学习西方，也是时势使然。洋务运动思想是当时中国这块病土中萌发的具有生气的幼苗，是中国进步思潮的体现。当曾国藩看到中国自制的火轮时曾说："窃喜洋人之智巧，我中国人亦能为之，彼不能傲我以其所不知矣。"曾国藩还非常重视对人才的奖励。如江苏无锡人徐寿多才多艺，自制水晶三棱镜，验证了色散现象，并制造了名为"黄鹄"的轮船和汞狼管，曾国藩对他"激赏之，招入幕府，以奇才异能荐"。

随着洋务运动的开展，一批西方近代工业和建筑模式被引进国内，由中国人自办的工业及模仿的西方建筑，在国内引起较大的争论和影响。冯桂芬针对中国封建社会长期以来轻视包括建筑在内的具体生产行业的状况，指出："夫九洲之大，亿万众之心思材力，殚精竭虑于一器，而谓竟无能之者，吾谁欺？……道在重其事，尊其选，特设一科，以待能者。"他要求清政府重视科技发展，设立专门科举来鼓励人们从事实际事务。在《采西学议》一文中，冯桂芬提出如有"诸文童于诸国书，应口成诵者，借补本学诸生。如有神明变化，能实见之行事者，由通商大臣，请赏给举人如前议"。在《制洋器议》中，冯桂芬提出"招内地善运思者，从受其法以授众匠。工成与夷制无辨者赏给举人，一体会试。出夷制之上者，赏给殿试"。沈葆桢也提出，"而中国鼓励人才之用，莫捷于制艺科。……其出洋有效而归者，更当优予拔擢"。

洋务运动中，清政府不仅对中国的科技人才给予一定的鼓励，还对来华工作的技术人员采取激励手段和优惠办法。这些手段有：一是对聘用的外国科技人员，清政府全部实行高薪制。例如，定远、镇远、济远三舰人员共856人，月支薪粮银15 311两，平均每人约18两；其中洋员43人，月支薪水6008两，平均每人约140两，是中国工作人员的8倍。清政府除付给他们高薪外，还负责来往旅费、药费、房租甚至饭食等。二是清政府施行授予官衔或金宝星的奖励制度。三是对成绩突出的洋员实行金钱奖励制度。如福建船政学堂聘用洋员的合同规定："与日意格等议定五年限满，教习中国工匠能按图监造并能自行驾驶，加奖日意格、德克碑银二万四千两，加奖各师匠等银六万两。"清政府也大力奖励在洋务中做出贡献的国内科技人员和管理人员。据《清史稿》载，光绪十二年至十七年，督臣刘秉璋曾对四川省机器局在局出力人员奖励。五年后，四川总督鹿传霖认为，"所陆续造成机器药弹等项，皆精良合用，增造后膛毛瑟抬枪亦颇快利。在局各员，仍行奖励之"。湖广总督张之洞在光绪十六年创建湖北兵工厂，第二年便初具规模，可见当时速度之快。到光绪三十二年时，累计造马步快枪101 690枝、弹药4300多万颗、各种快砲730尊、前膛车砲135尊、各种砲弹63万多颗。对督造和从业人员，光绪皇帝曾多次给予嘉奖。

在近代科学技术传入中国的同时，西方的专利和奖励制度也引入了中国。1881年，我国早期民族资产阶级的代表人物郑观应，曾就上海机器织布局采用的机器织布技术，向清朝皇帝申请专利。为保护和鼓励技术发明，清政府于1882年8月，由光绪批准了我国近代史上的第一件专利，即郑观应等人创造的机器织布工艺，保护期10年。这虽然比西欧国家的专利制度晚了300多年，但这是在我国历史上有重要影响的"钦赐"专利，对保护和促进技术发明与推广应用起到了积极的作用。郑观应在第一次申请中，只要求在上海地区生效，不准另行设局，只准附局合办；在第二次申请中，要求通商各口均不得另行设厂，而李鸿章竟据以奏请"酌定十年内只准华商附股搭办，不准另行设局"。他把专利的范围扩大到了全国。有的学者认为"十年专利"这是织布局的垄断行为；有的学者则认为这是效仿西方为中国专利的起始，非垄断行为。理由一是郑观应要求专利意在防止"显分畛域"以使"成本愈厚"，着眼点在于厚集股金，使织布局利可持久；二是专利主要是针对外国资本"以防外人争利"的。无疑，清政府模仿国外专利制度的做法，是出于"强国、富国"的目的，为发展科技和培养科技人才而有意识地对科技活动进行激励和保护。专利制度的萌芽，为中国制度化科技奖励的出现打下了基础。

洋务运动随着1894年甲午海战的失败而告终。但是，洋务运动作为清政府自上而下推行的有政策有计划地学习西方科学技术，并鼓励发展科学技术的运动，对后来的科学技术发展起到了一定的推进作用。洋务运动的失败，使当时的有识之士看到仅仅"师夷之长技"是不够的，还必须学习西方的政治体制，实行政治改革。同时，为振兴国势，一些学者提到了用人之长、提倡奖励的重要性。刘锡鸿在《刘光禄遗稿》中说到："赏罚严明，人争愧励，斯事自治，国自强，威灵自远耳。"他把赏罚提到了治国强国的重要高度。李东沅在《论考试》一文中也提出："倘有别出心裁，造成一器，于国计民生有益者，视其利之轻重，准其独造数年，并给顶戴，以资鼓励。"光绪皇帝还明确地提出赏罚是掌管天下的权柄："自古帝王斡运天下之大权，不过赏罚二端而已。赏一人而天下劝，罚一人而天下惩，虽尧舜不能舍此以为治。后世未尝无赏罚也。"

三、中国第一个科技奖励法规

晚清戊戌变法的目的就是试图实行资产阶级政治改良运动和发展科技来振兴中华，其代表人物有康有为（1858—1927 年）和梁启超（1873—1929 年）。在科学技术方面，康有为提倡奖励发明创造，鼓励科学著作与发明，主张从法律制度上保护和鼓励科技在中国的发展，并极力反对八股取士，鼓励兴办学校和派遣留学生。他认为，欧美诸国所以富强至极，主要是由于"政俗学艺，竞尚日新，若其工艺精奇，则以讲求物质故"。他还提出，中国要竞存于这样的世界，只有"定为工国"，"讲求物质"。而要实现这一目标的具体政策应是"创造新器，著作新书，寻发新地，启发新欲者，查无抄袭，酌量其精粗长短，与以高科，并许专卖"。1895 年，康有为上书光绪帝，要求依照西方国家模式，奖励科技发明，"许以专利"。他向光绪帝上疏说："且赏罚者，人主之大柄，所以操纵奔走天下者也。……甲午以来新政之谕旨，若学堂，著武备，若商务农工，何参举行，何者废格，嘉奖其举行者，罢斥其废格者，明降谕旨，雷厉风行。如此而新政不行、疆土不保者，未之有也。"他还提出："天下虽无才而吾可激而厉（励）之，养而成之。"梁启超则组织成立各种学会、学堂、报馆、书局和学报，开中国近代学会和科技刊物的先河。张之洞在湖北武昌创办湖北农务学堂，让学生学习地质、化学、格致、农艺、农具制造等专门知识。

1898 年 6 月 11 日，光绪颁发《明定国是昭》，决心变法。1898 年 6 月 26 日，康有为呈递《请励工艺奖创新折》，建议下诏"奖励工艺，异以日新"。他在奏折中还建议："创新器者，酌其效用之大小，小看许以专卖，限若干年，大者加以爵禄。"光绪皇帝接受了这个主张，谕令总理衙门按照这一精神"详订章程"。

按照光绪的旨意，总理衙门于 1898 年 7 月 12 日把制定的《振兴工艺给奖章程》呈光绪皇帝审定。中国近代第一个科技奖励法规由此诞生，开创了中国科技奖励制度的先河。《振兴工艺给奖章程》中规定：

"一、凡能制造船械、枪炮而能超出西各国旧有水平以上者，或出新法、兴办大工程而有益于国计民生者应破格优奖，并许以集资创设公司，专利 50 年；

二、凡能制造出外国旧时所没有之机器或日用之物，授工部郎中实职，许以专利 30 年；

三、凡外国旧有各器械尚未传入中国，而有人能仿造成功者，授工部主事职衔，许其专利 10 年；

四、凡有著新书，发明专门学问并切实可用于今世者，可授以官职，所著之书享有专售权 20 年；

五、凡有捐赠款项兴办学堂、图书馆、博物院者，均给予不同程度的奖励；

六、以上各种创造发明，均应由政府部门、地方当局考核认可后，方能发奖。"

1898 年 7 月 14 日和 8 月 2 日，光绪皇帝又两度降谕重申章程中的规定，令各地政府贯彻执行，优奖"创行新法及制造新器者"。

《振兴工艺给奖章程》中奖励的科技领域较广，可资军用、民用的新发明创造、新的理论均可获得专利奖励或授予官职。《振兴工艺给奖章程》颁布后，社会各界反响积极，沉重地打击了坚持闭关自守、推行愚民政策、诬蔑科学技术是"奇技淫巧""伤风败俗"的保守派；而对于渴望以科学救国图强的爱国志士则大快人心，纷纷表示赞同和支持。当时上海《申报》发表《论中国商务大有振兴之机》的文章称："天下耳目岂有不为之一新，天下人之精神岂有不为之一振哉"，认为积弱贫穷的中国，必能从此崛起，国富民强指日可待。随之，《振兴工艺给奖章程》也开始在各地贯彻执行，一些人开始向当地政府申请专利。虽然后来因戊戌变法失败而中止，但它却在我国的法律发展史上，首开了奖励发明创造的先河。

《振兴工艺给奖章程》首次以国家法律的形式奖励科学技术事业，是中国专利和科技奖励发展史上的重大事件，也是我国科技奖励从非制度化迈向制度化的转折点。《振兴工艺给奖章程》以法律的形式保护并鼓励私人设厂制造，意味着私人工商业从此获得了合法地位。这对中国科技的发展，对传统的重科举轻技艺的社会风气之转移，具有积极的意义。在奖励方式上，它把传统的赏给职衔、赐给匾额的形式与西方的专利制度结合来保护和奖励科技发明，标志着中国在模仿和结合国情制定科技法规方面取得了突破，对推动近代科学技术在中国传播、推动中国本土的科技创新无疑起到了积极的作用。由于以慈禧为首的顽固派对戊戌变法的极力反对，使变法运动只经历了103天而告结束。因新政时间很短，颁布的命令和措施也大都未实现或被废止。直到辛亥革命爆发，清政府也未能设立专门的专利奖励行政机构。但这些主张和活动，特别是科技文化方面的政策、计划、措施等仍产生了一定的影响，对其后清政府科技奖励法规的颁布起到引导和推动作用。

与此同时，一些学会也开始酝酿设立奖励。上海强学会在章程中提出："入会诸君，原为学问起见，其有疑义，可函询会中讲求，当询通人详答。其有经世文字，新论新法，可寄稿本局，经通人评定，或抄存备览，或刊刻流通，倘发中西未得之新理，加酬奖赏，标其姓名，以收切磋之益。"务农会章中也提出要向西方学习，"设赛会所以验良苦，以求新理"。1903年，北洋工艺局创办并在章程中提出："工艺局为鼓励工作起见，如有商家能自出新法制造土货，或变通改良，或仿照成法，以敌洋货，而利民用者，均准呈报查验给予奖励。并酌定专利章程，以保商利。"同年11月，商部颁布了《奖励华商公司章程》二十条。1906年10月7日，农工商部又颁布了《奖励商勋章程》八条，提出"对创制新法新器，以及仿各项工艺确能挽回利权，足资民用者，分别酌予奖励"。其中规定：凡能制造轮船、机车、电机等新式机器者，奖给三等至一等商勋，赏加四品至二品顶戴；凡能在中国原有工艺基础上翻新花样，精工制造者，奖给五等至四等商勋，赏加六品至五品顶戴；对于有特别发明创造者，将给予破格优奖。

1907年8月2日，清政府命各省将军、巡抚极力振兴实业，提出"凡能办农工矿藏，或独立经营或集合公司，确有成效者，从优奖励"。1908年1月26日，清政府以庞元济创办机器造纸公司，赏正一品封典；祝世珩、祝大椿兴办实业赏正二品封典、二品顶戴。

兴办"洋务"，制作洋器，提倡实业、奖励工商等举措，为中国近代工业的勃兴奠定了基础，使中国资本主义经济出现比较明显的发展。清政府为摆脱积弱贫穷、落后挨打的被动局面而采取的这些国策，对鼓励和鞭策国人思危奋进、振兴国力发挥了重要作用。1905—1908年，在全国范围内还出现了一个投资办厂的高潮。辛亥革命前后，全国共有工厂 20 749 家，不使用原动力的手工工场占 98.25%。手工工场数量之多、分布于行业和地区的范围之广，都是前所未有的。

可以看出，晚清时期的激励政策和法规主要以专利保护和奖励实业为主，说明清政府已充分地认识到科学技术不仅可以启迪民智，而且在发展实业、振兴经济和拯救民生中可以发挥关键作用，因此，试图通过实施奖励政策法规来推动科技进步，以摆脱晚清社会腐朽落后、被动挨打的尴尬局面。

四、对留学归国科技人才的奖励

洋务运动时期，清政府派出了大量留学生到西方学习，对了解外部世界、学习先进的科学技术起到了积极作用。为鼓励学成回国的留学生，清政府以赐予他们"翰林""进士""举人"出身或以"授官"的形式予以奖励，可以说是中国制度化科技奖励中的"人物奖"。

19 世纪后半叶归国留英学生的任用办法是直接奖励并授予官职。到 20 世纪初期，随着归国留学生的增多，学部对非军事类的归国留学生进行调整，形成以考试为主的录用办法。奖励游学的办法是授予"科名出身"和官职。学部多次制定考试出洋毕业生章程，在学务处进行留学毕业生考试，考试及第者即授予科名和官职，将奖励和任用合二为一。经过学部考试合格的学生再通过廷试，即入官考试，授予官职。

从光绪三十一年（1905 年）到宣统三年（1911 年），由学部（或学务处）主持了七届留学毕业生考试，同时举办了四届廷试，每年农历八月十五为归国留学生考试时间。其中从事科技方面的留学生经考试后被授予格致科进士、工学进士、农科进士，以及不同称谓的举人称号。如江苏王兼善（26 岁）、浙江俞同奎（35 岁）和何育杰（29 岁）等人被授予格致科进士，江苏朱天奎（28 岁）和广东刘国珍（36 岁）等人被授予工科进士，江苏秦铭博（30 岁）和姚履亨（29 岁）等人被授予工科举人。光绪三十二年（1906 年），清政府组织了科举制度废除以后的第一次留学考试。考试分两场，一场考留学所学科目，另一场考汉文或外文（可任选），试卷由主考官分最优等、优等和中等三级，按照所学科目分别赐予进士（最优等者）、举人（优等和中等者）出身。放榜以后，光绪皇帝曾在颐和园召见了留学生，可见清政府的重视。当年 9 月，光绪在《赐游学毕业学生出身谕》中，赏赐了30名留学生进士或举人出身，其中赏给科技方面的有13人，医科进士有谢天保、徐景文，工科进士有颜德庆；工科举人有施肇祥，农科举人有王荣树、陈耀典，等等。到清政府失势倒台，四届廷试共录取824名。

参加廷试的留学生按照考试情况被授予官职，从而进入清政府的官僚体系内，如丁文江（1908年留学英国格拉斯哥大学，学习动物学和地质学，1911年双科毕业）考试列最优等，赏给格致科进士，这对鼓励学堂学生出洋或留学生归国及科技奖励制度的建设都起到了积极的作用。此外，对归国已久的留学生，清政府还采取了一种"访问荐举游学毕业生"的办法，给予出身，以示嘉奖。1905年11月，张之洞奏请外务部为辜鸿铭赐予进士出身。辜鸿铭为三品顶戴员外郎，通英法德三国语言，深得国外同行赞赏。张之洞的奏章虽未奏效，但为奖励早期留学人员提供了思路。1907年，直隶总督袁世凯奏请免试授予回国十年以上、政绩突出的留学生（主要是留美学生）詹天佑、吴仰曾、屈永秋、邝荣光四人进士出身。接着，学部制定了《考核各省采访游学专门各员章程》五条，要求对奖励留学人员必须"游学专门在十年以外，如习路矿，必于工程办有成效者；习制造机器，必能发明新理制造新器者；习文学必译著诸书，阐通精理，有裨学术者。如无其人，任缺毋滥"。章程表明，清政府重视留学经历，但更重视回国后做出的贡献。考核后分两等，按照所学科目，分别赐予某科进士、某科举人出身。章程下发后，各省督抚考察推荐了23名预选者，光绪三十四年十月（1908年11月），清政府委派钦差大臣梁敦彦、于成枚、绍昌三人会同学部，对预选者进行了反复审查，宣统元年十二月（1910年1月）最后确定了19名回国留学生免试授予"出身"奖励。其中有严复、李维格、吴仰曾、辜鸿铭、伍光建、王劭廉、温秉仁、刘冠雄等，多为学理工科的留学生。他们分别被授予进士出身和举人出身。这枚荣誉勋章，充分反映了清政府对学成归来、有所成就者的高度重视。

宣统年间，清政府仍沿袭上述做法。宣统三年三月（1911年4月），学部奏请给医官伍连德医科进士。伍连德在英国剑桥大学学习"格致医学"，获学士学位，接着在法国巴黎获硕士学位和博士学位，曾得到英美医生的高度赞赏，在国际享有一定声誉。对留学生授予"进士"等出身的奖励方式，反映了清政府对杰出科技人才的重视，对吸纳优秀留学科技人才产生了积极影响。

第三节　清代科技奖励的特点和作用

清代是我国科技奖励从非制度化走向制度化的分水岭。随着"洋教士"影响的日益扩大和西学东渐，特别是在科技支配下的"船坚炮利"大大刺激了中国的有识之士，他们清醒地看到，如果不发展科学技术，就难以摆脱落后挨打的局面。从太平天国洪仁玕的《资政新篇》中提出实施专利制度奖励科技开始，到 19 世纪末期光绪颁发的第一个制度化科技奖励法规《振兴工艺给奖章程》，表明了清政府和社会各界对发展科学技术的热望。但是，封建士大夫们固有的文化观念决定了他们对西学的态度必然是拒斥与接纳并存，因而"中学为体、西学为用"也就成为必然的接受模式。但是，由于"中体西用"文化观自身所具有的难以克服的结构层面上的局限性，造成了西学在中国广泛传播时与中学在本末关系上的冲突，从而决定了"中体西用"论的最终解构。于是在戊戌变法时期，以康、梁新学为代表的新的西学观取代了"中体西用"论，成为中国近代史上新的文化观念形态。与此同时，从政府到民间都在大力开垦能够培植科学技术的土壤，为近代科学在中国传播和生根做了充分的准备，推动科学技术向建制化方向迈进。我国的科技奖励制度也从有到无，政府和社会团体的科技奖励开始诞生，也在一定程度上对促进我国近代科学技术的发展具有很大的作用，逐渐发展成了激励科技人员、推动创新和影响社会的一项重要措施，也为其后科学技术奖励制度的创新发展铺垫了道路。归纳起来，这一时期的科技奖励有如下几个特点。

一、授予的"奖品"注重官职

清代科技奖励的"奖品"既承袭以往历代的内容，同时更注重授予官职。从清初到宣统皇帝时期，我们都可以看到重点授予官职的事例。如顺治皇帝将汤若望的官职品级提升为正一品；康熙皇帝将南怀仁的官职晋升为工部右侍郎；乾隆皇帝奖掖精于天文和算术的博启官职为"钦天监监副，五官正"，授予"治水有功"的史贻直为"文渊阁大学士"；嘉庆时期的富俊因大力鼓励和发展农垦，不仅得到嘉庆皇帝的赏赐，在道光皇帝时被提升为"理藩院尚书，协办大学士"。

光绪皇帝更注重赏赐官职。他颁布的《振兴工艺给奖章程》中，就明文规定授予官职。如：第二条中提出"凡能制造出外国旧时所没有之机器或日用之物，授工部郎中实职"；第三条规定"凡外国旧有各器械尚未传入中国，而有人能仿造成功者，授工部主事职衔"；第四条规定"凡有著新书，发明专门学问并切实可用于今世者，可授以官职"等。"工部郎中实职"相当于今天的司局级领导职位。其后，光绪皇帝对做出重要贡献的留学生授予"进士出身"和奖给"官职"，这些出身和官职有"格致""工科""农科""医科""法政科""商科"等，其中法律类和科技类的人士最多，表明对科学技术和推动中国近代法制化进程的重视。"能者为官""读书做官"的做法虽然体现了儒家封建思想，但对鼓励学者们勇于自主创新、消化吸收国外先进技术及推动中国科技发展具有积极意义。但不得不指出的是，过于强调"官本位"思想，规定获奖可以"做官"这种导向，造成科技奖励本质的扭曲和目标错位，从这点上看是不可取的。

二、随机性科技奖励与专利性质的奖励制度并存

随机性科技奖励在中国历史的长河中经历了 2000 多年的岁月，其意义不是很大，真正有现代意义的是制度化科技奖励的建立。从近代科学产生的历史来看，科技奖励对科技的反哺和推进作用是积极的。虽然那时制度化科技奖励刚刚走进中国，但由于它是一种规范的、在时间上连续的奖励，又与科学技术在社会中的地位和价值标准、科学家在社会中承担的角色有关，因此当科学技术在社会中通过形成某种价值体系，把从事科技的一部分人整合到以这一价值体系作为行为准则基础的规范活动结构之中，进而成为特殊的社会角色团体的时候，制度化科技奖励才有可能产生。在清代相当长的一段时间内，随机性奖励还是主流。如同治年间，山东按察使丁宝桢在面临黄河决堤，将淹曹、兖、济十余州县的紧急情况时，提出亲自去督工堵筑，皇上于是"下诏奖勉之"。

制度化科技奖励是建立在科技建制基础上的，这是与随机性科技奖励之间的重要区别所在。它具有较为科学公正的评审方式、奖励章程，有固定的颁奖周期、奖金和颁奖时间等特征，是科学建制化的重要内容。晚清是中华民族从灾难中醒悟和崛起的时期，是中国学习西方科学技术的启蒙时期，因此，科技奖励的发展也明显打上了那一时期的烙印。在一些有识

之士的推动下，清政府认识到了科学技术的重要性，推动了各种科学技术学会的建立，科学技术研究作为一种职业开始得到了社会的肯定和承认。中国科学建制化的萌芽，作为一个重要环节的科技奖励制度也必然应运而生。从洪仁玕提出建立专利形式的奖励制度起，到光绪皇帝颁布第一个科技奖励法规《振兴工艺给奖章程》，标志着我国的科技奖励进入了制度化阶段。虽然"工艺专利"是清政府为发展资本主义而提出的一种政策保护，但它动摇了以农立国的方针，对于来自传统小农社会"耻言贸易""耻于言利"的积习无疑是一种冲击。加之"工艺专利"已不再属于洋务派等少数人所垄断的特权，进而激发了民族资产阶级和能工巧匠们发明创造、兴办实业的积极性。另外，"工艺专利"逐渐接近了西方的专利制度，它是中国发明创造受到法律保护的开端，为辛亥革命后工商部颁布的《暂行工艺品奖励章程》的制定提供了参考。不同的是，西方科技奖励制度最初由社团设立，而我国科技奖励则最早由政府设立。这种以政府为主导设立的科技奖励制度，引导和促进了刚刚勃兴的科技学会等学术团体对设奖的兴趣，客观上对推动我国科技奖励制度发展具有积极的意义。

三、把西方专利制度纳入科技奖励制度

专利制度早期是由君主授权的一种经济保护制度，发明专利是一种独创性的、自然界原来没有、同时前人未创造出来的能应用于生产生活实践的一种技术手段。获得专利后，持有者可以通过专利的实施或转让获得效益，刺激专利持有者不断去努力，产生新的技术成果。

科技奖励制度是一种荣誉制度，它通过授予荣誉、奖金等形式肯定了科研人员的创造性贡献，同时又是一种潜在的经济权益保障制度。获奖后，它从声誉上保障了研究人员在科学发现和技术发明的优先权。因此科技奖励制度的发展，其范围远远超出了专利的范畴。同时科技奖励制度具有普适性，且灵活多样。政府、社团、企业和个人等均可设立科技奖励，如博览会的金奖、银奖等。而专利是唯一的，是在国家进行统一审查并授权才被承认的。

洋务运动后期，由于受西方专利制度的影响，我国的一些学者提出了专利形式的奖励思想。如康有为认为，以专利制度为核心的鼓励创新的机制是西方近代科学迅速发展的内在源泉，只要引进和采用这种机制，着力

奖励创造发明，便抓住了问题的核心，中国的科学技术就能兴旺发达，国势便会蒸蒸日上，中国"定为工国"的宏伟愿望就能实现。他向朝廷建议："凡有能创新器者重赏之，或予以专利多年，或荣以爵级。"光绪皇帝采纳了康有为的建议，签署颁布了具有专利性质的《振兴工艺给奖章程》。其后，清政府颁布的《奖励商勋章程》等奖励法规都有明显的专利色彩。

虽然，科技奖励制度与专利制度在作用方式上存在着很多异同点，但它们是两种在功能上互补的制度。在清朝末期两种制度虽掺杂在一起，反映了在当时历史条件影响下人们认识的局限性和社会的局限性。但不可否认的是，专利性质的科技奖励制度，对激励当时的科技人员学习和跟踪西方科学技术、推动我国走向近现代化具有重要作用。

四、科技奖励对象以人为主

清代的科技奖励，以奖励技术的专利制度和奖励科技人员的制度并存，奖励的对象看似是技术，但实质上是人。而对学有所成留学生的奖励，奖励对象直接是"人"。奖励科技人员，这是世界各国普遍采用的一种形式。人是第一位的，是科技活动的主体，奖人更能直接体现人在创新创造中的作用，对科技群体有更好的激励效果。

清初，朝廷上下均非常重视对贤才的任用和奖励，除了科举选才以外，一些有用之才通过其他方式得以重用。如顺治、康熙非常信任来华的传教士，委以重任、赏赐有加，可以认为是中国最早的国际科技合作奖。对国内的一些工艺大师，清政府也采取赐名的奖励形式，使大师们的名与技艺同传于世。如顺治时郎廷佐督造的精美瓷器被称为"郎窑"；雍正年间唐英在景德镇主管窑务所制的瓷器，被命名为"唐窑"。

及至晚清，清政府通过考试和工作实绩考察，对大批优秀的留学人才赐予各种荣誉称号和委以官职。如赐予詹天佑"工学进士"、何育杰"格致进士"出身等荣誉，反映了清政府对科学技术的重视，这也是20世纪初中国走向近代化过程中一个有意义的举措。

五、奖励与科普并重，促进了近代科技在中国的传播与发展

科技奖励对激发人们学习西方列强科技的热情，对西方科学技术在中国的传播和发展起到了一定的作用，也标志着中国科学技术研究的初步萌

芽并趋于形成。科学技术研究风气的形成对科学技术影响社会、社会与科学技术之间的互动产生了积极影响，而科技奖励体现了科学家在社会中的重要角色作用，在中国科学建制的形成中具有重要的推动作用。

　　近代学者康有为在提出奖励科技的同时，提出了"强学"与"群学"的科普思想。"如一人独学，不如群人共学；群人共学，不如合什百亿兆人共学。学则强，群则强，累万亿兆皆智人，则强莫与京。"显然，他的文化视野是极其宽广且富于现代意蕴的。他还提出要把中华文化与国外的科技文化向大众普及，正是这种"强学"与"群学"精神开创了中国随后科技文化普及、各种学会相继进涌的局面。据统计，洋务运动时期官方和学术团体译出了大量的科技和科普类书籍，仅上海广方言馆和江南制造局1868—1904 年译出的西方各类书籍就达 159 种 1075 卷，其中科技类书籍为102 种。如英国麦垦西（Robert Machenzie）著的《泰西新史揽要》，1895 年正式出版后，立即成为"热门书"，供不应求，1898 年增出普通版，其后一版再版。该书介绍了西方当时先进的科学技术、自然和文化等，深受朝野欢迎，先后印刷竟达 100 万部，成为晚清西方书籍在中国销量最大、影响最广的一部，出现西学东渐文化传播过程中"洛阳纸贵""郢书燕说"的现象。通过科普和奖励活动，扩大了科学技术的感染力和影响力，赢得了广大中国民众对科技的理解和认同，对近代科学在中国的传播、科学共同体的出现和中国社会向"近代化"迈进起到了极其重要的作用。

第三章
民国时期的科技奖励

1912 年，辛亥革命爆发，推翻了延续两千余年的帝制。随着民主共和观念逐步深入人心，科学观念的传播和普及也渐趋成熟，民国各届政府逐步开始重视科技政策的制定，科技在推动生产力发展方面的重要作用越来越为社会各阶层所认同。这时，一些科技奖励政策也陆续出台，促进中国近代科技从启蒙进入发展阶段。

"五四运动"期间的新文化运动，在倡导走"科学""民主"的道路、实现民族独立和强国富民理想的旗帜下，一些爱国知识分子肩负起科学研究、传播科学技术知识和精神的使命。1928 年，中央研究院的建立标志着近代欧美式科技发展模式在中国初步形成，也标志着中国科学技术建制的进一步完善。"九一八"事变后，科学化运动的兴起与国民政府科技发展战略开始形成，为"科学救国"主张提供了新的机遇并赋予其更深刻的含义。但抗日战争的爆发打断了科技发展进程，改变了科技发展方向，中国的工业和科教布局都受到了极大冲击。在全国抗日的形势下，一批具有爱国民主思想的有识之士再次提出了"科学救国"的主张，倡导在中国掀起一场科学化运动，以抗击侵略，救亡图存。抗战时期是中国科技发展模式开始转换的重要时期，"科学救国"思想再次引起国人关注并赋予其新的内涵。这一时期的科技活动、科技政策及其组织管理，一切以抗战为中心，除颁布的专门科技奖励法规外，还有不少的科技法令涉及科技奖励。同时，中国共产党领导的边区政府也颁布了一系列的科技奖励法规，开展了大量的科技奖励活动，促进了边区科技奖励的发展，为新中国的科技奖励制度奠定了基础。

第一节　国民政府的科技奖励制度

从辛亥革命到 1949 年的 38 年间，国民政府采取了一些相应的经济措施，倡导、支持民间资本投资设厂、办矿、开银行，并先后颁布了一系列保护、奖励近代工商业发展，鼓励科学研究的政策法令，对中国科技的发展起到了一定的推动作用。

一、对工艺品和技术发明的奖励

国民政府对工艺品和技术发明的奖励主要由农商部和经济部来施行。1912 年 12 月，国民政府颁布的第一个奖励法令是由工商部制定的《暂行工艺品奖励章程》。该章程包括 13 个条款，其中规定凡发明或改良的制造品称为工艺品，经过考验合格者应分别给予奖励。该章程不但鼓励筹集资金兴办公司，而且鼓励新办企业对工艺技术及产品质量进行创新与改进。对经过考验合格的新产品，属于发明的授予 5 年以内的专利权；属于改良的，授予奖状并予以表彰。这个章程施行了 11 年之久。据统计，从 1913 年 5 月至 1916 年 3 月，农商部共办理专利 34 件。

1923 年 6 月，农商部经修订重新颁布了《暂行工艺品奖励章程》，把奖励对象扩大到新产品及其新的制造方法两大类，授予 3 年或 5 年的专利权，对仿造外国产品有显著成绩的给予褒奖。该章程的修订，对其后专利保护制度的形成，以及在全国形成激励科技创造的环境奠定了基础。农工商部合并后，修订了《暂行工艺品奖励章程》并更名为《奖励工艺品暂行条例》，于 1928 年 6 月 18 日颁布（1930 年 4 月 19 日废止）。其中规定了对新产品或其新的制造方法分别授予 15 年、10 年、5 年和 3 年的专利权；对仿造外国产品有显著成绩的，给予褒奖。1929 年 2 月 27 日，国民政府颁布了《华侨回国兴办实业奖励法》。1929 年 7 月 31 日，国民政府颁布了《特种工业奖励法》（1934 年 4 月废止）。针对《奖励工艺品暂行条例》过于简单、缺乏周详的内容、鼓励创造发明的报酬也极少等原因，1932 年 9 月 30 日，国民政府制定颁布了《奖励工业技术暂行条例》，对科技发明给予相应的奖励和专利保护。1934 年 4 月 20 日，国民政府正式颁布《工业奖励法》。

《工业奖励法》《奖励工业技术暂行条例》两个法规奖励的对象和内涵

不同。前者奖励促进工业的发展；后者奖励技术的发明和创新。《工业奖励法》共有12条，是对《特种工业奖励法》的修订与取代。奖励范围包括三方面："一是应用机器或改良手式制造货物，在国内外市场有国际竞争者；二是采用外国最新方法，首先在一定区域内制造者；三是应用在本国享有发明权之发明，在国内制造者。"奖励方法有5种：减低或免除出口税、减低或免除原料税、减低国营交通事业之运输费、给予奖金、在一定区域享有5年专利权，申报奖励应填报申请书，由实业部核办。《奖励工业技术暂行条例》共有29条，这个条例的奖励对象专指工业发明，其中规定："凡中华民国人民对于工艺上之物品方法首先发明者依本条例呈请奖；依本条例受奖者享有专利权10年或5年。"条例中还规定了严厉的惩罚措施："伪造发明品损害他人之专利权者处三年以下有期徒刑，并五千元以下罚金；仿造发明或窃用其方法损害他人之专利权者处二年以下有期徒刑，并三千元以下罚金；明知为伪造之物品而贩卖或意图贩卖而陈列者，处六月以下有期徒刑、拘役或一千元以下罚金。"

抗日战争开始后，为发展科学技术以适应战时军事和经济的需要，国民政府曾多次邀集专家学者拟订、修正、颁布和实施了一系列法规条例，其中涉及科技奖励的法规有《奖励工业技术暂行条例》，由经济部重新修订后于1939年4月6日公布。该条例共34条，对奖励范围、方式，再发明创作与追加，专利权的确认、转让与继承，仿造之处罚等都做了明确的规定。其后经济部又负责制定了《奖励工业技术暂行条例实施细则》，该细则共27条，于1939年9月11日公布。这次修订，把申请奖励的内容分为三类：一是于物品或方法首先发明者；二是于物品之形状再造或装置配合而创作合于实用之新型者；三是于物品形状色彩或共结合而创作适于美感之新式样者。这与今天申请专利中的3种类型"技术发明、实用新型和外观设计"已非常接近。这3种专利分别给予的专利权为5～10年、3～5年、3年。同时还就有关问题进行了界定。例如，对涉及国防和国家安全的秘密技术不得申请专利，但政府给予一定的报酬。该条例与以前颁布的条例相比，有许多改进完善之处，其中最重要的变动之一，是将抗战前有争议的"实用新品""式样新品"列入专利保护和奖励范围，反映了国民政府在抗战时期外来产品奇缺，需要后方工业大量生产"代用品"替补的严峻现实面前，采取的"实用、适用"措施。

1940 年，针对科技界及其主管部门存在的不良风气，经济部于当年 11 月 20 日研究颁发了《奖励工业技术补充办法》，采取更为优惠的条件和措施奖励工业技术发明，以促进"潜在"的发明能够尽快地出现。该办法主要有两个补充规定：一是实行了奖助制度；二是增加了四类奖励对象。

规定的奖助条件：其一是对那些发明创造有成功希望的，经济部可提供机械设备、试验、加工场所，予以实验之便利；二是在实验期间生活确有困难者，分别比照二等或三等技佐薪俸酌给生活费。增加的四类奖励对象：一是国内外确尚无同类物品制造、出售或同类方法在工业上应用者；二是能抵制外来物品，减少大量国际输入者；三是能在国外推销增加大量对外输出者；四是能补救国产物资之不足，确有重大贡献者。《奖励工业技术暂行条例》《奖励工业技术补充办法》在鼓励发明创造、促进科技进步方面发挥了积极的作用，且在一定程度上缓解了科研经费困难的问题和发明创造者的生计问题。1941 年 12 月 17 日，国民政府还专门颁布了《非常时期工矿业奖助条例》，条例共 22 条，专门奖助"中华民国在后方所办有关国防民生之重要工矿业"。

由于《奖励工业技术暂行条例》等法规毕竟属暂时性质，在颁行后不久，国民政府有关方面即着手准备制定专利法规。1940 年 11 月，国民政府决定设立专利部门，加速专利法规的制定，在经济部内设置工业专利办法筹划委员会。1944 年 8 月 29 日，经济部在参考英、美、法、意、日、苏等 10 余个国家专利法及其相关法规的基础上起草了中国有史以来第一部《专利法》，经立法院审议后正式公布。

《专利法》共 133 条，对专利范围，专利之方式，专利呈请与审核，外国人在中国呈请专利，专利局权利责任，专利的认定、保护、使用、撤销，对伪造的惩处等方面均做了详尽的规定。《专利法》集清末至民国成立以来采取的以专利奖励科学技术进步的各种法律、法规、条例、办法之大成，是民国时期专利制度发展的重要里程碑。但由于《专利法》公布已在抗战末期，而《专利法施行细则》又迟至抗战胜利后的 1947 年 9 月才颁布，故难以及时施行，因而它在促进抗战时期科技进步方面的作用远逊于《奖励工业技术暂行条例》《奖励工业技术补充办法》。但《专利法》的公布实施，正式把科技奖励制度与专利制度分开，两种激励科技人员的制度泾渭分明，又相互补充，在理论上和实践上都具有重要意义。

值得关注的是，抗战时期还出现了一种特别的奖励法规，即对仿制"替代品"的奖励。国民政府于1943年4月15日颁布了《奖励仿造工业原料器材及代用品办法》。该办法共11条，其中规定：奖励范围主要以"仿造工作已脱离实验阶段，工业上能代替原物品之功效为限"。凡审查合格者，依甲等1万～10万元、乙等5000～1万元给予奖励。在其他部、署、局颁布的法规中，均将"替代品""仿制品"的研制与发明创造同等对待，给予奖金、奖章、晋级等物质和荣誉奖励。经济部并曾两次登报公告，重金征求仿制大后方急需的原料、器材。显然，对"替代品"的奖励是形势使然。由于战时对工业品的需求日益加剧，而进口物品几近断供，大后方不得不生产各种原来依靠国外供给的替代品。这使得以往不少的国外工业品，只能按照大后方的实际水平来仿造，即多数是在手工作坊仿造，这就决定了当时的"仿造"工作具有复杂的技术性。照理说，仿造毕竟不是发明创造，是不能获得专利的。但战争时期，物品的有无比物品的优劣更重要，解决战时大宗工业物资的需要，比研究发明新产品填补空白更迫切。一些产品奇缺，如液体燃料、化工原料、通信器材等物资，严重影响到对抗战前线的支持和社会经济生活的需求。在这些政策的激励下，数百种替代品和仿制品，如酒精、桐油代汽油、蓖麻油代润滑油、制革用鞣料、民用染料、电子管、电木、隔音纸板、仿德国榴弹炮、仿美国硝化淀粉炸药等应运而生，在一定程度上暂时缓解了大后方供需之间的巨大矛盾。这是民国时期在抗击日本侵略的严酷形势下科技奖励的一个重要特点。

当然，战时科学技术之所以能够取得长足进展，奖励的导向仅仅只是其中之一。首先，是战时经济发展的需要和形势所迫。战时外援中断，国外先进的科技产品无法引进，要维持大后方军需民用，只能自力更生、自立自强。同样，出于战时经济发展的需要，迫使各科研机构调整研究战略，改变研究方向，以从事实用性科学和应用性技术的研究及充分推广使用战前研究成果为重点。"需要为学术之母。"现实需要决定了战时科技进步的必然性和发展方向的现实性。其次，国民政府所做的种种努力，包括在战前形成的发展科技战略与战时陆续制定颁布实施的促进科技发展的政策及奖励措施，对抗战期间中国的科技进步和工业发展起到了积极作用。从研究机构来看，战前全国的重要研究机构、学术团体迁至大后方后，迅速恢复并很快强化。如中央研究院在战时增设了医学研究所、体质人类学研究所等，新建了中央林业实验所、矿冶研究所、国防科学研究所等机构，以及国防科学技术策进会、中国自动机工程学会、中国发明协会等学术团体，使战时科研机构的数量和质量大大超过战前，国民政府对科研（尤其是应用性科研）在财力、人力上的支持比较明确和坚决。教育部在战时三令五申，各高等院校须以社会急需的理、工、农、医等"实科"学生的培养和训练为重点，强调人才的"实用"和科学技术的宣传、普及和推广。研究机构也突出了科研的重点和急需项目，加强应用性科学研究。如北平研究院物理研究所"已经几乎全部改作战争物品的生产"，中国科学社生物研究所动物学部转向"学童健康问题及桐茶害虫问题研究"。

正是这些政策措施和科技的支撑，大后方工业体系的形成和经济建设都得到了不同程度的发展。如国民政府资源委员会所属大中型国营企业到抗战结束时，拥有的工、矿、电三大类生产单位已经达到 119 个，其中工业 57 个、矿业 33 个、电业 29 个，使国家资本在后方工业中确立了主导地位。如中国兴业公司在 1942 年 3 月和 1943 年 9 月两次增资扩充，资本增加到 1.2 亿元，生产能力不断提高，从 1942 年起该公司钢铁产量一直占到后方总量的 32% 以上。在私营企业方面，属于荣家企业的申新四厂 1938—1945 年实际盈余折成战前币值数额高达 934 万元，8 年年均盈利率更高达 101%。

当然，由于抗日战争特定的历史环境和国民政府自身的局限性，抗战时期国民政府的科技战略与政策也存在着不少弊端。其中最突出的表现就是，缺乏宏观调控，忽视基础理论科学研究。当然，战时应用技术的迅速发展，对促进经济建设、弥补物质资源的匮乏、坚持抗战做出的贡献是巨大的。

张道藩先生引用当时科学家所做的评论："这七年间的科学进步与贡献，比起过去 30 年来，在质在量皆有增无减。"据统计，1938—1944 年，经济部共获准专利 423 项，系民国初年到战前 25 年中发明专利总数（233 项）的 182%。而重庆地区的钢铁工业、化学工业、机械工业和兵器工业的迅速崛起就直接反映了国民政府发展科技的构想与政策导向的积极作用。

可以看到，对工艺品、技术发明的奖励一直是 20 世纪上半叶中国科技奖励的主要方面，其主流是以实用为中心，以强国为目的，抵抗外辱和侵略。抗日战争期间，中国科学技术研究在人力、物力和财力上都严重不足，科研人员在工作环境和生活条件极其艰苦恶劣的情况下，仍取得了较大的发展和丰硕成果，在中国近代科技发展史上写下了悲壮而又辉煌的一页。考察这一时期的科学技术活动，应该说在各学科、各门类的研究均有不同程度的发展。其中，以应用科学和实用技术最突出，其研究范围之广，获得成果之多，应用效能之大，令人赞叹。加强应用性研究和鼓励技术发明，对促进战时经济建设、弥补物质资源的匮乏、坚持抗战做出了卓越的贡献。

二、对基础研究的奖励

从民国初年至20世纪40年代，国民政府教育部等官方机构制定了一系列条例，对学术研究成果做出定义并对优秀成果给予奖励；非官方机构甚至个人也推出了各种奖金，奖励特定专业的研究。

1914年，国民政府便设立了奖章、勋章，奖励在教学与研究方面做出贡献的教职员工，蔡元培、陶履恭、陈汉章、沈尹默等，就是最早的获奖者。1918年3月，教育部公布《学术审定会条例》，规定审定范围包括哲学及文学上之著述、科学上之著述及发明、艺术上之著述及发明。该条例的积极意义一是区别学术著作与一般读物，强调学术作品必须具有原创性和严谨性，不得抄袭；二是对激励创造学术著作精品产生了积极作用。

1924年，中华教育文化基金董事会（简称"中基会"）成立。作为一个民间机构，中基会把资助与奖励学术研究作为重要工作。1926年，中基会设立了社会研究奖金，1927年设立了科学研究补助金及科学奖励金。科学奖励金章程规定：研究方向以天文气象、地学、理化科学和生物科学为限，研究年限为1~3年，可酌量延长，申请人员须具备一定资格并有前期基础工作，对计划的研究要提出详尽的论证报告。1928年年底，国民党中央训练部提出了《保障学术人才》等五种办法。1930年，中基会又制定了《增进科学研究事业计划》和相关实施办法。计划提出了三项内容：①设立科学研究席；②设立科学研究学额；③奖励研究结果。设立的研究奖金分为三等，额度分别为3000元、2000元、1000元，若研究成果在有价值之杂志上发表，且得到著名科学家或教授推荐，经相关执行委员会议决定，再给予奖励。1934年5月，国民政府考选委员会与教育部联合设立"建国奖学委员会"，利用政府拨款、私人及公共团体捐助、刊物发行获利等奖励优秀的论文、学术著述和发明成果。

1937年2月，国民党五届三中全会通过了中央文化事业计划委员会提出的《设置总理纪念奖金案》，以参照诺贝尔奖的做法，设立中国政府的大奖，特别拨付基金300万元，利用其每年约20万元的利息，分别奖励有突出贡献者。总理纪念奖金分为文艺、社会科学、自然科学、教育、社会服务等5个类别，每类设5个等级。一等（1人）奖金为2万元，二等（1人）为8000元，三等（1人）为5000元，四等（2人）为2000元，五等（2人）为1000元。因抗战爆发，这项奖励尚未实施便胎死腹中。

抗日战争爆发后，在科学技术领域呈现了一个明显的特征，便是过分强调和全力发展应用科学，而忽视基础理论科学的研究，战争对技术和产品的渴求是造成这一现象的重要原因。1938年，国民党在武昌召开的临时代表大会上通过了《战时各级实施纲要》，纲要强调了这一指导思想。对基础理论科学，则基本上采取任其自生自灭的政策和态度。"广大科学技术人员对于纯粹科学兴趣减少，过分注重应用科学，忽略了理论科学的研究。"造成科学技术活动的短期行为和盲目无序状态，政府是"有求无人应"，科学家则"有劲无处使"，影响了战时科学技术的正常发展和科技人员积极性的发挥。当时出现了一些大学"整个理学院学生数目，尚不及经济系一系那么多"的现象。基础研究机构和人员萎缩，不少基础理论研究科学家转向了应用性科学的研究。

这种失衡现象，引起了科学界人士的忧虑和不安，抗战后期这种感觉与反映更强烈，开始引起国民政府的注意，在政策上对基础理论科学作了一些调整。1939年7月，教育部决定设立学术审议委员会，其章程规定的任务中有"建议学术研究之促进与奖励事项"。1940年5月，学术审议委员会第一次大会通过了《补助学术研究及奖励著作发明》议案，规定著作分为文学、哲学、社会科学、古代经籍研究四类；发明分自然科学、应用科学、工艺制造三类；美术分绘画、雕塑、音乐、工艺美术四类。该奖励每年一次，由教育部执行。

1941年，国民政府教育部在国家学术奖励金中开始对基础科学研究和发明进行奖励。国家学术奖金中规定发明包括自然科学、应用科学和工艺制造三类，每年评审一次，参评成果以最近三年内完成者为限。该奖分为三等，评选严格，宁缺毋滥。一等奖奖金1万元，二等奖奖金5000元，三等奖奖金2500元。1942年4月，在教育部学术审议委员会第三次大会上最后决定学术奖励人选名单，从申请的232个项目中评出各类著作30项，一等奖 2 项，二等奖 11 项，三等奖 17 项，其中自然科学类有 4 项。1944 年 7 月 7 日，国民政府教育部重新修订并公布了《教育部著作发明及美术奖励规则》，规定奖励范围包括自然科学和人文社会科学。其中自然科学方面包含基础科学、应用科学和工艺制造。

国家学术奖励金是民国时期最重要的科学奖项。1941—1947 年，国民政府共颁发了六届国家学术奖励金，其中获自然科学类一等奖共 8 人，二等奖共 21 人，三等奖共 31 人。不少专家学者在基础理论研究方面取得了令人瞩目的成就。如吴大猷关于多元分子振动光谱与结构的研究，马士俊的原子核及宇宙射线之同子理论，朱汝华关于分子重排及有机结合的论文，苏步青的曲线影射研究，钟明来对几率论与数论的贡献，李四光对南岭地质构造的研究，马延英关于珊瑚层的生长断定古代气候的分析，张青莲对重水的研究，赵九章的大气之涡旋运动等重要学术成果，这些成果在国际学术界均产生了重要影响。

国民政府还从 1943 年 1 月起，资助高校教师开展科学研究和发明创造。对经审查合格的教师，每月发给学术研究补助费，用于购置图书、仪器、文具等，以供研究之用。其标准随物价的上涨逐年提高。中央研究院为了奖励科学研究，为了纪念已故院长蔡元培，于 1948 年设立蔡元培奖学金，授予燕京大学、清华大学等高校的特优生共 50 名。

除此之外，国民政府的其他部、委、局、署也制定了一系列法规性文件，以奖励本部门、本行业的创造发明和技术进步。1929 年 11 月，农矿部公布了《农产奖励条件》；1941 年 11 月 3 日，卫生部公布了《奖励医药技术条例》，以奖励医疗药品和药材发明；1942 年，兵工署公布了《兵工新发明评奖委员会规程及给奖标准》；1943 年，水利部公布了《兴办水利事业奖励条例》；军令部在拟定的《军令部技术研究奖励办法草案》中设立了技术研究奖励；航空委员会公布了《航空工业提倡奖励办法》；农林部公布了《农业研究奖助办法》；1944 年，资源委员会公布了《发明创作给奖办法》；1945 年，战时生产局公布了《战时生产局给奖办法》等。这些法规条例的颁布施行，比较全面地涵盖了战时经济发展对科学技术需求的各个方面，也客观反映了国民政府注重科技进步、奖励技术人员、促进科研成果向应用领域转化的决心。

民国时期，科技奖励的设置开始由中央政府的奖励发展到地方政府设奖。设奖范围包括了工业、农业、交通、医药和自然科学等诸多领域，奖励方式基本上是授予专利、颁发奖章、奖金。如1917年，在临汾设立山西棉业试验场，并颁布奖励政策，购进美棉籽种，免费发给农民，鼓励种棉。

民国时期，国民政府设立的科技奖励制度是这一时期的主流，科技奖励内容的变化反映了当时形势的使然和社会发展的需求，尤其在抗战时期为解决军需和国计民生方面等热点和难点问题起到了一定的作用。国民政府一方面注重中国当时国情，同时积极学习西方科技奖励制度并努力跟进，《专利法》的出台导致专利制度与奖励制度分开就是一个明显标志。

第二节　研究机构与社会团体的科技奖励

早在1924年孙中山召开国民会议讨论民主革命与国家建设的重大问题时，就提出了建立全国最高学术研究机构的设想。1927年，国民政府决定成立中央研究院筹备处。1928年4月，蔡元培被特任为中央研究院院长。同年6月9日，召开了中央研究院第一次院务会议，这次会议标志着中央研究院的正式成立。中央研究院的成立，是中国科学技术迈向建制化的重要一步。

一、中央研究院等研究院所设立的奖励

中央研究院是国民政府的直属机构，为全国学术研究的最高机关，其任务为实行科学研究和指导、联络、奖励学术之研究。组织机构主要由行政管理机关、研究机关和学术评议机关三大部分组成，由院长统一领导。科学研究的基本单位是研究所，涉及自然科学和社会科学两大方面。

中央研究院设置了多种奖励。1936年5月28日，中央研究院公布了《国立中央研究院杨铨、丁文江奖金章程》。"杨铨奖金"奖励对象为社会科学类，1937年开始颁发；"丁文江奖金"奖励对象为自然科学类，1938年开始颁发。这两项奖金定额4000元，每项每年授予一次，受奖者为40岁以下的中国人。现在，我国台湾地区的地质学会仍在颁发"丁文江学术成就奖"。1940年，中央研究院设立了"蔡元培奖学金"，同年又设立了"李俊承奖金"。"李俊承奖金"由新加坡华侨李俊承捐赠的10万元为基金，以每年所得利息约3800元为奖金定额，授予在研究工程学上有优异成绩者，每

年一次。如果当年无合适人选，便不授奖。1942 年，泰国已故华侨蚁光炎之家族捐赠 5 万元为本金，在中央研究院设立了"蚁光炎奖金"，主要授予在地理、文化、经济方面做出贡献的中国人，每年颁发一次，每次不超过三人，以本金的利息作为奖金。蚁光炎先生 1879 年出生于广东省澄海县，是著名的泰国华侨，在航运事业上颇有成就，曾任泰国中华总商会主席等诸多侨团要职。抗日战争爆发后，他领导侨胞进行抗日救国活动，捐款捐物支持抗日，但不幸于 1939 年 11 月 21 日遭日伪势力暗杀身亡。

中央研究院的几种奖金随时代发展增加了几次。开始时"丁文江奖金"是 4000 元，"李俊承奖金"是 3800 元，"蚁光炎奖金"是 5000 元。1946 年"丁文江奖金"已增至 10 万元，"李俊承奖金""蚁光炎奖金"均增至 4 万元。1948 年，《国立中央研究院三十七年度杨铨、丁文江奖金通告》中规定该年度"杨铨奖金""丁文江奖金"金额暂定为 1000 万元，但奖励的其他章程并未做过大的改动。获奖人都是当时著名的年轻科学家。如"丁文江奖金"1938 年度授予了南开大学物理系教授吴大猷，获奖时为 31 岁；1939年度授予经济部地质调查所 34 岁的技正计荣森和中央研究院气象研究所 30岁的么振声助理员。

除中央研究院外，中国地理研究所于 1947 年年初设立了"朱骝先生奖金"。奖金以朱骝基金所得利息颁发以下三种：①金质奖章 1 名，占全年所得利息的 40%；②甲种奖金 1 名，占全年所得利息的 30%；③乙种奖金 2名，各占全年所得利息的 15%。要求奖金候选人资格是研究员、副研究员、助理研究员、成绩优秀的学生等。评审时，用不记名投票方式，须以出席人数 2/3 通过方可。此外，其他的一些研究所也设立了奖励。

中央研究院的奖励对促进当时的学术研究起到了积极的作用。1946 年10 月，中央研究院决定建立院士制度，并于 1948 年 3 月选出 81 名院士。自院士产生后，中央研究院作为全国学术最高机关的体制已基本健全。

二、学术团体设立的科技奖励

中华民国建立后，一些科学团体相继成立，这些科学团体有较为健全的组织形式，活动富有成效。著名的有 1912 年在广州成立的中华工程师学会，1915 年杨杏佛等人在美国成立的中国科学社，1916 年在日本成立的丙辰学社，1927 年在南京成立的中华自然科学社等。1928 年 6 月，中央研究院成立后，当时中国的科学团体组织已经比较完善。

这些学会有明确的学会宗旨、章程和组织管理，在促进科学技术发展和普及的同时，也在科学技术管理等方面积累了经验。随着几所科研机构的成立和发展，科学技术管理，包括科研经费、科技人员、科技成果和设备的管理日趋制度化。其中也制定了不少的科技奖励制度。中国科学社的《中国科学社裘氏父子理工著述奖金办法》，还有中国工程师学会颁发给中国工程师的工程荣誉金牌等都在当时具有一定的影响力，受到国内外人士的普遍关注。

1. 中国工程师学会设立的奖励

中国工程师学会成立早、时间长、范围广、影响大、人员最多。它的前身是"中华工程师学会"，1912 年由詹天佑创立，当时有会员数十人，以铁路工程师为主。1918 年 12 月，一批留美学生组成了"中国工程学会"。民国 20 年（1931 年）3 月，两会合并，易名为"中国工程师学会"，重要成员有颜德庆、陈体诚、茅以升、吴承洛、沈怡等。到 1949 年时已拥有会员 16 717 人，在各地成立分会 50 余个，专门的工程学会有 15 个。学会自定每年 6 月 6 日为中国工程师节，会刊名《工程》（月刊），设立的有影响的奖励有"工程荣誉金牌"，前后共颁发过 9 枚：1935 年赠予侯德榜（为制碱工程做出突出贡献）；1936 年授予凌鸿勋（成功地领导修筑陇海及粤汉两条铁路）；1941 年授予茅以升（修建钱塘江铁桥）；1942 年授予孙越崎（开发油田矿产）；1943 年授予支秉渊（自主制造柴油机）；1944 年授予曾养甫（修建飞机场）；1945 年授予龚继成（修建中印公路及油管铺设）；1946 年授予李承干（兵工器材）；1947 年授予朱光彩（完成花园口堵口工程）。

2. 中国科学社设立的奖励

中国科学社于 1915 年由杨杏佛等人在美国发起并成立，其后回国发展。自 1919 年起，中国科学社设立和组织评审的科技奖励逐渐增多。这些奖励有的是为社员设立的，有的是社员为纪念其亲属而设立的，奖给金质奖章一枚和奖金（100 元），对推动当时的科技发展起到了一定的作用。

（1）高君韦女士纪念奖金

由高君韦社友捐赠，奖给算学、物理、化学、生物学及地学五科，每年择定一种轮流给奖，如 1940 年度奖（算学）授予闵嗣鹤和王宪钟。高君韦为福建长乐人，高梦旦先生之女，曾译著《盲聋女子克勒氏自传》。

（2）何育杰物理学纪念奖金

奖金由蔡宾车等中国科学社的社员捐赠，1940年为纪念著名物理学家何育杰在重庆设立，是我国第一个物理学方面的奖励，该奖金每年授予物理学方面的最佳论文作者。何育杰1904年年初赴英国留学，曾得到著名物理学家卢瑟福等人的指导，获曼彻斯特大学硕士学位。回国后，因他在清政府的留学生廷试中成绩优异，被授予格致科进士，委以翰林院编修职。1912年起，他执教于北京大学物理系，主编了我国第一部大学物理学教材，将相对论等物理学的新进展介绍到国内。1939年1月，何育杰先生因病在重庆与世长辞。

（3）裘可桴、裘汾龄父子科学著述奖金

该奖由中国科学社1948年3月3日设立，奖金由裘可桴、裘汾龄父子纪念基金利息支付。奖励范围为国内撰写的理科或工科方面的论著、论文等。每年在理、工两科只奖一科，轮流颁发，除奖励现金外还颁发奖状。1948年度奖额一名，奖金1000万元。

（4）范太夫人奖金

由范旭东先生捐赠，专门资助生物化学方面的研究，每年一次，奖金500元。范旭东1883年生于湖南省湘阴县，是中国化工工业的先驱。范旭东17岁时随兄东渡日本，后考入帝国大学化学系，1912年学成归国。回国后，投身于制碱工业，1926年制出符合国际质量认证的红三角牌纯碱，并于同年在美国费城万国博览会上荣获金奖。范旭东先生1945年10月4日不幸病逝，当时正在重庆与国民党进行谈判的毛泽东为范旭东题写了"工业先导，功在中华"挽联。

除上述奖励之外，中国科学社设立的奖金还有由北平社友捐赠的"考古学奖金"、由电工科社友捐赠的"爱迪生电工奖金"、"梁绍桐生物学奖金"等。

3. 中华自然科学社等社团设立的奖励

中华自然科学社1927年在南京中央大学成立，是从事发展我国科学事业的学术团体，到1951年结束，前后有25年的历史。学社的前身是华西自然科学社，由川籍同学组织成立，准备学成从事中国西部的科学建设事业。1928年7月在南京举行第一届年会时，决定改名为中华自然科学社。此后，社员人数迅速增加。1935年7月在南京举行第八届年会确定"平民精神"

为该社的基本精神。中华自然科学社的主要奖励是 1945 年设立的"科学论文奖金"。该奖励的奖金由顾学箕、顾学裘两位社友捐赠,总奖金为 3 万元,用于奖励中学生写作优秀科学论文。

4. 中国地质学会奖励

中国地质学会自 1922 年成立到 1949 年,前后设立了 7 种奖励,是民国时期设奖最多的学会之一,对促进民国时期地质科学的发展起到了积极的作用。

(1)丁文江纪念奖金

丁文江先生是中国地质学会创立会员之一,曾任会长。1935 年冬赴湘调查煤田,因煤气中毒在长沙病逝,年仅 49 岁。"丁文江纪念奖金"是民国时期中国地学界的最高荣誉奖,评审严谨,颁奖活动隆重。1949 年前该纪念奖金颁发过 5 次,获奖者有田奇隽、李四光、黄汲清、许德佑、尹赞勋等。

(2)葛利普奖章

由王宠佑先生在葛利普教授生前发起捐资,以纪念葛利普在推进中国地质研究方面的贡献,民国时期颁奖 9 次,得奖者为葛利普、李四光、步达生、丁文江、德日进、翁文灏、杨钟健、章鸿钊等。

(3)纪念赵亚曾先生研究补助金

赵亚曾先生 1924 年毕业于北京大学。毕业后 6 年中完成古生物志 4 册、重要论文报告 10 余篇,成为当时中国自己培养的为世界公认的学者。他不幸于 1929 年 11 月在云南昭通遇匪被害,该奖民国时期颁发过 18 次,获奖22 人。

(4)许德佑先生纪念奖金

1944 年为纪念许德佑先生而设。许德佑(1908—1944 年),留法攻读地质学,获硕士学位。回国后曾获中国地质学会"纪念赵亚曾先生研究补助金"和"丁文江纪念奖金"。1944 年 4 月在贵州西部勘察地质时遇土匪,惨遭杀害。该奖民国时期颁发过 5 次。

(5)马以思女士奖学金

1944 年为纪念马以思女士而设。马以思 1944 年 4 月在贵州西部勘察地质时遇土匪,与许德佑等三人同遭土匪杀害。该奖民国时期颁发过 5 次。

此外,中国地质学会还有陈康先生奖学金和学生奖金。截至 1948 年,中国地质学会奖励科技工作者达 50 余人。

除了上述学术团体外，不少学术团体也设立了科技奖励，如中华化学工业会设立了"天厨奖金"；中国天文学会设立了奖励天文学著作的"隐名奖金""淡园奖金"。

从研究机构和学术团体设置的奖励来看，主要是面向基础研究领域。这些奖励不像国民政府抗战时设置的奖励具有明显偏重应用科学的导向性，因此大体上学术团体设立面向基础研究的奖励多于应用研究的奖励，弥补了国民政府科技奖励对基础研究方面激励措施的不足。

第三节　中国共产党领导的边区科技奖励

早在井冈山革命斗争时期，为维持和保障根据地的生活供给和军需，中国共产党领导的工农武装在井冈山地区建立了不少有一定科技含量的工厂，如红军印刷厂、红军造币厂等。从 1935 年 10 月中央红军到达陕北吴起镇建立陕北革命根据地一直到 1948 年 3 月下旬东渡黄河转向华北的十三年间，随着陕北革命根据地的扩大，党中央采取了一系列的奖励和优惠政策，吸纳和培育了很多科技人才，促进了当时解放区生产和科技的发展。

解放区的科技奖励活动可以说是从抗日战争爆发后开始的。1940—1945年，抗日根据地的自然科学学术团体相继成立，有晋察冀自然科学界协会，晋西北、山东、晋冀鲁豫的自然科学研究会，苏北自然科学协进会，胶东化学研究室等。通过几年的努力，在整个抗日根据地建成了比较完备的科学技术研究和教育体系，同时也制定了不少有关科技奖励方面的法规和制度。

一、中国共产党领导的边区科技奖励政策和制度

早在 1935 年 12 月，毛泽东、周恩来、彭德怀就一起签署命令，要求"苏维埃与红军为优待技术人员起见，特按其技术之程度给予相当的津贴"。1935 年，红军战士蔡威因截获敌方电报并破译，使红军成功摆脱敌人追踪，获得 300 银圆奖励。

1939 年 4 月，边区政府颁布了《陕甘宁边区人民生产奖励条例》，其中规定："凡边区人民在生产运动中有特殊成绩者，按条例呈请奖励。"接着，

边区政府专门设立了改进技术奖，奖励对生产工具及工艺有改进和发明的创造者。边区医药学会颁布了《白求恩奖金条例》，规定甲等奖颁发毛泽东题词奖状一张、边币 200 元、《国防卫生》全年杂志一份等。其他各抗日根据地也都有类似的规定出台。1940 年 2 月，毛泽东提出"没有技术的政治是空的。要把技术人员放在适当的政治地位，不如此，就打不胜日本帝国主义，就不能建设新中国"。毛泽东还强调："自然科学是很好的东西，它能解决衣、食、住、行等生活问题，所以每一个人都要赞成它，每一个人都研究自然科学。"1940 年 8 月 30 日，中共晋察冀边委公布了当时的施政纲领，着重强调要"建立并改进大学及专门教育，加强自然科学教育，优待科学家及专门学者"。

1941 年 5 月 1 日，由中共中央政治局批准的《陕甘宁边区施政纲领》第十四条明确规定要"奖励自由研究，尊重知识分子，提倡科学知识与文艺运动，欢迎科学艺术人才"。1941 年 7 月 20 日，晋察冀边区行政委员会颁布了《晋察冀边区奖励生产技术条例》，条例中把发展边区经济、提高生产技术、争取边区经济自足自给、坚持长期抗战作为宗旨；奖励对象为在农业、工业、矿业、林业、畜牧业、水利等生产技术方面做出贡献的边区人民。获奖人取得的成果有 4 个方面：一是生产技术的新发明，二是对现有技术的改良，三是外货代用品的制造，四是矿产的发现。奖励方式为两种：荣誉奖和奖金。

1941 年 6 月 7 日，《解放日报》发表了"奖励自由研究"的社论。社论提出："在边区，不但要大大加强马克思主义的研究，而且还要团结各派的学者和理论家们，进行各种各样的科学研究工作，帮助和奖励这一切自由研究的活动。"

1942 年，为对技术发明改进方面和从事秘密工作的战士予以奖励，当时中央军委二局局长曹祥仁起草了《技术发明改进条例》，共四条。同年 10 月，晋冀鲁豫边区政府颁发了《奖励生产技术办法》，主要奖励"对工农业生产工具或方法有新改良与发明者、以边区之原料制成代替旧货及舶来品者、对各种日用必需品之制造有新发明与改良者、首次引用其他地区进步之工农业工具或方法者"。对获奖人除了颁发奖状外，还奖给 10 ~ 2000 元奖金。如有重大发明，对于根据地贡献极大者，给予重奖。此外，对潜在的有价值的技术方案，政府给予资助进行研究，一旦成功，仍享受上述奖励。

如有冒充、顶替和骗取奖金的，一经发现，追回奖金。同年 10 月，边区政府核准公布《优待国医条例》，规定"医药师在医药上有发明创造者，政府得奖励之"。同年 12 月，冀鲁边区战时委员会发布了施政纲领，把奖励科学技术写进了纲领。

1944 年 2 月 28 日，山东省战时工作推行委员会发布了战时施政纲领，其中第四条提出："优待技术人才，奖励发明，奖励劳动、改造游民之参加生产工作，提高人民生产情绪。"同年 5 月，华东渤海解放区制定了《渤海区劳动英雄的条件和生产奖励办法》，其中规定，对改良或发明新式农具、纺织工具，在农业生产上有发明创造的，"均给予奖励。除发给奖状外，还奖以牲畜或现金"。

抗战胜利不久，为迅速恢复生产，1945 年 11 月 1 日晋察冀边区行政委员会公布了《晋察冀边区奖励技术发明暂行条例》。奖励范围涉及工业矿业、交通水利、农林畜牧及医药等领域。条例规定，奖励分荣誉奖和奖金两种。其中荣誉奖的奖励方式分为五种：①建立研究所；②进行宣传；③奖给奖旗或奖匾；④奖状；⑤奖章。视其贡献大小给予奖金，每项 1 万～100 万元。对有特殊发明与贡献者，边委会给予特别奖励。1946 年 9 月 1 日，边区政府又颁发了《晋察冀边区奖励科学发明暂行条例》。条例规定的奖励内容包括 5 个方面：①在边区内外过去未曾发明或发现，现在首次发明或发现者；②在边区以外地区曾经发明，但现在试验成功，并首次应用于边区者；③因工具、种子等技术之改进，致使生产力显著提高者；④过去使用边区以外地区所产之原材料，现改用边区土产原材料者；⑤首次发现具有开采价值之矿藏者。每项奖金有 5 万～500 万元，有特殊发明与贡献者，由边委会特别奖励，并颁发荣誉奖状。条例同时还特别规定，如两人或多人在同一时期做出同一发现、发明，以其成功之先后、价值之大小分别予以奖励，这里实际上已经考虑到科学发现和技术发明的优先权问题。

1948 年 12 月 20 日，华北人民政府为发展生产、奖励科学发明及技术改进，颁布了《华北区奖励科学发明及技术改进暂行条例》，同时颁布了《华北区奖励科学发明及技术改进暂行条例执行办法》。暂行条例规定的奖励内容包括：①在本区确系首次发明与发现或对他人之发明与发现更加精研而较前高明者；②在本区内外，对军需器械有所发明与改进者；③利用土产原料试验成功，确能代替外来必需品者；④首次发现地下矿藏者；⑤对于农具籽种等技术之改进或发明，能使产量显著提高者；⑥秘传技术（如医药秘方、化学制品等）愿向社会公开者；⑦对于生产方法之改进，能使生产量显著提高者。申请时，须附带样品、图案或模型，并缮具说明书。对那些因技术创造或改进资金不足的人，可向各级政府申请补助，经华北人民政府核准后属实者给予资助。同时还规定，凡在外区做出贡献但未受到奖励的发明人和发现者，也可依照条例申请奖励。奖励分荣誉奖和奖金两种。荣誉奖予以表扬、授给奖旗和奖章。奖金由评定委员会拟定，报华北人民政府主席核准后发给之。评审部门为工商部与公营企业部、农业部、华北水利委员会、交通部、卫生部，各部门分别组织评定后，报请华北人民政府主席核准后，发表公告。由于当时社会环境的特殊性，1949 年度奖金（品）为实物，定为小米 150 万斤：其中工矿业 60 万斤，农林畜牧 30 万斤，交通 20 万斤，水利医药各 15 万斤，科学仪器 10 万斤。

二、陕甘宁边区的科技奖励活动

陕甘宁边区是中国共产党领导的最大的解放区之一，也是当时中共中央的所在地。中国共产党扎根延安后，便开展了各种科技奖励活动。由于当时的特殊情况，这些科技奖励活动主要借助各种展览会进行。这些展览会形式多种多样，有的规模盛大，场面热烈；有的场面虽小，但内容生动。展览会往往与各种奖励同时并举，受奖的大多为劳动英雄、科技模范等先进人物，许多领导亲自给获奖者授奖、题词。这些奖励形式，对发展边区的经济建设与科学技术、破除迷信、移风易俗、提高人民的科学文化水平、激励发明创造起了重要的作用。

陕甘宁边区首届展览会举办于 1938 年 1 月，即"延安工人制造品竞赛展览会"。展览会上，兵工厂的正副厂长获得了特别荣誉奖状，同时有 100多人得了奖。毛主席在奖状上题词："国防经济建设的先锋！"1939 年在边区举办的农业展览会上，也奖励了一批在科学生产上有贡献的人员，获奖人数达 2000 多名。在同年举办的边区工业展览会上，奖励了"制造精巧合于当前实用者、对国防工业有特殊贡献者、对边区工业有特殊贡献者和对改善人民生活有贡献者四类人才"。其中评出边区机器厂、边区制药厂等 5个团体为特等奖；37 个单位获甲等奖，67 个单位获乙等奖，并奖励劳动英雄 50 余名。1940 年，延安举办了工农业展览会，会上举行了盛况空前的颁奖会，评出获奖展品 1000 件，劳动英雄和获奖者 3000 余名。通过奖励，激发了广大群众进行技术革新和技术创造的积极性，在边区形成了尊重科学、重视技术的良好社会风气，激励和培育了一大批专业技术人才，特别是促进了有一定技术专长的"土专家"的成长。

1941 年 7 月 23 日，陕甘宁边区建设厅对改进工业技术进行了奖励。这次奖励的主要对象是在促进边区工业发展、提高生产技术方面有贡献的技师和职工，奖励金额最高达 300 元。获得奖金最多的人是延安纺织厂的技师朱次复，其余获奖人视其贡献大小颁发不同等级的奖金，分为 150 元、50 元、30 元、20 元、10 元、5 元不等。1944 年 5 月下旬，边区召开了职工代表大会，会上毛泽东讲了话，他号召"共产党员和革命者应学会使中国工业化的各种技术知识"，同时表扬了以沈鸿、陈振夏为代表的科技工作者。

1944 年 12 月 22 日，边区政府召开了第二届劳动英雄与模范工作者大会，476 位劳动英雄和模范工作者参加了大会。陕甘宁边区政府林伯渠主席致开幕词，朱德总司令讲了话。大会选出特等英雄 74 人，其中农业科技方面获奖的有申长林等，工业技术方面获奖的有赵占魁、沈鸿、钱志道、袁广发、陈振夏等。

1944 年 11 月 20 日，《解放日报》报道了胶东新华制药厂董永芳被奖为制药英雄的事迹。董永芳当时 21 岁，他成功地研制出单那尔平、硝酸银，碘化钾、麦苏糖、苏打、阿尔士林等药品。他三次设计图样，终于研制出制药机。特别是他具有自我牺牲精神，亲自首服试制出来的新药。

其他解放区也开展了类似的活动，如 1942 年晋西北举行劳动英雄检阅大会，很多科技人员获奖。又如晋冀豫鲁炼铁厂工程师陆达，研制成功灰生铁，对解放区的机器制造、兵工建设做出了重要贡献，1946 年被边区政府通令嘉奖，发给奖金 50 万元，其中一部分奖给陆达和研究团体，一部分作为后续研究经费。

三、激励科技人员的优惠政策和条件

抗日战争时期，边区的科技人员不足 400 名，大多数是高校的毕业生或肄业生，他们是边区发展科技的中坚力量。为推动边区的科技进步，中国共产党在边区物质条件极端困难的条件下，对边区的科技人员和知识分子

给予了适当的优待和照顾，吸引和调动科技人员的积极性，支持和鼓励他们完成了一批重要的科研成果，解决了当时抗战和边区的亟需。

1941 年 4 月，中央统战部召集有关机关、学校的负责人讨论党员与非党员文化干部的待遇问题。经中央书记处批准，决定当年给文化技术干部另做干部服装（区别于一般战士的服装），增加津贴 1/3；伙食则另办小厨房，增加菜金 5 元；对文艺作家，另发 12 元的纸张费。同年 9 月 19 日（陕甘宁）边区政府核准公布优待国医条例，其中规定：①医士药师愿脱离生产，参加医疗机关或公营药厂的工作者，享受技术人员之待遇，其家庭生活得按抗日军人家属优待。②医士自售药店或其他业务，开始执行医疗业务，热心社会卫生防疫工作者，当地政府按具体情况，减少或免除政府决定之义务负担。③医士药师在医药上有发明创造者，政府奖励之。④凡公私药店制造"膏丹丸散"，由证明医药师监制、成品精良者，所在地政府奖励之。捐资兴办医药事业者，由当地政府呈请边府卫生处给奖。⑤国内外医士药师愿在边区举办国医学校或制药厂者，边区政府得保护之，财力不足者补助之。

1942 年 5 月 26 日，中共中央书记处制定了《文化技术干部待遇条例》。条例规定，对各方面的专家和技术人员，根据他们的实际能力分为甲、乙、丙三类，每月给予 15 ~ 30 元的津贴、用餐方面吃小厨房等优惠条件。晋察冀边区行政委员会在当年颁布的《优待生产技术人员暂行办法》中规定："凡农业、林业、牧畜、水利、工业、矿业等技术人员，有一技之长，经政府任用者，技师津贴为 15 ~ 20 元；技术员 10 元。"晋察冀军区还命令：本军区的医务人员津贴都比一般党政干部高。边区建设厅当年按照条例规定制定发布了《陕甘宁边区政府关于建设厅技术干部待遇标准的命令》，同时将津贴分为四等，一级津贴的标准为 95 ~ 100 元。同年 10 月，边区政府卫生处颁布了《陕甘宁边区卫生处关于所属各类技术人员待遇规定的通知》。通知对医生、司药和护士的津贴作了规定，其中甲类医生每月的津贴达 60 ~ 80 元，并在生活上给予司药以上者及甲类医生的家属吃小锅饭的待遇。1943 年 3 月，边区政府统一制定了对各类技术人员优待标准的办法，当时，延安干部实行的是津贴制，一般干部每月的津贴为 1 ~ 5 元，而技术干部则可以拿到 20 元。总体说来，当时技术人员的待遇远远超过了一般干部的待遇。

由于陕甘宁边区在制定科技发展政策（包括奖励措施）和领导科学事业的过程中取得了巨大成功，也引起了国民党最高当局的关注。国民党当局曾秘密制定《国防科学运动实施方案》，并以陕甘宁边区制定的《科学技术新体制确立要纲》为借鉴。

延安时期中国共产党制定的一系列科技奖励法规，从制度上保证了特殊时期科技奖励活动的正常进行。这些科技奖励制度的实施，提高了当时工农业生产技术和医疗技术水平，促进了经济的发展，为保证抗日战争和解放战争的胜利发挥了积极作用。

第四节　民国时期科技奖励评述

民国时期的科技奖励制度在晚清的基础上逐渐发展成了推动创新、激励和惠及科技人员和影响社会的一项重要措施。政府、研究机构和社会团体的科技奖励构成了三位一体的科技奖励系统，对促进我国近代科学技术的发展产生了积极的推动作用，为我国现代科学技术体制的创立打下了很好的基础，也为新中国成立后科学技术团体的建立和发展，以及对科学技术奖励提供了可资借鉴的经验。同时，民国时期我国有不少科技人员和科技产品（工艺品）积极参与国际科技竞争，并获得了国外科技奖和各种殊荣。如航空专家冯如（1883—1912 年）于 1909 年制成改进式莱特飞机，1910 年在美国旧金山飞行比赛中以 700 多英尺的飞行高度和 65 英里的时速夺魁，荣获优等奖。1915 年首次在美国旧金山市举办的巴拿马万国博览会上，中国展品获奖章 1218 枚（设 6 个奖项等级），为各国参展产品获奖之冠。获奖产品有潮州彩瓷、苏绣工艺等，其中茅台酒荣获荣誉勋章金奖，独享"世界名酒"（World Famous Liquor）的美誉。1926 年 8 月在美国费城万国博览会上，范旭东制造的符合国际标准的红三角牌纯碱荣获金奖，打破了西方"洋碱"独霸中国市场的局面。

归纳起来，民国时期的科技奖励有如下几个特点：

一、初步形成了政府、研究机构和社会团体相结合的科技奖励体系

民国时期，中华民族外辱内患频仍，科学技术发展不易。在一些有识之士的推动下，各种科学技术学会相继建立，科学技术作为一种职业开始

得到了社会的肯定和承认。从 1928 年中央研究院成立到 1937 年抗日战争全面爆发的近 10 年时间里，科学共同体逐步建立，科学技术教育也开始逐步走上规范化的轨道，科技进步带来了当时经济发展的所谓"黄金十年"。抗日战争极大地冲击了中国初建的科技发展模式，国民政府在学习欧美科技发展模式的同时，对科技政策也被动地作了相应调整，蒙上了强烈的战时色彩。

科学建制化的发展，推动了科技奖励制度的不断改进和完善。但在民国早期，科技奖励制度还是与专利制度混杂一起，"两笔账开的是一张支票"，从定义上、操作上仍不够规范化。直到 1944 年，随着国民政府《专利法》正式出台，奖励制度和专利制度才正式分开、各行其道。更重要的是，民国时期的科技奖励已具有多元化的特点。很多政府部门、研究院所、高校，以及科技团体中都设立了科技奖励。从奖励方式上看，除了奖金、奖章等之外，还有授勋、资助出版学术著作等精神激励等。此外，在评审方式上，民国时期的科技奖励与学术审查采用同行评议的方法，较好地保证了这些办法的有效实施。科技界同行的评价，弱化了行政系统的干预，保证了评审工作的相对独立。同时，主持评审者多为当时学术界公认的一流学者，确保了授奖成果的高质量，产生的激励效果更为明显。

二、以杰出创造性人才为授奖对象

从这一时期的科技奖励来看，奖励的对象基本上是"人"。在对晚清奖励制度的承继基础上，民国时期无论是政府，还是研究机构和学术团体设立的奖励尤其注重奖人。如中国地质学会、中国工程师学会、中国化学会等学会的奖励均是奖人。我国著名化学家侯德榜、著名桥梁学家茅以升等都曾获过中国工程师学会颁发的工程荣誉金牌。以科技人员为奖励对象，这种形式当时在世界上非常普遍。科学研究的本质是创新，人是创新的主体，奖励科学研究以奖励科技人员为主是合理的。同时在对人的奖励方式上，也采取了灵活的办法，如奖金只用于资助其后的科研活动，让科技人员认识到自己的科研责任，不可将研究费用于生活开支，是专款专用资助科研的一种尝试。

中国共产党领导的边区政府奖励的对象也是以科技人员为主体，如沈鸿被授予边区"模范工程师"，董永芳被奖为"制药英雄"，唐川被授予

"特级农艺技师"，等等。

三、注重奖励应用技术和实用产品

民国时期的国内外形势左右着科技政策的制定。从国民政府颁布和制定的科技奖励或专利法规的内容来看，奖励思想是以实用和强国为主导，其主要特点是注重奖励技术发明或技术改进者，奖励范围以工业或工业技术为核心，融科技奖励于实业之中，奖励方式主要以授予专利权为主，这在抗战时期尤为突出。全国重要研究机构、学术团体迁至大后方后，"需要为学术之母"，在迅速恢复原有研究的基础上，突出科学研究中的重点和急需项目，加强应用性科学研究的阵容，使其适应国防建设与战时经济发展的需要，如抗战时期北平研究院物理研究所已经几乎全部改作战争物品的研制。国民政府制定的种种奖励政策，对战时科学技术发展起到了重要的导向和推动作用，在当时具有积极的意义。但也因对发展基础理论科学的忽视，制约了战时科学技术的全面发展，应用技术在战后因得不到基础科学的支撑而缺乏后劲，难以形成自己完整的、独立的科学体系，造成中国科技进一步落后于发达国家的局面。

四、善于学习和借鉴国外科技奖励的先进经验

虽然科技奖励制度诞生于西方，但中国对设立科技奖励的跟踪方面是及时的。1898年中国就出台了《振兴工艺给奖章程》，比著名的诺贝尔奖的设立还早两年。同时，参照西方的奖励模式，在政府导向下，研究院所、社会团体的奖励发展较快，逐渐在不同的学会中设立了奖励机制。从名称上看，奖励多以人名冠名，如1936年中央研究院设立的"杨铨奖金""丁文江奖金"，1940年设立的"蔡元培奖学金""李俊承奖金"，1942年设立的"蚁光炎奖金"等。这些科技奖励虽然受到国际环境、国内政治和经济局势的影响和制约，有时不能如期颁发，但确实从中国国情和实际出发，在突出奖励重点的同时，也充分地考虑了奖励对象和范围，奖励方式也是多元化的（有的仅授予奖章，有的授予奖金、奖章和奖状等）。这些早期的科技奖励对中国近代科学技术的促进作用不可低估，为其后中国科技奖励制度的改进和发展提供了经验。

当然，在奖励的模式上，国共两党的选择是有差异的。国民政府是以英

美式的科技发展模式为目标,模仿其科技奖励的体制和运行机制。中国共产党以马克思主义关于科技发展的理论为指导,移植或重构苏联的奖励模式,如延安时期注重对生产实践中产生的技术的奖励,新中国成立前夕东北人民政府对厂矿企业技术革新和发明采取收益提成的办法奖励科技人员和职工等。

五、解放区的科技奖励奠定了新中国科技奖励发展的基石

陕甘宁边区、晋察冀边区等解放区的科技奖励具有就地取材的特点,奖品、奖金带有明显的实用性。但在当时的特殊情况下,奖励制度对促进边区生产和建设、激励科技工作者以热情投入对自然科学和相关技术的研究、改善边区人民生活水平起到了积极的作用。广大科技人员就地取材,土法上马,取得很多实用成果。例如,在农业方面,科技工作者根据陕北地区多旱少雨的实际情况,研究改进并推广了具有穗长而粗、颗粒大而多、不怕虫蚀、耐旱、耐风特点的优良品种狼尾谷和金皇后玉米,普遍增产10%以上。在工业方面,科技工作者以边区常见的马兰草为原料,把这种纤维强度很大的野草制成了纸;从植物油中提炼煤油、汽油的代用品;等等。通过对发明制造新产品或替代品的奖励,推动了解放区科学技术事业的发展。到抗日战争胜利前夕,"过去在几乎没有什么工业基础的边区,现在已经建立了纺织、造纸、兵工、机器制造、炼铁、制革、被服、火柴、肥皂、玻璃、制鞋及基本化学工业等八十余个大小公营工厂"。更重要的是,通过这些科技奖励活动,普及了科学知识,培养了科研后备人才,为新中国科技奖励事业打下了基础。

第四章

中华人民共和国的科技奖励制度

中华人民共和国成立之初，百废待兴。新中国成立之前，专门研究机构仅有 30 多个，全国科学技术研究人员不足 5 万人，其中专门从事自然科学研究的人员不超过 500 人。现代科学技术几乎是一片空白。在中国共产党和中央人民政府的高度关注和重视下，我国的科学技术事业开始了新的征程。随着经济的恢复发展和科学技术的复苏，新中国的科技奖励事业开始起步并逐步发展壮大。70 多年来，作为一项重要的政策和制度，科技奖励对推动我国的科技进步，激励广大科技人员不断创新、勇攀科学技术高峰发挥了积极的作用。

第一节　新中国科技奖励制度的发展

新中国的科技奖励工作大致经历了初创、停滞、恢复、快速发展、改进完善几个阶段。

初创阶段：1949—1966 年。我国初步建立起以国家自然科学奖和国家技术发明奖为主的科技奖励框架。

停滞阶段：1966—1976 年。由于"文化大革命"影响，我国科技奖励制度被迫中断。

恢复阶段：1978—1984 年。科技奖励制度逐步恢复。1978 年 12 月，国务院重新修订颁布了《中华人民共和国发明奖励条例》，恢复了国家发明奖。1979 年 11 月颁布了《中华人民共和国自然科学奖励条例》，设立了国家自然科学奖（其前身为 1955 年国务院发布《中国科学院科学奖金暂行条例》设立的中国科学院科学奖金），并于 1982 年正式启动。

快速发展阶段：1985—1999 年。这一时期以国家科学技术进步奖的设立为重要标志，建立了国家、省部级科学技术奖励体系，形成国家自然科学奖、国家技术发明奖、国家科学技术进步奖和中华人民共和国国际科学技术合作奖四大奖励框架，具有中国特色的科技奖励制度已具雏形。

改进完善阶段：1999 年至今。1999 年 5 月，国务院颁布了《国家科学技术奖励条例》，增设了国家最高科学技术奖，并对原有的四大国家科技奖进行了调整，形成了现有的"国家最高科学技术奖、国家自然科学奖、国家技术发明奖、国家科学技术进步奖和中华人民共和国国际科学技术合作奖"五大奖的格局，进一步推进了科技奖励制度的科学化、规范化和法制化，基本适应了社会主义市场经济体制和科技进步的需要。

一、初创阶段（1949—1966 年）

新中国成立前夕，国民政府原有的 10 余项科学技术奖励几乎全部停止了评审活动。东北地区解放后，东北人民政府开始探索在企业中进行技术发明、技术革新和合理化建议等方面的奖励。这些探索和尝试既是中国共产党在延安时期科技奖励制度的延续，也是年轻的中华人民共和国科技奖励制度的起步。

为尽快发展科学技术，恢复国家经济，1949 年 9 月，中国人民政治协商会议第一次全体会议通过了《共同纲领》，其中第四十三条明确规定："努力发展自然科学，以服务于工业、农业和国防建设，奖励科学的发现和发明，普及科学知识。"根据这一规定，1950 年 8 月 17 日，政务院财政经济委员会颁布了《保障发明权与专利暂行条例》。这是为中央人民政府政务院第 45 次会议通过的《政务院关于奖励有关生产的发明、技术改进及合理化建议的决定》而制定的具体条例。条例规定："凡中华人民共和国国民，无论集体或个人，在生产上有发明者，均可申请发明权或专利权。"国家授予发明人奖金、奖章、奖状、勋章或其他荣誉奖励，同时后人还可以继承发明人的发明权。如果发明人要求冠名，在中央主管部门批准后，可以冠发明人的名字和其他名称。1954 年 8 月 27 日，国务院颁布了《有关生产的发明、技术改进及合理化建议的奖励暂行条例》，这一条例是参考 1942 年苏联人民委员会批准的《关于奖励发明、技术改进及合理化建议的指示》制定的。条例规定，发明者除了获得奖金外，还根据其在生产中产生的作用的大小"给予通报表扬、发给奖章或其他荣誉证书"。这一面向基层单位，主要是企业的科技奖，奖金来源于发明被采用后所节约的价值提成，奖励期限 3 ~ 5 年，每年计算一次，由企业或经济主管部门发给发明者，这是"政府设奖，企业出资"的一种奖励方式。1950—1956 年，全国共有407 个项目申请发明权及专利权。经过 10 个发明小组评审，发明审查委员会审定批准，"侯氏制碱法""水煤气之转化触媒剂"等 6 项技术获得发明权，"软硬性透明胶网线板的制造方法""国产软木的生产工艺"等 4 项技术获得专利权，并在中央工商行政管理局出版的《发明权与专利权公告》中公布。上述两个条例的贯彻实施产生了积极的效果，激发了全民的发明创造热情，促进了企业的技术改进和生产发展。

与此同时，关于自然科学和社会科学的奖励也迅速起步。1954 年 6 月12 日，中国科学院成立了以竺可桢为主席的中国科学院科学奖励条例起草委员会，负责制定《中国科学院科学奖金暂行条例》。1955 年 8 月 31 日，国务院颁布了《中国科学院科学奖金暂行条例》，同时成立了以郭沫若为主任委员的中国科学院科学奖金委员会。这是新中国成立以来对自然科学和社会科学研究成果给予奖励的第一个条例。条例规定："凡中华人民共和国公民的科学研究工作或科学著作，在学术上有重大成就或对国民经济、文化发展具有重大意义的，不论属于个人或集体的，均可按条例的规定授予中国科学院科学奖金。"其中奖金分为三等，一等奖 10 000 元，二等奖 5000元，三等奖 2000 元，并颁发荣誉证书及奖章。科学奖金每两年颁发一次，全国的科研院所、高等学校均可向中国科学院推荐，由中国科学院负责组织评选。到 1956 年 3 月，中国科学院共收到参评项目和论著 419 项。1957 年1 月，中国科学院向社会公布了 1956 年度授奖项目和获奖者，并在当年 5 月召开的学部委员会第二次会议上举行首次颁奖活动，有 34 项自然科学成果获奖，其中一等奖 3 项。奖金数额相对于当时科研人员的工资收入来说，显然十分可观。以一位年薪 300 元的教授为例，一等奖奖金是其年薪的 33 倍多。奖励强度已接近当时西方国家的科技奖励水平，如美国当时一般科技奖励奖金为 1000 ~ 5000 美元（当时美元与人民币的汇率是 1∶2. 4618）。

1958 年，国家科委（规划委员会）成立，在国家科委的统一领导下，全国提出合理化建议的数量和质量有了很大提高。如 1957 年提出合理化建议 393 000 项，被采纳 165 000 项，采纳率达 42. 0%；1963 年提出合理化建议 4 560 000 项，被采纳 3 002 000 项，采纳率达 65.8%。

20 世纪 60 年代初，由于中苏关系紧张，一些苏联援建项目被迫下马，中国科技面临空前的困难。为调动广大科技人员发明创造的积极性，国家科委成立了发明局，加强和推动全国的技术发明工作。1963 年 11 月 3 日，国务院颁布了《发明奖励条例》，同时废止《保障发明权与专利权暂行条例》《有关生产的发明、技术改进及合理化建议的奖励暂行条例》。在《发明奖励条例》的实施初期，全国上下都十分重视，毛泽东亲笔题写了"发明证书" 4 个字。《发明奖励条例》与原来的两个条例相比较，做了重大修改。修订时认为，发明、技术改进和合理化建议在性质上有本质区别。发明具有独创性，但技术改进和合理化建议不一定具有独创性；发明较少但意义重大，技术改进和合理化建议相对较多，对生产主要是起促进作用，二者有明显的区别。因此提出发明由国家科委统一审查和颁奖；对技术改进和合理化建议，则按统一办法和统一标准，分级审查分级奖励，一般由基层奖励。《发明奖励条例》规定，发明归国家所有，任何单位或个人都不得垄断，全国各单位都可以利用它，给予发明者发明荣誉奖和物质奖。根据条例精神，发明奖制定了 5 个奖励等级：一等奖 10 000 元，二等奖 5000 元，三等奖 2000 元，四等奖 1000 元，五等奖 500 元，由国家统一授奖。同时规定对特别重大的发明可列为特等奖，经国务院批准可另行奖励，奖金数额不受条例限制。在国家科委的推动下，国家发明奖的申报和评审工作进展较快，有关部门纷纷行动，整理成果，申请奖励。到 1964 年年底，全国申报发明奖达 1100 多项。经国家科委聘请的 15 位专家组成的发明评奖委员会审查评定，确认了一批发明项目，并准备按条例施行。由于历史条件的限制，国家科委于 1965 年年初到 1966 年年初，陆续给"倪志福钻头""水稻品种'广场矮'"等 297 项（其中民口 253 项，国防 44 项）发明颁发了发明证书，对奖金问题准备过后研究解决。不久，"文化大革命"开始，发明奖励被迫中断。这些奖励措施对科学技术的发展起到了积极的推动作用。这一时期"原子弹""导弹""人工合成牛胰岛素"等重大成果增强了中国人民的自信心，提高了全国人民的创造和技术革新热情，提升了我国在国际上的声望和地位。

1949—1966 年，我国科技事业不断发展，科技奖励因受到多种因素的影响，发展相对较慢。例如，1949 年提出奖励科学技术，5 年后国务院才颁布《有关生产的发明、技术改进及合理化建议的奖励暂行条例》；7年后才出现真正面向科研人员的奖励——中国科学院科学奖金。虽然《保障发明权与专利权暂行条例》在1950年8月就颁布实施，在1963年11月国务院明令废止前，仅批准了4项专利和6项发明，在奖金问题上也没有落实，而中国科学院科学奖金也仅颁发一届就中止了。

造成这些现象的原因之一是政治运动对科技事业的影响。新中国成立初期，国际形势复杂，政治风云多变，特别是反右斗争以后，作为科技知识创造者和传播者的知识分子被重视的程度大大下降，科技工作及科技奖励工作必然退居其次。二是受苏联政治体制和科研体制的影响，在奖励模式上模仿苏联，属于自己的创新不多。例如，认为社会主义国家的个人技术发明应归国家和全民所有，即使给予奖励，也只是荣誉性的，不颁发奖金。三是我国的科技机构处于不断变动之中，科学研究人员的绝对数量太少，科技建制并未健全，直到1956年3月国务院才成立国家科学规划委员会，1956年成立国家技术委员会。1958年，国务院决定将国家科学规划委员会和国家技术委员会合并为国家科学技术委员会（简称"国家科委"）。从各部委和一些省市来看，虽然有的成立了科研院所，但科技工作分散度很大，研究实力薄弱，科技奖励单一并缺乏统筹，难以形成自己的体系。

二、停滞阶段（1966—1976年）

1966年，"文化大革命"开始，我国科学技术事业的发展严重受挫。第一批发明奖励项目尚未按条例规定授奖完毕，科技奖励工作被迫中断。

在我国科技奖励事业停滞不前之时，国外的科技奖励迅速发展。例如，苏联非常重视科技奖励工作。1966年3月，苏共中央和部长会议通过了关于进一步改进列宁奖金的决议，1967年颁布了《列宁奖金条例》《国家奖金条例》，明确规定了奖励程序及奖金分配办法，这两种奖金中科技奖是重要部分。1957—1976年，苏联科技界有1051名科学家和专家获得列宁奖，1967—1976年有2094人获国家奖。此外，这一时期西方国家和一些国际性科技组织也相继设立了许多有重要影响的奖项。

三、恢复阶段（1978—1984年）

1978—1984年，我国迎来科学的春天，科技体制改革逐步展开。这一时期，我国的科技奖励工作逐渐恢复，并进行了一系列的调整。

1978 年 3 月，党中央召开了具有重大历史意义的全国科学大会，会上对 7657 项科技成果举行了盛大隆重的颁奖活动，标志着科技奖励制度的恢复。1978 年 5 月，由国家科委牵头，组成了由有关部委负责人参加的科学技术奖励条例修订组，对原有科学技术奖励条例进行了修订。同年 12 月，国务院颁布了《中华人民共和国发明奖励条例》，新条例增加了奖金分配原则的条款，提倡物质按贡献大小分配的原则，反对平均主义，真正发挥了奖励的激励功能。同时在等级上也做了调整，只设一等奖、二等奖、三等奖、四等奖 4 个等级，奖金额度不变，取消五等奖。

1979 年 11 月，国务院颁布了《中华人民共和国自然科学奖励条例》。该条例是对《中国科学院科学奖金暂行条例》的修订，其修订要点之一是将原条例提升为国家科技奖励条例，由国家科委组织国家自然科学奖的评审工作；之二是明确奖励范围只是自然科学，不包括社会科学；之三是增加了奖励等级，即由原来的 3 个等级增加到 4 个等级，并增加了特等奖。1980 年 5 月，国家科委成立了自然科学奖励委员会。

在国家科技奖励恢复的同时，有关书籍、杂志开始刊登介绍国外诺贝尔奖等科技奖励的文章。1980 年，在全国第二次科学学学术讨论会上，金孝银、巫廷满在《有关建立发明专利制度的几个问题》一文中提出了发明专利制度和奖励的问题。1981 年 6 月，科学普及出版社广州分社出版了《诺贝尔科学奖》一书，该书虽只有 6 万余字，但对国内了解诺贝尔奖的发展和获奖人的贡献起到了一定的作用。

1982 年 3 月，国务院重新修订和颁布了《合理化建议和技术改进奖励条例》。与原条例相比，奖金额提高了一倍：一等奖 1000～2000 元，二等奖 500～1000 元，三等奖 200～500 元，四等奖 200 元以下。同时简化了审批权限，奖励工作也由国家科委划归到国家经委管理。随着国民经济的发展和探索科技体制改革的进行，在 1982 年 10 月召开的全国科技成果奖励大会上，对第二次国家自然科学奖获奖项目和国家技术发明奖获奖项目举行了隆重的颁奖仪式。其中，英国学者、世界著名科技史专家李约瑟因其对中国科学技术史的研究获得了国家自然科学奖一等奖，这是新中国成立后第一次将国家科技奖励授予外国学者。此后，由国家科委牵头，着手制定国家科学技术进步奖励条例。这一时期，我国的社会力量设立的科学技术奖也开始出现苗头。1983 年 10 月，中国科学院发布了《中国科学院竺可桢野外科学工作奖简则》。该奖每两年颁发一次，在竺可桢诞生纪念日 3 月 7 日颁发。

1984 年 3 月 12 日，全国人大常委会通过了《中华人民共和国专利法》。国家专利制度的实施，从知识产权保护角度来激励科技人员的创造性劳动，对国家科技奖励的创新发展带来了积极影响。1984 年 4 月 26 日，国务院颁布关于修改《中华人民共和国自然科学奖励条例》的通知，主要内容是调整提高自然科学奖的奖金额度。条例中规定：一等奖奖金 2 万元，二等奖奖金 1 万元，三等奖奖金 5000 元，四等奖奖金 2000 元。1984 年 9 月，国务院颁布了《中华人民共和国科学技术进步奖励条例》，条例对国家级科学技术进步奖的奖励范围、条件、奖金等做了规定，规定国家级科学技术进步奖分为三等，一等奖奖金 1.5 万元，二等奖奖金 1 万元，三等奖奖金 5000 元，并颁发证书、奖牌和奖章。对于重大贡献的项目，经国务院批准可授予特等奖。条例同时还规定科学技术进步奖分为国家级和省、部级两级，这标志着国家科学技术进步奖正式设立。

这一时期的科技奖励，主要以恢复 1966 年前的奖项为主，设奖的主体为国务院，其目标是进一步提升科技奖励在社会上的影响力，提升科技人员的社会地位，宣传科技人员在促进社会生产力发展中的主导作用，同时也带有落实知识分子政策的配套功能。恢复时期的科技奖励制度，为后来构建中国特色的科技奖励制度奠定了良好的基础。

四、快速发展阶段（1985—1999 年）

为加强国家科技奖励的评审、管理和统筹工作，1985 年国务院批准成立了国家科学技术奖励工作办公室（简称"国家科技奖励办"），作为国家自然科学奖、国家技术发明奖和国家科学技术进步奖组织评审和日常办事机构。当年，国家科学技术进步奖正式实施，各省市、部委推荐近 1 万项科技成果参加评审，共评审出获奖项目 1761 项，其中特等奖 23 项。科学技术进步奖的设立，是与专利制度、职称解冻等作为支撑科技发展软环境同时进行的，使国家科技奖励在自然科学奖、技术发明奖基础上增添新的内容，基本覆盖了科学技术的各个领域，在科技界和全社会产生了积极的影响，标志着具有中国特色的科技奖励体系已初步形成。1986 年 12 月，《中华人民共和国科学技术进步奖励条例实施细则》正式出台。为推动农业科技进步，发展农村经济，1987 年经国务院批准同意在国家科学技术进步奖中增列"国家星火奖"，以奖励为发展农村经济和乡镇企业科技进步而做出创造性贡献的科技成果。国家科委于当年 7 月正式公布了《国家星火奖励办法》，9 月发布了《国家星火奖励办法实施细则（试行）》。1988 年正式开始评审。1990 年，《中华人民共和国发明奖励条例实施细则》正式出台。1991 年 10 月，党中央、国务院、中央军委授予钱学森同志"国家杰出贡献科学家"荣誉称号，这是新中国成立以来首次以党中央、国务院、中央军委名义授予科学家的最高荣誉，也是新中国成立以来以党中央和国务院名义授予的第一个面向科技人物的奖励。1993 年 7 月 2 日，中华人民共和国第八届全国人民代表大会常务委员会通过了《中华人民共和国科学技术进步法》，其中第八章"科学技术奖励"中规定，"国家建立科学技术奖励制度，对于在科学技术进步活动中做出重要贡献的公民、组织，给予奖励"，对国家科技奖励的奖项、内容等做了规范，肯定了科技奖励的作用和地位。这样，在《中华人民共和国宪法》之后，从科学技术立法的角度进一步肯定了科技奖励的法律地位。根据《中华人民共和国科学技术进步法》的规定，1994 年设立了中华人民共和国国际科学技术合作奖，该奖的授予对象为在促进中国科学技术事业做出重要贡献的外国公民和组织。国际科学技术合作奖于 1995 年首评，当年获奖者为李约瑟（英国）、豪依塞尔（德国）、原正市（日本）、杨振宁（美国）、李政道（美国）、陈省身（美国）6 名外籍公民。此外，自 1989 年起，国家自然科学奖的授奖范围还扩大到我国港澳地区。

国家科技奖励事业的繁荣发展，唤起了社会力量设立科技奖励的热情。20 世纪 80 年代后期，我国的一些部门、社会团体及个人设立的科技奖励逐年增多。从 1986 年起，中国发明协会在国家科委的支持下，每年举办一次全国发明展览会，对获得国家发明奖以外的优秀项目，分别授予金牌、银牌和铜牌。1987 年，中国物理学会设立了胡刚复物理奖、饶毓泰物理奖、叶企孙物理奖、吴有训物理奖。1989 年，中国地质学会等设立了李四光地质科学奖。特别是 20 世纪 90 年代以后，随着《中华人民共和国科学技术进步法》的颁布，一些省市的企业及社会力量设奖日趋活跃，还出现了一些在社会上引起轰动效应的科技奖励。例如，1992 年 3 月，珠海以百万元重奖奖励迟元斌、沈定兴等5名获奖者。这一由"企业出资，政府出面"的重奖，虽然是一种根据技术成果效益的"提成奖"，但由于其奖励强度瞬间达到新中国成立以来的巅峰而备受社会瞩目。随之，重奖之风遍及各地，浙江省、安徽省、四川省、南京市、哈尔滨市、重庆市、呼和浩特市等省市甚至一些大学也采取了重奖措施，其奖金额度从数万元到几十万元，相当于当时一般科技人员数年乃至数十年年薪（当时年薪一般为2000～4000元人民币），有的还以汽车、房子、实验室的形式奖励有贡献的科技人员。重奖之风，对激励科技人员把科技成果转化到市场，形成新的经济增长点产生了积极作用。据1999年的不完全统计，除展览会、博览会及个别随机性质的奖励外，全国科技社团、企业等设立的较有影响的科技奖达96项，如何梁何利基金科学与技术成就奖和科学与技术进步奖、中国青年科学家奖、中国青年科技奖等。社会力量设奖丰富了我国的科技奖励体系，满足了广大科技人员对不同层次、不同渠道科技奖励的需求，对发挥广大科技人员创造性和积极性、促进科技创新起到了积极的作用。

这一时期，我国科技奖励的理论研究也迅速起步。著名科学家钱学森于1987年提出"科技奖励是一项国家系统的科技工作"，并建议创立"科技奖励学"。与此同时，各种研究论文、著作、译著不断问世。《人民日报》《光明日报》《科技日报》《科研管理》《科技导报》《自然辩证法》等百余种报刊发表了有关科技奖励的报道和研究文章，出版了10余部专著。国家、部委和省市地方都开展了有关科技奖励的课题研究，如国家科技奖励办与其他部门完成了"我国科技奖励体制改革实施方案的研究""国家科技进步奖有关理论、政策与方法的研究"两个软科学课题。这些建立在实践基础上的研究，为科技奖励制度的发展完善提供了理论依据。1993年，《中国科技奖励》正式创刊，为宣传科技奖励、探讨科技奖励理论提供了一个重要阵地。

1992年10月，党的第十四次全国代表大会通过了《中共中央关于建立社会主义市场经济体制若干问题的决定》。随着市场经济的发展和科技体制改革的深入，科技奖励制度中的某些不适应性和问题逐步显露出来，如奖励层次多，个别科技奖励在评审中不规范、欠公正，缺乏对社会力量设奖的管理等。1994年，国家科技奖励进行了部分调整，同时将国家自然科学奖、国家技术发明奖和国家科学技术进步奖的奖金提高到原来的两倍。1996

年 10 月，国务院颁发了《关于"九五"期间深化科学技术体制改革的决定》，提出"改革科技奖励制度，设立国家科技成果推广奖，建立科技工作评价体系和知识产权管理体系，形成新的科技工作激励机制"。为做好科技奖励改革的调研工作，1996 年年底，国家科技奖励办与华中理工大学（现为华中科技大学）对"八五"期间国家科技奖励获奖项目的 3000 多位主要完成人进行了问卷调查。调查结果表明，有 92% 的获奖单位群众反映积极，86% 的获奖人之后与同事的科研合作更加融洽，80% 的人认为国家科技奖励具有很高的权威性和公正性，荣誉高、影响大。调查中，一些两院院士、国家科技奖励评委、管理专家，以及社会各界人士对科技奖励制度改革提出了许多中肯的意见和建议。大家充分肯定了国家科技奖励的历史功绩，普遍认为国家自然科学奖、国家技术发明奖、国家科学技术进步奖的设立合理，反映了科技活动的规律，对在科技工作 3 个层次上做出重大贡献的优秀成果都进行了评价和激励。同时建议在改革时要侧重鼓励创新、鼓励成果转化；增设科技人物奖和集体奖，解决科技奖励中的弊端等。针对这些问题，国家科委相继发布了一些政策性文件，对科技奖励工作进行了局部调整。

这一时期科技奖励快速发展的原因，一是科技体制改革不断深化，迎来了我国科技事业的大发展，科技进步对科技奖励的需求，以及科技奖励对激励科技人员和科技进步的推动作用明显，赢得了社会各界的广泛支持。二是从 1980 年起，世界新的科技革命浪潮迭起，对中国科学技术事业提出了严峻挑战，同时也带来了新的发展机遇，全社会对科技进步的期望越来越高。利用科技奖励这个杠杆，不仅激励了科技人员的创新热情和拼搏精神，同时对改善科研生态环境和科技人员的待遇都起到了积极的作用。三是社会主义市场经济体制建立和《中华人民共和国科学技术进步法》的出台，对改进完善科技奖励制度产生了重要影响，建立起国家科技奖励和省部级科技奖励为主、社会力量设奖为辅的三位一体科技奖励框架，初步形成了具有中国特色的科技奖励制度。

五、改革完善阶段（1999 年至今）

但随着社会主义市场经济的不断发展，国家科技奖励制度与之不相适应的情况开始凸显，主要存在的问题如下。

一是国家科技奖励奖项设置单一。1999 年以前，我国一直采用以奖励项目的形式奖人，虽然在奖励项目方面形成了中国特色，积累了很多宝贵的经验，但缺少直接面向科技人员的奖项。我国实施的国家自然科学奖、国家技术发明奖和国家科学技术进步奖，奖励的对象是优秀科技成果，以奖励项目的形式奖励人，难以体现"以人为本"的思想。国外的科技奖励大多数都以人物为直接奖励对象，如美国的总统科学奖、总统技术奖，德国的莱布尼茨奖等。

二是我国政府设立的科技奖励奖项和授奖数量偏多。从国家科技奖励到省市、部委，各级政府部门都设有科技奖励。每年仅省部级科技奖授奖的数量就达到 12 000 项以上，在奖励活动方面耗费的人力财力巨大，获奖成了很多人的时尚追求。政府科技奖励数量偏多，造成科技奖励的声望下降，激励作用被弱化。为突出科技奖励的荣誉感、增强政府科技奖的激励力度，必须调整科技奖励结构，减少设奖层次。

三是我国对社会力量设立的科技奖励缺乏管理。随着社会力量设立科技奖的增多和设奖单位的庞杂，一些评审不规范的奖项充斥社会，特别是个别博览会以盈利为目的随意设奖，甚至还出现冒充所谓的"国际性科技大奖"来骗取科技人员钱财的现象，严重影响到政府科技奖励的声誉，干扰了科技和经济的正常运行秩序。因此，加强社会力量设立科技奖的管理势在必行。

四是科技奖励的负面效应日益突出。在推荐和评审中，存在个别不合理和不公正的现象，如项目完成人的排名争议、个别项目改头换面重复报奖等，影响到科技奖励的权威性和公正性。此外，一些部门还往往将获奖与晋升职称职务、分房子等科技人员的切身利益密切挂钩，奖后待遇多达20 多种，使得一些科技人员急功近利，在科研工作尚未取得实质性突破时，就急于报奖，而忽视了科研的目标和自身责任。凡此种种，都对科技奖励工作带来了严重影响。

从表 4 - 1 我们可以看到科技奖励在政策导向等方面也存在与市场经济和科技发展不相适应的地方。一是对奖励原始创新方面的力度较弱。1956—1999 年国家科技奖励不同奖项的获奖项目中可以看出，国家科技奖共奖励了项目 12 445 项（不含国家星火奖），通过奖励项目，获奖人员达 6 万多人次。其中，奖励代表原始性创新的国家自然科学奖项目基本上是两年评审一次（最初是 5 年一次），共评出 666 项，仅占获奖总数的 5.36%；国家技术发明奖项目 3530 项，占获奖总数的 28.36%；而获国家科学技术进步奖项目达 8249 项（不含国家星火奖），占获奖总数的 68.28%。二是奖项等级过于繁多，如国家技术发明奖有 5 个等级，而获得特等奖的仅 1 项，一等奖 44 项，绝大多数是三等和四等奖，表明我国重大发明不多，自主创新亟待加强。三是授奖项目多，自 1985 年国家科学技术进步奖开始评审以来，除了 1986 年、1998 年因有些奖种不评审导致评出项目低于 600 项外，甚至个别年份达到 1000 多项。

表 4-1   1956—1999 年度国家科学技术奖励获奖项目
数量及等级分布

单位：项

年份	国家自然科学奖					国家技术发明奖						国家科学技术进步奖					总计
	一等	二等	三等	四等	小计	特等	一等	二等	三等	四等	小计	特等	一等	二等	三等	小计	
1956	3	5	26		34												34
1964—1966											296						296
1979							1	12	24	6	43						43
1980							13	75	21		109						109
1981						1	2	10	56	54	123						123
1982	9	40	49	27	125		4	17	68	64	153						278
1983							5	18	108	81	212						212
1984							7	25	125	107	264						264
1985							6	18	108	81	213	23	135	535	1068	1761	1974
1986							7	25	125	107	264						264
1987	11	39	87	41	178		1	24	96	104	225	4	50	237	516	807	1210
1988							4	20	97	96	217	3	34	151	327	515	732
1989	2	19	23	15	59			10	67	73	150	3	36	152	313	504	713
1990							3	15	113	93	224	3	32	142	328	505	729
1991		10	31	12	53		1	12	92	104	209	1	32	140	329	502	764
1992								10	68	92	170	3	38	195	413	649	819

续表

年份	国家自然科学奖					国家技术发明奖						国家科学技术进步奖					总计
	一等	二等	三等	四等	小计	特等	一等	二等	三等	四等	小计	特等	一等	二等	三等	小计	
1993	1	18	21	12	52			16	74	85	175	2	27	122	290	441	668
1994	不评审																
1995		15	27	15	57	1	12	59	59	131		2	25	182	398	607	795
1996						1	8	56	46	111		4	20	169	343	536	647
1997	1	8	30	12	51	1	13	46	40	100		3	19	150	303	475	626
1998							10	30	32	72		3	22	133	313	471	543
1999		10	31	16	57		13	38	18	69		2	17	143	314	476	602
合计					666						3530					8249	12 445

注：国家星火奖于 1988 年设立，1994 年中止，共评审了 5 届，奖励项目 729 项，表中未列出。

　　为适应社会主义市场经济和科技发展的需要，在党中央、国务院的高度重视和全社会的广泛关注下，通过广泛的调研论证，国家科技奖励制度于 1999 年进行了重大改革。1999 年 5 月 23 日，朱镕基总理签署第 265 号国务院令，颁布施行《国家科学技术奖励条例》，标志着我国科技奖励工作进入了一个新阶段。改革后，国家科技奖励形成了国家最高科学技术奖、国家自然科学奖、国家技术发明奖、国家科学技术进步奖和中华人民共和国国际科学技术合作奖五大奖的格局，在推动技术创新、发展高科技、实现产业化等方面更好地发挥了科技奖励的杠杆作用。这次国家科技奖励制度的改革，是在社会主义市场经济体制下的一次创新性的突破，为国家科技奖励工作提供了强有力的法律保障，是科技奖励发展史上又一新的里程碑。

　　《国家科学技术奖励条例》颁布后到 2020 年的 21 年间，国家科技奖励制度也经过多次改革完善。2003 年 12 月 20 日，温家宝总理签署第 396 号国务院令，公布了《国务院关于修改〈国家科学技术奖励条例〉的决定》，规定对"完成具有特别重大意义的科学技术工程、计划、项目等做出突出贡献的公民、组织，可以授予特等奖"。2005 年，决定在国家科学技术进步奖中增设科学技术普及奖、工人农民技术创新奖。2009 年 12 月 23 日，科技部第 13 号令公布了《关于修订〈国家科学技术奖励条例实施细则〉的决定》。特别是 2017 年 5 月 31 日，国务院办公厅下发了《关于深化科技奖励制度改革的方案》，方案提出的改革要点有：①推荐制改为提名制。有关政府部门、行会协会、企业及专家可提名。②建立定标定额的评审制度。定标是指分别对一等奖、二等奖进行独立投票表决，一等奖评审落选项目不再降格参评二等奖（2018 年已经开始）；定额是指三大奖总数不超过 300 项。③调整奖励对象。奖励对象由"公民"改为"个人"，即外籍在华专家在科学技术研究方面做出贡献的也可提名三大奖励。④提高奖金额度。⑤建立科技奖励工作后评估制度。⑥增强奖励活动的公开透明度。

2018 年，国家科技奖励办试行改革方案，实行定标定额的评审制度，落实了提高奖金额度等问题，国家最高科学技术奖奖金由 500 万元提到了 800 万元，三大奖一等奖奖金从 20 万元增加到 30 万元，二等奖从 10 万元增加到 15 万元。2020 年 10 月，按照改革方案新修订的《国家科学技术奖励条例》正式颁发。

综观新中国成立 70 多年来我国科技奖励所走过的历程可以看到，经历了多次改革，科技奖励不断创新发展，基本形成了具有中国特色的科技奖励制度。在初创阶段，建立了以国家自然科学奖和国家技术发明奖为主的科技奖励体系，确立了精神奖励与物质奖励相结合、精神奖励为主的奖励原则。"文化大革命"虽造成了科技奖励的中断，但也给我们带来了很多的反思，为其后的恢复发展积蓄了力量。在恢复阶段，科技奖励制度对落实党的知识分子政策、鼓励和鞭策科技人员起到了重要作用。随着改革开放的深入，形成了今天在国内外有较大影响的五大奖项的格局。我国的科技奖励制度适应了不同时期社会发展的需求，反映了我国科技发展的客观规律，对肯定科技人员的创造性劳动和贡献，对激励广大科技人员的创新热情和拼搏精神，对促进我国科技进步产生了积极的作用。获奖项目是我国科技创新的集中体现，填补了我国某些科技领域的空白，增强了我国的综合国力，提升了我国科技实力的国际影响力，对经济社会发展产生了良好的促进作用。

第二节　改革开放后国家科学技术奖励状况分析

根据《国家科学技术奖励条例》的精神，各省、自治区和直辖市及有关部委设立了省部级科学技术奖，社会力量设立的科学技术奖的登记、管理和监督工作也步入了正轨。2000 年，《国家科学技术奖励条例》正式实施。2000—2020 年，国家奖励了大量的创新性成果，我们通过表 4-2 来分析五大科技奖项的奖励情况。

表 4-2 2000—2020 年度获奖项目数量及等级分布

年度	国家自然科学奖				国家技术发明奖				国家科学技术进步奖				国家最高科学技术奖	国际科学技术合作奖
	特等/项	一等/项	二等/项	小计/项	特等/项	一等/项	二等/项	小计/项	特等/项	一等/项	二等/项	小计/项	人数/人	个人与组织/人(个)
2000			15	15			23	23		22	228	250	2	2
2001			18	18			14	14		17	174	191	2	6
2002		1	23	24			21	21		18	200	218	1	5
2003		1	18	19			19	19	1	16	199	216	2	4
2004			28	28		2	26	28		16	228	244		5
2005			38	38		1	39	40		18	218	236	2	5
2006		2	27	29		1	55	56	1	20	220	241	1	2
2007			39	39		1	50	51		19	235	255	2	4+1
2008			34	34		3	52	55	3	26	225	254	2	3
2009		1	27	28		2	53	55	3	17	262	282	2	7
2010			30	30		2	44	46	3	31	239	273	2	5
2011			36	36		2	53	55	1	20	262	283	2	8
2012			41	41		3	74	77	3	22	187	212	2	5
2013		1	53	54		2	69	71	3	24	161	188	2	8
2014		1	45	46		3	67	70	3	26	173	202	1	7+1
2015		1	41	42		1	65	66	3	17	167	187	0	7
2016		1	41	42		3	63	66	3	20	149	171		5+1
2017		2	33	35		4	62	66	3	21	146	170	2	7
2018		1	37	38		4	63	67	3	23	148	173	2	5
2019		1	45	46		3	62	65	3	22	160	185	2	10
2020		2	44	46		3	58	61	2	18	137	157	2	8+1
合计		15	713	728		40	1032	1072	37	433	4118	4588	35	122

注：国际科学技术合作奖栏目数字出现 $N+1$，N 代表个人，1 为组织。

从表4-2可以看到，20年来国家科技奖励共授予6545项（人），其中国家最高科学技术奖35人，三大奖共奖励6388项，国际科学技术合作奖奖励118人和4个组织。从2015年起每年的奖项数量逐步减少，降到每年奖励300项左右。但具有原始性创新属性的国家自然科学奖、国家技术发明奖获奖项目的比例有所提高。2018年，三大奖的比例由过去的10%、15%、75%左右调整到15%、25%、60%左右，原创性科技成果获奖比例还有增加的趋势。

这里特别要提到的是，自从2016年1月1日起施行《中华人民共和国国家勋章和国家荣誉称号法》以来，被授予"共和国勋章"的9人，其中有6位从事科技工作，他们是于敏、袁隆平、孙家栋、黄旭华、屠呦呦和钟南山；获得"人民科学家"国家荣誉称号的有叶培建、吴文俊、南仁东、顾方舟、程开甲等5位科技专家；获得"八一勋章"的科技专家有马伟明、程开甲；获得"人民英雄"国家荣誉称号的有张伯礼、陈薇等科技专家。

一、国家最高科学技术奖

设立国家最高科学技术奖是1999年国家科技奖励制度改革的一个重大举措。该奖的设立高度体现了党和国家对科学技术工作，特别是在科学技术活动中做出重大贡献的科技人才的关怀和重视。作为国家首次设立的科技人物奖，突破了以往国家科技奖以奖项目的形式奖人的格局，丰富、完善了国家科技奖励体系，因而备受科技界和全社会的关注和重视。

1999年改革前，国家设立的三大奖，其主要特点之一是奖励科技成果，即通过奖项目的形式奖人。设立国家最高科学技术奖，主要奖励在当代科学技术前沿取得重大突破，或者在促进科学技术发展中有卓越建树或在科学技术创新、科学技术成果转化和高新技术产业化中，创造巨大经济效益或社会效益的中国科学技术专家。《国家科学技术奖励条例》《国家科学技术奖励条例实施细则》规定，国家最高科学技术奖每年的奖励人数不超过两名，获奖候选人经国务院批准后报请国家主席签署并颁发证书和奖金。奖金为500万元人民币。在所得的奖金中，50万元由个人支配，450万元由获奖者自主选题，用作科研经费。由于国家最高科学技术奖权威性高、荣誉性强、奖励强度大，在我国科技界具有极高的声望，备受全社会的关注，该奖的设立被评为1999年度中国十大科技新闻。

　　作为中国科技界的最高奖项，国家最高科学技术奖从 2000 年开始评审就得到了各界的支持。按照获奖标准，不仅要求候选人在科学技术研究方面做出在国内外有重要影响的突出贡献，同时要求候选人热爱祖国，具有良好的科学道德，治学严谨、实事求是、学风正派，在科技界享有良好的声望，堪为楷模。此外，还要求被推荐的候选人活跃在当代科学技术前沿，从事科学研究或技术开发工作。截至 2020 年年底，有数学家吴文俊、杂交水稻专家袁隆平等 35 位中国著名科学技术专家获得了此项殊荣。

　　从 35 位获奖的科学技术专家来看，除了王选院士从计算数学专业转向激光照排研究外，其他均是在自己所学的领域钻研不辍、硕果累累，他们的基本情况如表 4-3 所示。

表 4-3　国家最高科学技术奖获奖者情况

获奖时间	获奖人	性别	专业	获奖年龄/岁	主要贡献	曾获荣誉
2000 年	吴文俊	男	数学	80	拓扑学中"示性类""示嵌类"，几何定理的机器证明	国家自然科学奖一等奖、国际自动推理奖等
2000 年	袁隆平	男	农学	70	"三系杂交稻""两系杂交稻""超级稻"的研究	国家技术发明奖特等奖、UNESCO 科学奖等 10 余项
2001 年	黄昆	男	物理学	82	固体物理学"黄散射""黄方程"	国家自然科学奖一等奖等
2001 年	王选	男	计算机应用	64	发明汉字激光照排系统	国家科学技术进步奖一等奖、UNESCO 科学奖等
2002 年	金怡濂	男	计算机	73	巨型计算机的研制	多次获国家科学技术进步奖
2003 年	刘东生	男	地质学	87	在黄土高原研究中提出"新风成学说"等	国家自然科学奖一等奖、泰勒环境奖等
2003 年	王永志	男	航天	71	多种火箭的研制、载人航天	国家科学技术进步奖特等奖等

续表

获奖时间	获奖人	性别	专业	获奖年龄/岁	主要贡献	曾获荣誉
2005 年	叶笃正	男	气象学	89	开创青藏高原气象学、大气长波能量频散理论等	国家自然科学奖一等奖、国际气象组织 IMO 奖等
2005 年	吴孟超	男	医学	83	创立肝脏外科关键理论和技术体系等	国家级、省部级、国际奖励 20 余项
2006 年	李振声	男	农学	78	小麦杂交理论和实践	国家级、省部级科技奖励 10 余项
2007 年	闵恩泽	男	化学	83	炼油催化剂	国家科技奖 8 项
2007 年	吴征镒	男	植物学家	91	完成《中国植物志》	国家自然科学奖一等奖、国家技术发明奖一等奖等奖项共 6 项，日本 COSMOS 大奖
2008 年	王忠诚	男	医学	82	建立神经外科手术新方法	国家级奖项 8 项、部市级奖项 30 项
2008 年	徐光宪	男	化学	88	提出稀土"串级萃取理论"，并发明稀土萃取工艺	国家科学技术奖、省部级科技奖励多项，何梁何利基金科学与技术成就奖
2009 年	谷超豪	男	数学	82	解决了超音速气流绕机翼流动、揭示了规范场的数学本质等	国家自然科学奖 2 项、何梁何利基金科学与技术成就奖
2009 年	孙家栋	男	航天	81	第一颗人造地球卫星的总体设计，北斗导航、探月工程总师	国家科学技术进步奖特等奖 2 项、"两弹一星"功勋奖章等
2010 年	师昌绪	男	材料科学	90	研制出我国第一个铁基高温合金 808 等	国家科学技术奖 7 项、国际材料研究联合会颁发的"实用材料创新奖"

获奖时间	获奖人	性别	专业	获奖年龄/岁	主要贡献	曾获荣誉
2010 年	王振义	男	医学	87	提出了治疗 APL 的诱导分化疗法，实现了将恶性细胞改造为良性细胞的白血病临床治疗新策略	国际肿瘤学界的最高奖——凯特林奖、瑞士布鲁巴赫肿瘤研究奖、法国台尔杜加世界奖、美国血液学会"海姆瓦塞曼"奖等
2011 年	谢家麟	男	物理	91	研制 30 兆电子伏电子直线加速器，建造"北京正负电子对撞机"	国家科学技术进步奖特等奖等 11 项
2011 年	吴良镛	男	建筑	90	主持完成北京菊儿胡同四合院工程，提出"广义建筑学"	世界人居奖、国际建筑师协会屈米奖、亚洲建筑师协会金奖等
2012 年	郑哲敏	男	力学	88	解决了穿甲和破甲相似律、破甲机理、穿甲简化理论等一系列问题	国家自然科学奖二等奖、国家科学技术进步奖各 2 项等
2012 年	王小谟	男	雷达	75	成功研制预警机等	国家科学技术进步奖一等奖、国家科学技术进步奖特等奖等
2013 年	张存浩	男	物理化学	85	研制出放电引发脉冲氧碘化学激光器、连续波氧碘化学激光器等	国家自然科学奖二等奖 2 项、三等奖 3 项及中科院科学技术进步奖特等奖 1 项等
2013 年	程开甲	男	物理	95	核弹研制	"两弹一星"功勋奖章、国家科学技术进步奖特等奖等
2014 年	于敏	男	核物理	88	核弹研制	"两弹一星"功勋奖章、国家科学技术进步奖特等奖 3 项、国家自然科学奖一等奖等

获奖时间	获奖人	性别	专业	获奖年龄/岁	主要贡献	曾获荣誉
2016 年	赵忠贤	男	高温超导	75	发现液氮温区高温超导体，创造了大块铁基超导体 55 K 最高临界温度纪录	国家自然科学奖一等奖 2 项、国际超导领域重要奖项 Matthias 奖
2016 年	屠呦呦	女	医学	86	青蒿素的发现	诺贝尔生理学或医学奖、美国拉斯克奖等
2017 年	王泽山	男	含能材料	82	含能材料研究	国家技术发明奖一等奖 2 项、国家科学技术进步奖一等奖 1 项等
2017 年	侯云德	男	医学	88	病毒学研究	国家科学技术进步奖一等奖 2 项、二等奖 4 项，国家自然科学奖二等奖 1 项及部委多项奖励
2018 年	刘永坦	男	雷达	82	对海探测雷达	国家科学技术进步奖一等奖 2 项、二等奖 1 项及部委多项奖励
2018 年	钱七虎	男	防护工程	81	深地下工程防护、地下空间开发	国家科学技术进步奖一等奖 1 项、二等奖 2 项及部委多项奖励
2019 年	黄旭华	男	潜艇制造	93	核潜艇研制	国家科学技术进步奖特等奖
2019 年	曾庆存	男	大气科学	84	数字天气预报、气象卫星遥感	联合国国际气象组织奖、国家自然科学奖二等奖
2020 年	顾诵芬	男	飞机设计	90	歼 8 飞机总设计师；在 C919、运 20 等多个型号研制中担任技术顾问	国家科学技术进步奖特等奖、一等奖等重要奖项
2020 年	王大中	男	核能研究	85	高温冷气堆建造	国家科学技术进步奖一等奖 2 项及其他奖项多项

可以看出，35 位获奖者工作在不同的学科领域，他们作为中国科技界的翘楚，在国际学术界享有较高的声誉，得奖可谓众望所归。从获奖者获奖年龄分布来看，60～70 岁仅 1 人，70～80 岁有 6 人，其余均为 80 岁以上，最大的为 95 岁，平均年龄 83.4 岁，男性居多，只有一位女性获奖者。

国家最高科学技术奖的设立是中国科技奖励史上的重大事件。直接奖人充分体现了国家对杰出科学家的重视，也突出了他们在科技创新中的领头作用，有利于创造以优秀创新人才为核心，形成开放、流动、竞争、协作的机制，引导和强化在科研中的独创性思维方法和优秀的研究方式，促进群体创新和国家创新体系的建立。在国家最高科学技术奖的评审中，往往是对候选人从事科研工作以来所取得科技贡献的综合评价，即他们在科学研究的优势积累。美国社会学家哈里特·朱克曼认为，科学的优势积累主要社会过程模式是："有前途的科学家在早期就表现在从事研究的训练和设备上都被给予了较好的机会。而只要他们能力等于或超过其他科学家，他们便将最终在个人成就和获得报酬上遥遥领先。"35 位获奖人所做的创新性贡献表明，他们的业绩高度体现了杰出人才在推动科技进步中的价值和作用。作为自主创新的典范，他们在科学技术上的杰出贡献和优秀品质极大地鼓舞了广大的科技工作者；他们的科研方法和创新思路对广大科技工作者具有重要的启迪作用。2018 年，国家最高科学技术奖获奖者奖金提高到了 800 万元。

二、国家自然科学奖

自然科学是帮助人类认识客观自然界的科学。自然科学研究通常分为纯基础研究和应用基础研究。因此，国家自然科学奖奖励的方向是基础性研究方面的成果，即"科学发现"。1999 年改革以来，截至 2020 年，国家自然科学奖共授奖 728 项，其中一等奖 15 项，二等奖 713 项。

根据自然科学领域学科的分类，分为数学、力学、物理与天文、化学、地球科学、生物、基础医学、信息科学、材料科学、工程技术科学等 10 个评审组。国家自然科学奖以新的重大发现为目标，授予在基础研究中，阐明自然现象、特征和规律，做出重大科学发现的我国公民，国家自然科学奖不授予组织。重大科学发现是指同时具备"前人尚未发现或尚未阐明""具有重大科学价值""得到国内外自然科学界公认"3 个条件。《国家科学技术奖励条例实施细则》规定，每项重大科学发现，可以由多位主要完成人共同获奖，但一般不得超过 5 人，对于综合性的重大自然科学发现，可以超过 5 人。国家自然科学奖要求候选人应当是每项重大科学发现的主要论文或专著的主要作者，并在"提出总体学术思想、研究方案""发现重要科学现象、特性和规律""阐明科学理论和学说""提出研究方法和手段""解决关键性学术疑难问题或者实验技术难点""对重要基础数据的系统收集和综合分析"等方面有重要贡献。

加强基础研究领域的原始性创新，努力实现科技发展从以跟踪模仿为主向以自主创新为主的转变，是我国 21 世纪科技发展战略的重要指导思想。国家科学技术奖励制度改革后，加大了对基础研究的奖励力度。近 10 年来，我国基础研究成果数量和质量大幅提升，在世界的影响力越来越大，从获奖项目的论文引用率可见一斑。2015—2018 年 4 年间，国家自然科学奖获奖项目 8 篇论文的平均引用率 2015 年为 591.7 次，2016 年为 891.1 次，2017 年为 1042.7 次，2018 年为 1150.9 次。2018 年，他引次数最高的是材料科学组二等奖项目"带共轭侧链的聚合物给体和茚双加成富勒烯受体光伏材料"，他引达 4427 次，第一完成人为中国科学院化学研究所李永舫院士。

从事基础科学研究是一项甘于清贫、十分不易做出重大成果的工作。从获奖情况可以看到，从新中国成立到 1999 年，获国家自然科学奖一等奖的项目共 27 项。2000—2020 年，有 15 项研究成果获得国家自然科学奖一等奖（部分获奖项目名称见附录二），虽然已取得令人瞩目的成绩，但总体上看，我国基础研究仍较薄弱。

三、国家技术发明奖

国家技术发明奖授予运用科学技术知识做出产品、工艺、材料及其系统等重大技术发明的我国公民。

国家技术发明奖不授予组织。重大技术发明是指同时具备下列 3 个条件：前人尚未发明或尚未公开；具有先进性和创造性；经实施，创造显著经济效益或社会效益。但一项重大技术发明有时不是一位科技工作者独立完成的，而通常需要多位科学家协同攻关，才能取得。因此，一项技术发明通常有多位参与者。《国家科学技术奖励条例实施细则》规定，每项重大技术发明可以授予多人，但总人数一般不得超过 6 人，综合性的重大技术发明除外。每位候选人应该独立完成一项发明或其中一个以上的发明点，候选人按贡献大小排序。目前，国家技术发明奖分为特等奖、一等奖、二等奖 3 个等级。

发明奖作为和专利并存的鼓励发明创造的两项制度，具有不同的社会功能。有些专家认为发明奖项目应与专利制度相呼应，但又要高于专利，不仅是专利中的佼佼者，还可能是多个重大专利的集成。一方面评价发明奖应注重技术的新颖性、先进性，还要考虑其申请和获得专利的情况；另一方面发明奖应重点奖励那些已经实施应用，并取得突出效果的技术发明成果，重点是奖励我国科技人员自主创新、拥有我国自主知识产权的重大的科技发明和创造。对于在评审中可能涉及的技术保密问题，要视具体情况灵活处理。

根据学科特点和提名数量，国家技术发明奖设置 10 个评审组，分别为农林养殖、医药卫生、国土资源、环境与水利、轻工纺织、化工、材料与冶金、机械与动力、电子与信息、工程建设等。在国家技术发明奖的评审中，象征自主知识产权的发明专利是评定时的核心条件。国家技术发明奖 2000—2020 年共授奖 1072 项，其中一等奖 40 项（部分获奖名称见附录二），二等奖 1032 项。例如，获得一等奖的"高性能炭/炭航空制动材料的制备技术"项目，使我国成为继美、英、法之后第 4 个能生产高性能炭/炭航空制动材料的国家，相关材料已在国内大型民航飞机刹车片，以及航天领域的火箭和导弹发动机上得到批量应用。获得国家技术发明奖的项目其后推广应用效果显著，表明科技奖励对促进成果的转化和产业化发挥了重要的导向作用。

但我国在国际上称得上重大技术发明的成果太少，特别是一些核心技术和产品需从国外进口，对我国科技安全和科技竞争提出了严重的挑战。70多年来，除了"杂交水稻"等为数不多的重大发明外，其他获奖项目在国际上的影响力不强。因此，提高全民的创新意识，加大技术创新的力度，激励优秀的工程技术专家做出一流的发明成果尤为重要。考虑到这些因素，近年来，授予发明奖的项目数量占比增加很快，从 2000 年的 23 项提升到近年来的 60 多项，以激励更多原创性技术成果问世。

四、国家科学技术进步奖

国家科学技术进步奖是最具中国特色的奖项，设立于1985年，1986年正式评审。国家科学技术进步奖授予在技术研究、技术开发、技术创新、推广应用先进科学技术成果、促进高新技术产业化，以及完成重大科学技术工程、计划等过程中做出创造性贡献的我国公民和组织。

国家科学技术进步奖的奖励范围是科学技术应用于国民经济建设所取得的重大成就，它几乎涉及了国民经济的各个行业，目前设置29个评审组：作物遗传育种与园艺、林业、养殖业、科普、工人农民、创新团队、油气工程、轻工、纺织、化工、非金属材料、金属材料、机械、动力与电气、电子与科学仪器、计算机与自动化、土木建筑、水利、交通运输、标准计量与文体科技、环境保护、气候变化与自然灾害监测、内科与预防医学、中医中药、药物与生物医学工程、通信、农艺与农业工程、资源调查与矿山工程、外科与耳鼻咽喉颌等，可见该奖种涉及面最宽、覆盖面最广。

国家科学技术进步奖所推荐的项目根据其性质和范围分为技术开发类项目、社会公益类项目、国家安全类项目、重大工程类项目4类。

技术开发类项目是指在科学研究和技术开发等活动中，完成具有重大市场价值和技术创新的产品、技术、工艺、材料、设计和生物品种，以及在促进新成果的转化和推广应用、高新技术产业化方面做出重要贡献，并创造了显著的经济效益的项目。

社会公益类项目是指在标准、计量、科技信息、科技档案等科学技术基础性工作和环境保护、医疗卫生、自然资源调查和合理利用、自然灾害监测预报和防治等社会公益性科学技术事业中取得重大成果及其推广应用，并创造了显著的社会效益的项目。

国家安全类项目是指在军队建设、国防科研、国家安全及相关活动中产生并在一定时期内仅用于国防、国家安全目的，对推进国防现代化建设、增强国防实力和保障国家安全具有重要意义的科学技术成果。既用于国防、国家安全领域又用于其他国民经济领域的通用项目，不能列为国家安全类项目。

重大工程类项目是指列入国民经济和社会发展计划的重大综合性基本

建设工程、科学技术工程和国防工程等。所谓综合性是指需要跨学科、跨专业的团结协作、联合攻关，对经济建设、社会发展具有战略意义，对国家科技实力、国防实力的整体提高具有重要影响，这些重大工程一般列入国民经济和社会发展计划，如三峡工程、北京正负电子对撞机科学工程和载人航天工程等。重大工程类项目不包括一般的土木建设，一般的土木建设工程项目应列入技术开发类。重大工程类项目的国家科学技术进步奖只授予组织，在完成重大工程项目中做出重大科学发现和技术发明的公民，符合《国家科学技术奖励条例》《国家科学技术奖励条例实施细则》规定条件的，可另行推荐国家自然科学奖和国家技术发明奖。

国家科学技术进步奖分为特等奖、一等奖和二等奖 3 个等级。根据《国家科学技术奖励条例实施细则》的规定，每项国家科学技术进步奖项目的授奖人数和授奖单位数实行限额。现特等奖奖励人数不超过 50 人，单位不超过 30 个；一等奖人数不超过 15 人，单位不超过 10 个；二等奖人数不超过 10 人，单位不超过 7 个。其顺序按贡献大小排列。不同等级获奖项目人数的规定是专家们在总结多年评审工作的基础上，结合实际情况提出并经科技部审定后决定的。如果一个项目中奖励的人数过多，就会造成个别没有贡献的人获奖，影响科技奖励的公正公平和权威性；如果奖励人数过少，一些研究骨干榜上无名，就会影响他们创新的积极性，影响团队合作，达不到肯定、承认和激励的作用。

国家科学技术进步奖作为我国五大奖励中获奖项目最多、涉及单位和人员最广的奖项，无疑在全社会产生了重大的影响，对促进国家的经济发展产生了重要作用。2000—2020 年，国家科学技术进步奖共授奖 4588 项，其中特等奖 37 项（部分获奖项目名称见附录二），一等奖 433 项，二等奖4118 项。这些项目对解决我国现代化建设热点和难点中的重大科技问题、缓解资源能源的紧缺状况和环境保护、改善人们的生活质量、维护国家安全，以及提高我国科学技术在国际上的竞争力和影响力等方面发挥了重要作用，取得了良好的社会效益和经济效益。例如，2016 年二等奖项目"延长油区千万吨大油田持续上产稳产勘探开发关键技术"，在获奖前 3 年取得的经济效益达 240.68 亿元。

五、中华人民共和国国际科学技术合作奖

中华人民共和国国际科学技术合作奖（简称"国际科技合作奖"）是目

前我国设立的五大科技奖项中唯一授予外国人或外国组织的奖项。国际科技合作奖每年授奖的数额不超过 10 个，授予在双边或多边国际科技合作中对中国科学技术事业做出重要贡献的外国科学家、工程技术人员、科技管理人员，以及科学技术研究、开发、管理等组织。

国际科技合作奖 1995 年首次颁奖，1999 年改革后成为国务院设立的五大奖项之一。国际科技合作奖获奖者应当具备下列 3 个条件：①在与中国公民或组织进行合作研究、开发等方面取得重大科技成果，对中国科技事业、经济建设和社会发展有重要推动作用，并产生重大的经济效益或社会效益。②在向中国的公民或组织传授先进科学技术、提出重要科技发展建议与对策、培养科技人才或管理人才等多方面做出了重要贡献。③在促进中国与其他国家或国际组织的科技交流与合作方面做出了重要贡献。改革后，2000—2020 年共有 4 个国际组织和 118 位外国专家被授予国际科技合作奖，获奖者情况如表 4 - 4 所示。

表 4 - 4　国际科技合作奖获奖人（组织）（1995—2020 年）

年度	获奖人（组织）	国籍（所在地）	工作单位、职务、职称
1995	李约瑟	英国	英国剑桥李约瑟研究所名誉所长
	豪依塞尔	德国	德国专利局局长
	原正市	日本	日本北海道农业试验场首席技术员
	杨振宁	美国	美国纽约州立大学石溪分校理论物理研究所所长
	李政道	美国	美国哥伦比亚大学物理系教授
	陈省身	美国	美国加州大学伯克利分校数学研究所教授
1996	丁肇中	美国	美国麻省理工学院核科学实验室教授
	格奥尔基·谢尔盖耶维奇·比施根斯	俄罗斯	俄罗斯中央空气流体动力研究院特别顾问
	乌里·施瓦茨	德国	德国马克斯·普朗克学会发育生物学研究所所长
	贝聿铭	美国	美国贝聿铭建筑师合作事务所首席建筑师
1997	勒伯汉	法国	欧盟信息总司高级职员
	林少明	新加坡	新加坡国立眼科中心主任

年度	获奖人 （组织）	国籍 （所在地）	工作单位、职务、职称
1998	利翁斯	法国	法国国家科学院院长
	萨朴汉	加拿大	加拿大国际开发署高级项目经理
1999	卡马戈	巴西	巴西矿冶公司总裁
	瑞塔·阿·科威尔	美国	美国国家科学基金会主席
	乌姆博托·科伦伯	意大利	意大利前科研部部长、埃尼集团公司董事
	石本正一	日本	日本千叶县米可多株式会社社长
2000	沃尔夫冈 K. H. 潘诺夫斯基	美国	美国斯坦福直线加速器中心前所长
	戈·辛·库西	印度	印度科学院院士、国际水稻研究中心部主任
2001	米夏埃尔·佩策特	德国	国际古迹遗址理事会主席、教授
	杨又迪	美国	亚洲蔬菜研究发展中心亚洲区域中心前主任、研究员
	比约昂·艾利克·维尔汉姆·诺登斯强姆	瑞典	瑞典卡罗林斯卡医院放射科教授
	毛焕宇	加拿大	加拿大能量派克技术公司博士
	黑田吉益	日本	日本信州大学教授
	若则·依斯拉尔·瓦加斯	巴西	巴西联邦科技部原部长、总统助理、教授
2002	诺伯特·昂格特	德国	德国重离子研究中心（GSI）副主任
	罗伯特·迪盖特	法国	法国高级工程师退休协会
	汉密尔顿	美国	美国范德比尔特大学教授
	曹韵贞	美国	美国艾伦·戴蒙德艾滋病研究中心研究员
	平野敏右	日本	国际火灾安全科学学会主席
2003	丘成桐	美国	美国哈佛大学教授
	伏格乐	德国	世界银行首席农业经济学家
	水岛裕	日本	日本东京慈惠大学 DDS 研究所所长
	马塔切纳	意大利	意大利阿基米德桥公司总裁

续表

年度	获奖人（组织）	国籍（所在地）	工作单位、职务、职称
2004	肯·金特	美国	美国得克萨斯大学聚变研究中心主任
	科拉多·科利尼	意大利	意大利环境与国土部国际合作司司长
	荣久庵宪司	日本	日本 GK 设计集团主席
	张汝京	美国	中国中芯国际集成电路制造（上海）有限公司总裁兼执行长
	丹尼尔·魏思乐	瑞士	瑞士诺华制药公司董事长兼首席执行官
2005	沃尔夫·迪特·杜登豪森	德国	德国联邦教育与研究部中央研究司原司长
	艾菲特·雅可布森	荷兰	荷兰瓦赫宁根大学植物科学院首席科学家
	蒲慕明	美国	美国加州大学伯克利分校生物系教授
	内维尔·阿格纽	美国	美国盖蒂保护所文物保护首席科学家
	戴伟 G. 埃文斯	英国	英国皇家化学会会员、博士
2006	马丁·阿特肯斯	英国	英国石油公司化学工程学家
	英格玛·恩博瑞	瑞典	瑞典卡罗林斯卡医学院教授
2007	国际水稻研究所	菲律宾	
	李向阳	英国	英国爱丁堡地震各向异性研究室主任
	刘锦川	美国	美国工程院院士、中国科学院外籍院士、美国橡树岭国家研究院资深院士
	尼·列·多布列佐夫	俄罗斯	苏联科学院院士，俄罗斯科学院副院长、西伯利亚分院院长，西伯利亚科技委员会主席
	彼得·格鲁斯	德国	欧洲科学院院士、德国马克斯·普朗克科学促进学会主席
2008	罗斯高	美国	美国斯坦福大学国际研究所高级研究员、中国农科院农业政策研究中心国际学术顾问委员会主席
	维克多·罗伊·斯夸尔	澳大利亚	澳大利亚阿德雷德大学教授、自然资源学院创办人
	洛塔·雷	德国	瑞士苏黎世联邦理工学院名誉教授

年度	获奖人（组织）	国籍（所在地）	工作单位、职务、职称
2009	沈元壤	美国	美国国家科学院院士、中国科学院外籍院士
	爱斯特·路德维希·温奈克	德国	德国慕尼黑大学教授
	石·米歇尔	法国	法国皮埃尔·玛丽居里大学教授
	文森特·陈	美国	美国通用原子公司能源部理论与计算科学中心主任
	有马朗人	日本	东京大学名誉教授
	奥古斯汀·拉赫·戴维拉	古巴	古巴科学院院士
	布立顿·强斯	美国	美国、英国、瑞典等六国科学院院士
2010	艾伯特·赫尔曼·格哈德·伯纳	德国	国际知名天体物理学家，德国马普天体物理研究所
	甘中学	美国	能源系统工程与智能控制专家，曾任美国 ABB 公司机器人研究中心主任兼首席科学家，现在新奥科技发展有限公司工作
	罗格·博奈	法国	国际空间科学研究所所长
	克劳斯·托普弗	德国	联合国前副秘书长、联合国环境规划署前执行主任
	福克·荷弗里德·维特曼	德国	俄罗斯科学院外籍院士
2011	德乐思	德国	中国科学院－马克斯·普朗克学会计算生物学伙伴研究所首任执行所长、德国比勒菲尔德大学顾问
	江见俊彦	日本	国际著名冶金专家，江苏沙钢集团钢铁研究院院长
	戴宇阁	法国	巴黎第七大学教授、法国国家科学院院士
	约翰·巴士威	英国	食用菌生理和活性物质研究专家，上海市林业科学院客座研究员
	栗原博	日本	中国暨南大学中药及天然药物研究所副所长
	斯蒂芬·波特	美国	著名地质学家，国际第四纪联合会主席
	岩本爱吉	日本	日本东京大学医科学研究所亚洲传染病研究中心主任
	逯高清	澳大利亚	澳大利亚工程院院士

续表

年度	获奖人（组织）	国籍（所在地）	工作单位、职务、职称
2012	理查德·杰尔	美国	美国斯坦福大学化学系教授
	弗莱明·贝森巴赫	丹麦	丹麦奥胡斯大学交叉学科纳米科学研究中心主任、丹麦皇家科学院院士
	朗尼·汤普森	美国	美国俄亥俄州立大学教授、美国科学院院士
	黑川真一	日本	曾任多个国际加速器学术组织的主席
	费立鹏	加拿大	中国上海市精神卫生研究所危机干预研究室主任
2013	法比奥·洛卡	意大利	意大利米兰理工大学教授、意大利国际科学委员会成员、欧洲地球物理学会荣誉会员
	许忠允	美国	美国农业部林务局南方研究员首席研究员、国际木材科学院院士
	杨·哈弗	德国	德国波罗的海海洋研究所地质室原主任，俄罗斯自然科学院和立陶宛科学院外籍院士，波兰什切青大学教授，中国广州海洋地质调查局、中国科学院等院所客座教授
	赫伯特·雅克勒	德国	德国马克斯·普朗克学会副主席兼生物物理化学研究所所长
	日列布佐夫	俄罗斯	俄罗斯科学院院士
	王中林	美国	中国科学院外籍院士、欧洲科学院院士
	艾伦·牟俊达	加拿大	新加坡国立大学教授，加拿大化学研究院、新加坡工程院院士
	倪军	美国	美国密西根大学吴贤铭制造科学冠名教授、吴贤铭制造研究中心主任，中国上海交通大学校长特聘顾问，美国密西根学院院长
2014	若列斯·伊万诺维奇·阿尔费罗夫	俄罗斯	俄罗斯科学院院士、中国科学院外籍院士、美国科学院及美国工程院外籍院士等
	弗农·道格拉斯·布罗斯	加拿大	加拿大农业与农业食品部终身教授
	黎念之	美国	美国工程院院士、中国科学院外籍院士、美国恩理化学技术公司总裁

年度	获奖人（组织）	国籍（所在地）	工作单位、职务、职称
2014	菲尔·罗尔斯顿	新西兰	新西兰国家草地农业研究所高级研究员、国际牧草种子组织主席
	披拉沙·斯乃文	泰国	泰国农业大学农学院副院长、国际亚洲与大洋洲育种研究协会主席
	富兰克·马尔科·佩拉诺	澳大利亚	澳大利亚西澳大学客座教授、*Ore Geology Reviews* 主编、国际矿床成因协会副主席
	尼克·伦格斯	荷兰	荷兰国际地球信息科学及对地观测研究院教授、国际地质岩土工程协会联合会执行主席
	美国得州大学 MD 安德森癌症中心	美国	
2015	杨克里斯特·杨森	瑞典	瑞典乌普萨拉大学教授、乌普萨拉皇家科学院院士
	冲村宪树	日本	日本文部科学省
	叶甫盖尼·维利霍夫	俄罗斯	俄罗斯科学院院士、瑞典皇家科学院院士、欧洲科学院院士、美国工程院外籍院士
	彼得·史唐	美国	美国犹他大学杰出教授、美国科学院院士、美国艺术与科学院院士、中国科学院外籍院士
	维尔特·伊恩·利普金	美国	美国哥伦比亚大学教授、世界卫生组织人畜共患病和新发传染病联合诊断中心主任
	卡洛·鲁比亚	意大利	美国哈佛大学"尤金·希金斯"物理学荣誉教授，欧洲核子研究中心（CERN）总所长，意大利国家新技术、能源和环境署主任，德国波茨坦可持续性先进研究所科学主任
	约翰尼斯·弗兰肯	荷兰	荷兰奈梅亨大学教授、中国武汉大学客座教授
2016	凯瑟琳娜·柯瑟·赫英郝斯	德国	德国科学院院士、德国国家科学与工程学院院士、国际纯粹与应用化学联合会会士
	国际玉米小麦改良中心	墨西哥	

年度	获奖人 （组织）	国籍 （所在地）	工作单位、职务、职称
2016	约翰·库茨巴赫	美国	美国威斯康星大学教授、麦迪逊分校气候变化研究中心主任
	克里斯·葛立夫	美国	联合国教科文组织国际岩溶研究中心理事会理事、学术委员会会员
	简·埃蒙德·阿布瑞尔	法国	瑞士苏黎世联邦理工学院教授、欧洲科学院院士
	维尔纳·胡芬巴赫	德国	德国德累斯顿工业大学高级教授、德国国家科学与工程院院士
2017	厄尔·沃德·普拉默	美国	美国路易斯安纳州立大学教授、美国科学院院士、美国艺术和科学学院院士
	肖开提·萨利霍夫	乌兹别克斯坦	乌兹别克斯坦科学院生物有机研究所所长、乌兹别克斯坦科学院院士
	张首晟	美国	美国科学院院士，中国科学院外籍院士，美国斯坦福大学物理系、电子工程系和应用物理系 J. G. Jackson 与 C. J. Wood 讲座教授
	菲利普·戴维·寇茨	英国	英国布莱德福德大学教授、英国皇家工程院院士、英国工程与物理科学研究委员会医疗器械创新制造中心主任
	陈德亮	瑞典	瑞典皇家科学院院士、哥德堡皇家艺术与科学院院士、发展中国家科学院院士
	施扬	美国	美国科学与艺术学院院士、哈佛大学医学院终身教授
	保罗·斯潘诺斯	美国	美国莱斯大学教授、美国国家工程院院士、美国艺术与科学院院士、欧洲科学院外籍院士、俄罗斯科学院外籍院士
2018	简·迪安·米勒	美国	美国犹他大学教授、美国国家工程院院士
	詹姆斯·弗雷泽·斯托达特	英国/美国	中国科学院外籍院士、美国艺术与科学学院院士、英国皇家科学院院士、荷兰皇家艺术与科学院院士、德国自然科学院院士

年度	获奖人（组织）	国籍（所在地）	工作单位、职务、职称
2018	朱溢眉	美国	美国布鲁克海文国家实验室终身教授，布鲁克海文国家实验室前沿电子显微学研究所创始人、所长
	彼得·乔治·布鲁尔	美国	美国蒙特利湾海洋研究所资深科学家、美国蒙特利湾海洋研究所前所长、美国地球物理联合会会士
	孙立成	瑞典	瑞典皇家工学院分子器件首席教授、瑞典皇家工程院院士
2019	马丁·波利亚科夫	英国	英国诺丁汉大学教授、英国皇家学会院士、英国皇家工程院院士、欧洲科学院院士等
	赫伯特·芒	奥地利	奥地利维也纳技术大学教授，奥地利科学院前院长，美、德、中等国外籍院士
	马库·塔皮奥·库马拉	芬兰	芬兰赫尔辛基大学教授、大气与地球系统科学研究所所长，中国科学院外籍院士，欧洲科学院院士、芬兰科学院院士
	尼尔斯·克里斯蒂安·斯坦塞斯	挪威	挪威奥斯陆大学教授、挪威科学院院士、欧洲科学院院士、美国科学院外籍院士等
	弗兰克·勒罗伊·路易斯	美国	美国得克萨斯大学杰出教授、美国发明家科学院院士、IEEE会士、IFAC会士
	弗拉季斯拉夫·潘琴科	俄罗斯	俄罗斯基础研究基金会主席、俄罗斯科学院主席团成员、俄罗斯科学院院士
	雷蒙德·查尔斯·史蒂文斯	美国	挪威科学与文学院外籍院士
	罗伯托·巴蒂斯通	意大利	意大利特伦托大学普通物理系主任
	罗伯特·格雷厄姆·库克斯	美国	美国普渡大学杰出教授、美国国家科学院院士、美国艺术与科学院院士
	阿塔拉曼	巴基斯坦	巴基斯坦卡拉奇大学教授、巴基斯坦科学院院士、中国科学院外籍院士

年度	获奖人 （组织）	国籍 （所在地）	工作单位、职务、职称
2020	苏·欧瑞莉	澳大利亚	地球科学家，澳大利亚麦考瑞大学杰出教授、澳大利亚科学院院士、挪威科学院院士
	雅克·冈	法国	血液学家，巴黎第七大学教授、法国医学科学院院士、法国工程院院士、中国工程院外籍院士
	理查德·戈登·斯特罗姆	荷兰	射电天文学家，荷兰射电天文研究所资深研究员、阿姆斯特丹大学名誉教授、英国皇家天文学会会员
	藤嶋昭	日本	电化学和光催化领域科学家，东京大学特别荣誉教授、中国工程院外籍院士、欧洲科学院院士
	国际热带农业中心	总部在哥伦比亚	1967年成立，国际农业研究磋商组织下属的15个国际农业研究中心之一
	阿兰·贝库雷	法国	聚变波加热领域著名专家，国际热核聚变实验堆（ITER）组织工程部总负责人，曾任法国原子能委员会（CEA）磁约束聚变所所长、欧盟聚变联合会法方代表
	约翰·霍尔德伦	美国	国际公共政策和科技政策领域领军学者，美国哈佛大学教授，美国科学院、美国工程院、美国哲学院、美国艺术与科学院院士
	戴尔·桑德斯	英国	植物细胞信号和植物营养研究领域专家，英国约翰·英纳斯中心教授、所长，英国皇家学会会士
	哈罗德·海因茨·富克斯	德国	表面化学及纳米生物学家，德国明斯特大学教授、德国科学院院士、德国工程院院士、发展中国家科学院院士

从获奖人国别来看，分布在27个国家，其中美国籍获奖人最多，为45人，占获奖总人数的32.1%。外籍华人获奖者达25人，占获奖总人数的17.9%。这说明改革开放后，来华参与我国现代化建设、与我国科技人员交流合作的外籍专家主要来自美国等发达国家，发展中国家获奖者主要来自印度和巴西，同时也体现出华裔科学家对祖国科技进步的关心和支持。

表 4 - 5 对 136 位获奖人员（除 4 个获奖组织）进行了大致分类。按照《国家科学技术奖励条例》的规定，国际科技合作奖可授予外国人和外国组织，截至 2020 年，国际科技合作奖仅授予了 4 个外国组织。在 136 位获奖者中，科学家、工程技术人员、科技管理人员分别为 86 人、35 人和 15 人。显然，科学家获奖的人数占比较高。需要说明的是，获奖的 15 名外籍科技管理人员都具有相关的科学技术专业背景，一些人在国外相关政府机构、科技管理部门或国际组织中曾担任过或正在担任重要职位，具有较高的国际声望，在支持和推动中国对外科技合作中发挥了关键性的作用。

表 4 - 5　1995—2020 年国际科技合作奖获奖者的人员类型分布

人员类型	科学家	工程技术人员	科技管理人员
获奖人数/人	86	35	15
占比	63.3%	25.7%	11.0%

在国际科技合作奖获奖者中，科学家类型获奖者的成就和贡献突出体现在为中国培养科技人才，促进中外科技交流与合作，同中国公民或组织进行合作研究开发取得重大科技成果，倡导和支持在华举办重要的国际学术会议，向中国公民或组织传授先进技术，在中国发起成立重要的学术机构、研究机构或研究生培养基地，推动中国基础学科发展等方面；工程技术人员类型获奖者的成就和贡献突出体现在向中国公民或组织传授先进技术，为中国培养科技人才，推动中国高科技产业化等方面；科技管理人员类型获奖者的成就和贡献突出体现在向中国提供技术、设备和资助、促进中外科技交流与合作，向中国公民或组织传授先进技术等方面。总之，各类型获奖人员的成就和贡献体现了多元化的特点。

1995—2020 年获得国际科技合作奖的 140 位获奖者与我国的科技合作领域包括数学、物理学、化学、地学、生物学、医学、农学、工程科学、材料科学、信息科学、航天航空、环境科学、知识产权管理、文物保护、科学技术史等。其中，物理学、医学、农学、工程科学等领域的获奖者人数较多，占有较大的比例。

作为一种国际性的奖项，我国国际科技合作奖的一个重要特征是主要奖励与中方合作并做出重要贡献的外籍专家。而国外国际性科技奖励则考虑获奖者在世界范围内对促进科学技术发展做出的独创性成果、对人类文明进步产生积极作用，如我国著名植物学家吴征镒曾获日本的 Cosmos 大奖（4000 万日元）、著名杂交水稻专家袁隆平曾获以色列的沃尔夫奖（10 万美元）。

第三节　国家科学技术奖的提名与评审

由于评审工作的方式和细节往往随形势及社会环境有所变化，本节介绍的情况多为"过去时"，目的是通过对以往评审工作的了解，以帮助科技人员为报奖做准备，同时也具有"温故知新"的效果。

一、关于提名书的撰写

报奖材料以前称为推荐书。2017 年 5 月，国务院办公厅下发了《关于深化科技奖励制度改革的方案》，提出国家科技奖励由推荐制改为提名制。2018 年，正式实行提名制。

由于奖种的不同，提名书的撰写要求和内容也有一定的差异。

1. 国家自然科学奖提名书填报内容

①项目基本情况（1 页）。

②提名（单位或专家）意见（1 页）。

③项目简介（1200 字）。

④重要科学发现（限 5 页）；研究局限性（限 1 页）。

⑤客观评价（限 2 页）。

⑥代表性论文专著目录（根据当年要求提交篇目）。

⑦代表性论文（专著）被他人引用的情况（根据当年要求提交篇目）。

⑧主要完成人情况表。

⑨英文提名书（基本情况、重要科学发现、代表性论文、主要完成人）。

⑩附件：a. 必备附件［代表性论文（专著）（不超过 5 篇）、他人引用代表性引文（专著）（不超过 5 篇）、检索报告、完成人合作关系说明及情况汇总表（模板附后）、外国人国内单位聘用合同］；b. 其他附件（其他重要他引情况摘录、项目验收意见、应用证明、特邀报告、获奖证书、代表性论文入选 ESI 高被引网页证明）。

国家自然科学奖设立数学、力学、物理与天文、化学、地球科学、生物、基础医学、信息科学、材料科学、工程技术科学等 10 个评审组。

2. 国家技术发明奖提名书填报内容

①项目基本情况（1 页）。

②提名（单位或专家）意见（1 页）。

③项目简介（1200 字）。

④主要技术发明（限 5 页）；技术局限性（限 1 页）。

⑤客观评价（限 2 页）。

⑥推广应用情况、经济效益和社会效益。

⑦主要知识产权证明目录（不超过 10 件：发明专利、软件著作权、标准等）。

⑧主要完成人情况表（6 人以内）。

⑨附件：a. 必备附件［知识产权（不超过 10 件）、查新报告、完成人合作关系说明及情况汇总表（模板附后）］；b. 其他附件（项目验收意见、应用证明、经济效益情况证明、获奖证书）。

国家技术发明奖设立农林养殖、医药卫生、国土资源、环境与水利、轻工纺织、化工、材料与冶金、机械与动力、电子与信息、工程建设等 10 个评审组。

3. 国家科学技术进步奖提名书填报内容

①项目基本情况（1 页）。

②提名（单位或专家）意见。

③项目简介（1200 字）。

④主要科技创新（限 5 页）；科技局限性（限 1 页）。

⑤客观评价（限 2 页）。

⑥推广应用情况、经济效益和社会效益（近 3 年效益）。

⑦主要知识产权证明目录（不超过 10 件：发明专利、软件著作权、标准等）。

⑧主要完成人情况表。

⑨主要完成单位情况表。

⑩附件：a. 必备附件［知识产权（不超过 10 件）、查新报告、完成人合作关系说明及情况汇总表（模板附后）］；b. 其他附件（其他重要他引情况摘录、项目验收意见、应用证明、经济效益情况证明、获奖证书）。

提名书的内容每年均可能有一些改进，填写内容以国家科技奖励办当年的要求为准。

在 2017 年以前，国家科学技术奖的推荐是指标分配制，每年大致在 1100 项上下。例如，2005 年推荐 1062 项，其中国家自然科学奖 135 项、国家技术发明奖 123 项、国家科学技术进步奖 804 项；2017 年推荐 1097 项。2018 年正式改为"提名制"，不限制名额，当年提名达 1523 项；2019 年提名与 2018 年相差无几；到了 2020 年，提名项目徒增到 1800 多项。以 2018 年为例，各提名渠道获奖项目数量情况如表 4-6 所示。

表 4-6　2018 年获奖项目提名渠道分布　　　　　　单位：项

提名渠道	国家最高科学技术奖	国家自然科学奖			国家技术发明奖			国家科学技术进步奖					国际科技合作奖	合计
		一等	二等	小计	一等	二等	小计	特等	一等	二等	创团	小计		
省市	0	0	7	7	1	17	18	0	3	41	1	45	2	72
部委	2	1	15	16	0	13	13	0	4	32	2	38	3	72
协会等	0	0	1	1	1	10	11	0	4	36	0	40	0	52
专家	0	0	14	14	0	7	7	0	0	14	0	14	0	35
合计	2	1	37	38	2	47	49	0	11	123	3	137	5	231

结合近 3 年的提名渠道分布情况来看，各提名单位提名的总量均有所上升，但从获奖项目分析，省市、部委提名的项目获奖比例略有下降，协会等提名的项目获奖比例变化不大，而专家提名的项目获奖数呈上升趋势。2018 年，专家提名项目总数达 133 项，获奖 35 项，占比 26.3%；单位提名 1139 项，获奖 196 项，占比 17.2%，可见专家提名项目的获奖率稍高些。

二、国家科技奖励的评审

长期以来，国家科技奖采用三级评审，即学科评审组（初评）评审、评审委员会评审和奖励委员会评审。2003 年以前，基本上是采取会议答辩形式评审。

2003 年，由于 SARS 疫情的影响，为规避人与人之间接触的风险，加上计算机网络应用的进一步完善，促进了网评形式的发展。网评的采用，不仅节省了人力、交通等成本，同时使国家科技奖励的评审工作更加科学公正。2004年，初评分为网评与会评两个阶段，使评审过程更加严谨。此后，国家科技奖的初评评审一直采取会评与网评相结合的形式。通过网评这种背靠背的评审方式，不同学科组分别筛选掉了40%~60%的项目，筛选出部分更优秀的项目进入会议答辩，使总体答辩时间减少，节约了会议成本。2018年，国家科技奖的提名与评审工作按照国务院的改革方案进行了调整，在定标定额方面取得了明显的效果，主要体现在一等奖提名数量大幅下降。例如，2017年推荐特等奖和一等奖项目为437项，占推荐总数的48.2%，而2018年相应项目的提名仅有70项，占5.3%，降幅显著。这对克服浮夸浮躁风气、评不上一等奖可降到二等奖的侥幸心理起到了很好的抑制作用，同时也提醒完成人如何正确看待自己成果具有的水平。

1. 形式审查

形式审查简称"形审"，是国家科技奖励办工作人员对提名材料进行审读，看是否按照规定的要求进行填报。近几年，每年因形式审查不合格造成不能参加评审的项目有40~50项。不合格的主要原因集中在如下几个方面：①论文、项目应用时间不满3年；②论文、专利等相关技术内容重复使用；③完成人是前两年获奖项目的完成人；④完成人同一年度参与提名2项以上；⑤通用项目提名书有涉密的内容；⑥其他方面的问题。

2. 初评网评

多年来，国家最高科学技术奖和国际科技合作奖初评时没有网评环节，直接进行会评。这里主要介绍三大奖的网评情况。

网评的作用是将每年设置的学科评审组所提名项目根据专业特点分为若干个便于小同行评审的网评小组，分组的数量每年不等。由于网评的分组与当年每个学科组提名项目的数量和学科有关，因此每年的分组情况和使用专家的数量是不同的。以2018年为例，经形式审查，有1474项（人）合格。其中的1139项通用项目进入网络初评，根据项目的三级学科情况，被分为130个网评组，进行小同行评审。

初评网评采用随机从专家库抽取3倍专家长名单的方式，以代码发送评审通知，工作人员与专家双盲进行沟通。在进行为期7天的评审后，按照得分排序，依据通过率划定参加会评项目的分数线。2018年共有564个项目通过网评进入会评，网评通过率为49.5%，接近一半入围。按每组得分高者进入初评会评。近两年，提名项目大幅增加，网评分组也相应增多。2020年提名项目达到1800多项，因新冠肺炎疫情影响，对网评也进行了尝试性的一些改革。

3. 初评会评

初评会评是把各网评小组中出线者组合在学科评审组中，近年三大奖分为50多个评审组（不排除个别组因项目多而分为两组评审的情况），组织专家在北京进行视频答辩。答辩后先对每个项目打分，再进行实名投票。国家科学技术奖励章程规定：一等奖需2/3票以上通过；二等奖需1/2票以上通过。

初评会评专家结构按照会评项目的学科专业领域，同时采取回避方式，采用随机方式从专家库中抽取所需的两倍专家名单，然后根据专家能否参加情况，进行调整并决定最后名单。

（1）初评答辩

除了国家最高科学技术奖采取现场答辩外，其余奖种均采取远程、单向视频答辩。远程答辩是指项目完成人不来北京，在所属的省市级奖励部门进行答辩；单向视频是指评委可以通过视频看到答辩人的表现，而项目完成人可听到评委提问的声音，但看不到评委是谁，这是为了保证公正及保密。

目前国家自然科学奖、国家技术发明奖、国家科学技术进步奖初评会评答辩时间一般为25分钟。其中项目介绍10分钟，评委提问和完成人回答15分钟。因此，项目完成人需准备一个多媒体光盘或PPT（10分钟），同时做好答辩的准备工作。

（2）答辩注意问题

主答辩人要非常熟悉研究工作，对其中的技术、数据等了然于心，同时言辞清楚；参加答辩的其他人员在知识结构上应相互补充，答辩时应灵活补充。

充分准备答辩问题，这些问题不仅是对项目科技问题的质询，同时也涉及与项目有关的其他方面，如以往获奖项目与这次提名项目的内容区别，经济效益是否填报准确等。有一位获奖者说到，他答辩前请自己单位同行和外单位专家就项目提出质疑，共准备了260多个问题，可见他准备得何等努力和充分。在答辩的语言技巧上，要严谨、谦虚，不能夸大。

初评工作尤为关键，一方面做到阳光下评审；另一方面做好一些程序上必要的保密工作，力求使评审工作科学公正。

4. 评审委员会会议

评审委员会根据奖种设立，目前有 5 个评审委员会，分别是国家最高科学技术奖评审委员会、国家自然科学奖评审委员会、国家技术发明奖评审委员会、国家科学技术进步奖评审委员会、中华人民共和国国际科学技术合作奖评审委员会。评审委员会主任委员由两院院士，科技管理、研究部门领导或有影响的专家担任；委员由相关评审组的专家组成。

评审委员会会议内容主要审定该奖种初评组通过的项目。答辩方式 2018 年后有所变化。国家最高科学技术奖现场答辩；国家科学技术进步奖特等奖现场答辩；国家自然科学奖一、二等奖，国家技术发明奖一等奖，国家科学技术进步奖一等奖视频答辩；国家技术发明奖二等奖电话答辩；国家科学技术进步奖二等奖书面审议；其他奖项均采取视频答辩方式。答辩结束后，评审委员会专家对该奖种项目进行投票表决。

按照《国家科学技术奖励条例实施细则》的要求，原则上特等奖每年不超过 3 项，一等奖不超过该奖种授奖项目总数的 15%。如果有超过的情况，就要采取差额投票。

5. 国家科学技术奖励委员会

国家科学技术奖励委员会由国务院设立，负责对国家科学技术奖励工作进行宏观管理和指导，其主要职责有：①审定国家科学技术奖的评审结果；②聘请有关专家组成国家科学技术奖励评审委员会和监督委员会；③审议国家科学技术奖励年度工作安排；④为完善国家科学技术奖励制度提供政策性意见和建议；⑤研究解决国家科学技术奖励工作中出现的其他重大问题。

国家科学技术奖励委员会委员 20～25 人。设主任委员 1 人，副主任委员 1～2 人，秘书长 1 人。主任委员由科技部部长担任，秘书长由科技部分管国家科学技术奖励工作的副部长担任。国家科学技术奖励委员会委员由科技、教育、经济等领域的著名专家、学者和相关行政部门负责人员组成。从 2000 年以来，已换届 5 次。第五届奖励委员会由过去的 20 人增至 25 人，主要增加专家委员人数，进一步增强奖励委员会的学术性。专家人选充分考虑了学科专业和所在单位类型覆盖面，两院院士比例均衡，年龄梯度老中青结合。

6. 对网评与会评的利弊分析

网评的优点是屏蔽了评审专家的姓名和身份，专家可在自己单位进行评审，不受他人干扰，独立思考并做出判断，有利于做出客观公正的评价。但不足的是缺乏交流，判断难免主观和片面。

会评的优点是完成人与评委可较为充分的交流。通过答辩，评审专家对一些技术问题的了解更细致清晰，也能更全面地把握好项目的总体情况，利于做出科学公正的判断。不足的是，有时可能因人情观念作祟，评委质询不方便；著名专家一定程度上易影响发言气氛，可能会影响评审的公正性。为克服这一不足，国家科技奖励办规定：每一学科评审组一天内完成评审工作；除了有重大异议的项目需要讨论外，评审组长不作引导性发言或表态。

此外，在会评的同时，国家自然科学奖还进行海外函审。从 2004 年开始引入海外同行专家评议，目的是从国际视角，来更好地确定国家自然科学奖项目的水平。多年来，共有来自 20 个左右国家的数百名海外专家参与海外函审，平均每个进入会评的项目至少接受 3 位以上的海外专家评议。

在科技奖励的评审中，采用科技专家同行评议方式可以抑制"学霸"和个别官员主观意志造成的不公正现象，能发扬科学的、民主的作风，同时能减轻管理部门在科技成果评议中的压力，获得项目中的可靠信息。实行同行评议在一定程度上抵御了科技奖励中的不正之风，保证了科技奖励的信誉，使科技奖励能真正达到承认、肯定完成人的贡献，激励广大科技人员的目的。虽然同行评议也难免受人际关系等影响，但总体来说是最有效的方式。

7. 项目考察

项目考察是初评结束后，组织专家对初评通过的国家最高科学技术奖候选人（不超过 3 人），国家自然科学奖、国家技术发明奖和国家科学技术进步奖特等奖和一等奖项目进行现场考察。考察结束后，撰写考察意见，提交国家科学技术奖励评审委员会，供评审委员会会议参考。

三、异议的处理

异议是科技奖励评审工作的一个环节，它可以从另一个角度来"纠错"，确保评审工作的公正性。因此，异议的处理影响着科技奖励评审的结果。从异议的性质来看，分为实质性异议和非实质性异议；从提出异议的单位（人）署名来看，可分为匿名信或实名信。

国家科技奖励在评审期间有两次公示：一次是形式审查结束后公示，公示时间30日，广泛征求对通过形式审查的提名项目有无异议；第二次是初评结束后对通过初评的项目进行公示，时间大约30日，同时将收到的异议意见和异议答复提交国家科学技术奖励评审委员会。

每年评审期间，收到的异议函（电）大约有几十件。从实质性异议内容看，主要涉及表述夸大不实、剽窃侵权、打包拼凑、应用和效益数据虚假、重复报奖、抄袭或盗用他人成果等学术不端行为。从非实质性异议内容看，主要涉及完成人的排名争议等。

异议如在规定时间处理完毕，提交当年评审；一年内处理完毕，提交第二年评审；一年后处理完毕，可以重新提名。以2018年评审期间为例，共收到异议50件，异议期外收到信访信件8件，涉及45个项目。经过调查审理，异议成立的项目中有13个项目通过了评审，3个项目提名方主动撤回，2个项目中止评审。

四、哪些因素影响提名项目获奖

项目提名国家科技奖后，提名人都希望能成功获奖。以2019年为例，提名项目1500多项，最后获奖的项目有300项左右，获奖率为20%左右，可见竞争的激烈程度。那么获国家科技奖需要哪些必要条件呢？从以往获奖的发明奖和进步奖项目来看，大致要考虑以下几个因素：

首先，项目的创新程度是重要的评价指标。例如，国家技术发明奖获得知识产权的数量和质量，国家科学技术进步奖有无重大创新等。近10来年，我国创新力显著增强，同时重视知识产权的申请和保护。因此，获奖项目的知识产权数量和质量逐年明显增加和提高。从获国家技术发明奖项目平均每项授权的发明专利数量来看，2006年为3.9件、2010年为10.3件、2013年为20件、2015年为21.8件、2018年为29件；从获国家科学技术进步奖项目的发明专利平均授权量看，2006年为1.34件、2010年为13.82件、2013年为51件、2015年为45.6件、2018年为27.2件，知识产权数量波动大的原因是该年度个别特等奖或一等奖知识产权数量太多造成的，如 2016 年国家科学技术进步奖特等奖项目"第四代移动通信系统（TD – LTE）关键技术与应用"，获得授权发明专利达 2992 件。

其次，项目的应用及经济效益和社会效益是重要的评价指标。从经济效益来看，获奖项目在前三年取得的经济总量在逐年递增。就国家技术发明奖而言，主要看项目是否具有先进性并且是否在应用中取得了经济效益，2015 年国家技术发明奖获奖项目经济效益共计 146.2 亿元，平均每个项目的经济效益为 2.9 亿元。对国家科学技术进步奖开发类项目来说，经济效益是重要的评价指标。2015 年国家科学技术进步奖获奖项目共计取得的效益为 2270.9 亿元，平均每个项目的经济效益为 20.1 亿元。

最后，提名材料的撰写要精准、符合逻辑、实事求是。要按照当年提名要求组织材料，不触及提名所要求的红线；尽量在学术化的同时让大同行的专家看懂。曾经有的项目第一次提名时因撰写的材料"披头散发"、表述不清楚、重点不突出等而落选。

以上为客观因素，另外还有其他外在因素，如答辩时项目完成人答非所问，甚至答不上来；同年度提名的项目竞争力强，自己项目与他人项目差距较大；收到实质性异议后，完成人对异议的回复解释使异议提出者和评审专家难以信服时，导致评审落选的可能性很大。

从提名、评审到获奖可用一个顺口溜来归纳：

第一看资质，曾获省部奖；

第二寻指标，提名有指望；

第三材料精，创新效益强；

第四形审中，红线不碰上；

第五过网评，高分不打烊；

第六备会评，答辩细思量；

第七要考察，专家去现场；

第八无异议，学风诚信强；

环环无纰漏，领奖大会堂。

这里提到的"资质"，是指提名的项目此前获得过省部级一等奖、社会科技奖一等奖或国际性奖励；"考察"是指对通过国家科技奖初评后的最高科技奖获奖候选人，特等奖、一等奖项目组织评委去现场考察核实情况。

第四节　我国科技奖励的作用分析

自新中国成立以来，我国科技奖励工作认真贯彻党的路线、方针和政策，严格执行有关科技奖励条例和法规，坚持科学发展观，依法行政，严格评审，把科技奖励的重点与科技政策、产业政策衔接起来，重点奖励在基础性研究、技术发明、技术开发、社会公益，以及国家安全和国防建设等方面具有自主创新、自有知识产权的重大科技成果，体现了国家发展战略的导向，反映了我国科技创新、科技进步的壮观历程，对激励广大科技人员、推动我国科技创新和经济发展做出了积极的贡献。

一、承认和肯定科技人员的创新与贡献

科技奖励制度的本质就是承认和肯定科技人员的独创性贡献。美国科学社会学家默顿说："科学制度把独创性解释为一种最高的价值，因此使一个人的独创性是否能得到承认成了一个事关重大的问题。"从心理学来看，科技奖励通过直接和公开认同的方式，承认获奖者在科技方面的贡献，使之获得心理的愉悦和满足，从而激发他们向新研究目标进发的热情。从科学社会学来看，奖励就是鼓励和鞭策科学家不断创新获得新知，从而促进科学技术的进步和社会的向前发展。

肯定和承认贡献，目的是把荣誉化为强大的创新动力，激励和鞭策一代代科技人才成长。通过科技奖励，一是激励和培养了青年人才。近10余年来，获奖项目完成人年龄在45岁以下的达60%以上，2018年获奖项目第一完成人的平均年龄为47.2岁，其中有博士研究生学历的200位，占比87.0%，国家自然科学奖获奖者有博士学位的共38位，占100%。二是更加激发中老年科技人员创新的热情。获奖者中有不少古稀之年以上的科技工作者，他们壮心不已，用智慧、勤劳和丰富的经验不断摘取科技桂冠，以良好品行感染后学。三是激发了科技人员的爱国热情和报国之志。2018年获奖通用项目第一完成人中海外归国人员有91人，占39.6%，他们学成回国，奉献社会。特别是通过对获奖项目和获奖人的大力宣传，肯定了科技人员的创新精神和重要贡献，弘扬了科学精神和科学家精神，增强了科研工作的荣誉感，为全社会营造尊重知识、尊重创新、尊重人才的良好风

尚产生了深远的影响。

二、发挥了政策和科研的导向作用

科技奖励工作是科技发展的一面镜子，是国家科技水平、科技方针和政策导向的集中反映。长期以来，科技奖励工作遵循不同时期的科技方针，围绕党和政府的工作中心环节开展工作。在20世纪50—70年代初，科技奖励工作贯彻"自力更生，迎头赶上"的指导方针，奖励在自力更生、刻苦攻关及发挥社会主义集中力量办大事方面取得的成果。20世纪70年代末至80年代初期，科技奖励工作贯彻"全面安排，突出重点"的指导方针，恢复了国家自然科学奖和国家技术发明奖，奖励了一大批产生于"文化大革命"期间，但当时未能获奖的成果，对落实科技人员的政策、解放科技生产力发挥了重要作用，深受广大科技人员的欢迎。1985年，中共中央做出《关于科学技术体制改革的决定》，提出"经济建设必须依靠科学技术，科学技术工作必须面向经济建设"的战略方针。设立的国家科学技术进步奖对鼓励广大科技人员面向经济建设主战场、解决国民经济发展中的重大科技难题和热点问题起到积极作用，同时也扩大了科技奖励的内涵，加速了科技奖励的发展。1995年党中央、国务院提出实施"科教兴国"战略，科技奖励工作以推动科技进步和可持续发展为重点，加大对科技成果的转化推广，解决环境和资源等方面突出问题的奖励力度。在1999年全国技术创新大会上，提出了要加强技术创新和发展高科技、实现产业化，通过国家科技奖励制度的改革，重点奖励具有自主知识产权的成果，并设立国家最高科学技术奖。在2006年1月召开的全国科学技术大会上，党中央国务院提出了"自主创新、重点跨越、支撑发展、引领未来"的科技方针。党的十八大以来，科技奖励工作围绕实施创新驱动发展战略，向创新人才和自主创新成果倾斜，大大激发了广大科技人员创新创业的热情，新的重大成果不断涌现。除了对国家战略层面上的引导之外，科技奖励强化围绕国际科技前沿，对我国科技政策与产业政策的发展发挥了导向作用，营造了良好的科研生态环境。如量子科技领域，近几年授予国家自然科学奖一等奖的"多光子纠缠及干涉度量"（2015年）和"量子反常霍尔效应的实验发现"（2018年）项目，项目完成人攻克了世界科技难题，取得了重大突破，为国际所瞩目。在鼓励企业自主创新、参与产学研合作方面，国家科学技术进步奖中的项目占比不小。统计数据表明，2006 年占比达到 54.80%、2010 年达到 68.22%、2016 年达到 49.8%、2018 年达到 47.4%，平均占比 50% 以上，对鼓励企业与高校、研究院所合作，促进科技与经济、市场的紧密结合产生了积极推动作用。例如，获国家科学技术进步奖一等奖的项目"宝钢高等级汽车板品种、生产及使用技术的研究"，由宝山钢铁股份公司、上海大众有限公司、一汽大众有限公司、北京科技大学、东北大学、燕山大学、上海交通大学等联合完成，是典型的产学研合作成功范例，突破了许多关键技术，经济、社会效益巨大。

三、高度体现了国家及社会对科技人才和知识的尊重

科技奖励的一个重要作用是体现了政府和社会对科技人才的尊重，对营造尊重知识、尊重人才和尊重创造、激励优秀科技人才脱颖而出的社会环境具有积极的意义。我国长期坚持"精神奖励为主、物质奖励为辅，精神奖励与物质奖励相结合"的原则，这种原则一是体现在每年由中共中央、国务院召开的国家科技奖励大会上。大会庄严隆重，极大地提高了科技工作者的荣誉感，对鞭策和鼓励科研人员的爱国之心和报国之志，产生了积极的社会影响。二是体现在科技奖励奖金的增长上。随着国家实力的逐步增强，奖金额度不断提高，科技人员的荣誉感和地位不断提高，也提高了他们的生活质量。1957 年中国科学院科学奖金首颁时，一等奖的奖金为 1 万元。改革开放后，随着国家经济实力的增强，多次调整了奖金额度，如国家自然科学奖奖金额度调整了 6 次：一等奖奖金 1956 年为 1 万元，1982 年增加到 2 万元，1984 年增加到 4.5 万元，1994 年增加到 6 万元，1999 年增加到 9 万元，2005 年调整到 20 万元，2018 年调整到 30 万元，奖励强度增加了 20 多倍。国家技术发明奖一等奖奖金由 1978 年的 1 万元、1982 年的 2 万元、1984 年的 4.5 万元、1994 年的 6 万元、1999 年的 9 万元、2005 年的 20 万元，增长到 2017 年的 30 万元。国家最高科学技术奖的奖金由 2000 年的 500 万元（其中 50 万元个人支配，450 万元作为科研课题费），2018 年增长到 800 万元，且奖金全部由个人安排。奖金额度的变化，不仅反映了我国科技和经济发展、观念变化的过程，更是我国政府对科技创新，对科技人才高度重视的具体体现。三是体现在不断改进科技人员的科研环境上。通过科技奖励，科技人员的科研设施、支持经费均得到了很大的改善，解

决科研工作的后顾之忧，使得他们更加宁心静志、心无旁骛地从事研究，为未来取得新成果奠定了基础。

四、加速了获奖项目的转化应用和知识的传播

科技奖励也推动了科技成果的转化应用，促进了科学技术的交流与传播。通过国家科技奖的声望和影响，很多获奖单位"借得东风好行船"，在应用转化方面再攀新高，取得了更大的经济效益。据对 2000—2003 年国家科学技术进步奖部分获奖项目的统计，获奖前效益为 2205 亿元，1 年后的 2004 年年底统计，奖后效益为 3323.7 亿元，累计达 5528.7 亿元，而奖后效益占了整个效益的 60.1%，表明获奖对成果推广和市场化发挥了重要作用。例如，获 2004 年度国家科学技术进步奖一等奖的"罗布泊地区钾盐资源开发利用研究"项目，研究人员从 1996 年起，在罗布泊极其恶劣的环境中，经过几年的艰难探索，探明该地 1300 平方公里土地上存有优质钾盐资源量达 25 亿吨，并提交了钾盐开发方案，推动了项目快速产业化。2008 年 11 月，国投新疆罗布泊钾盐有限公司年产能达到 130 万吨硫酸钾和 10 万吨硫酸钾镁肥，成为世界最大的单体硫酸钾生产企业。近年，随着年产 170 万吨硫酸钾二期项目的竣工，钾肥的总产能将达 300 万吨。这里生产的钾肥各项指标达到和超过国家优等品标准，具有生态、绿色、纯天然、高肥效的品质，有效地缓解了我国钾肥严重不足的问题。获 2019 年度国家科学技术进步奖特等奖的项目"海上大型绞吸疏浚装备的自主研发与产业化"，获奖时成功研制出海上大型绞吸疏浚装备 63 台，占国内同类装备约 80% 的份额。与国外同类装备相比，平均研制周期缩短近 35%，平均建造成本降低达 44%。设备疏浚能力显著增强，在港珠澳大桥、长江口深水航道、马来西亚关丹深水港、东帝汶蒂巴湾等国内外重大工程中发挥了重要作用，使我国疏浚行业装备自主研发水平跻身世界前列，疏浚能力跃居世界第一。

科技奖励对高新技术知识的传播也产生了重要影响。例如，2004 年获奖的"基于索普卡（SOPCA）网络结构的索普卡电脑"，具有成本低、系统中单机版软件可供多个用户同时使用等特点，被广泛应用于教育、电子政务、金融、企业管理和农村计算机知识的普及，社会效益和经济效益显著。我国研制的"载人潜水器"多次获奖，具备深海探矿、海底高精度地形测量、深海生物考察等功能，曾创造下潜 6000 米、7062 米等纪录，2020 年 10 月 27 日更

是成功下潜突破 1 万米（达 10 058 米），创造了中国载人深潜的新纪录。通过这些高新科技项目的宣传，对普及公众的海洋知识发挥了积极作用。同时，获奖的科普图书如《全球变化热门话题丛书》《中国载人航天科普丛书》《躲不开食品添加剂》《全民健康十万个为什么》等，对传播现代科学技术知识、宣传身边科学和日常科学、提高全民素质发挥了积极作用。

五、对加强学风建设、树立科研诚信产生了积极作用

统计表明，近年来，国家科学技术奖获奖项目研究时间长度平均在 11 年左右，表明了广大科技人员不甘寂寞、潜心治学、求实创新的良好学风，具有明显的示范作用。例如，2014 年获奖的项目中，从立项到结题，国家自然科学奖平均为 12.2 年、国家技术发明奖为 10.2 年，国家科学技术进步奖为 10.4 年。同年，获国家自然科学奖二等奖的项目"中国两栖动物系统学研究"，始于 1961 年，于 2010 年结束，历时 49 年，是研究时间最长的项目之一。这些获奖项目向社会昭示，科研来不得半点的急功近利，真正的优秀成果是长期研究、凝练积累的结果。

奖励评审对规范科技界的科研行为、树立科研诚信起到了一定的规范监督作用。国家科技奖励的管理始终坚持依法行政和依法评奖。从推荐到颁奖过程，国家科技奖励候选项目始终处于社会各界的监督之中。例如，形式审查和初评结束后，候选项目在媒体和网站上公开，接受社会舆论的监督。对群众来电来信中提出的实质性异议，管理部门将视其情况分门别类地进行核实或请专家到现场考察，进行落实。同时，对排名争议等非实质性异议，将严格按照其实际贡献进行排查，对违规者进行严肃处理，使那些真正在第一线从事科研并做出重大贡献的人员获得奖励。正是由于科学公正的评审，国家科技奖励的权威性、严肃性和公正性经受住了时间的考验，得到了社会的赞同，广大科技人员也把通过进取创新，取得优异成果，进而获得国家科技奖励作为莫大荣誉。近年来，国家科技奖励办进一步强化对评审工作的监督管理，成立了国家科技奖励监督委员会，建立了评审专家信誉制度，评审期间邀请公众参与旁听，从制度上规范了国家科技奖励的运行。这些措施进一步加强了对工作人员和评审专家的管理，使推荐、评审等管理过程更加公开透明，促进了国家科技奖励工作的科学化、标准化和制度化，对消除评审过程中可能出现的不良和不端现象，确保科

技奖励的公平公正，营造科学求实、团结和谐的作风产生了积极的影响。

六、获奖项目对推动我国现代化建设和经济发展起到了重要作用

新中国成立以来，特别是改革开放后，我国科技事业不断发展，同时加大了科技成果的产业化和转化的力度，提升了生产力的水平，促进了经济的高速发展。科技奖励制度恢复后，国家奖励了"两弹一星""载人航天""杂交水稻""探月工程""北斗导航系统""歼十飞机工程""北京正负电子对撞机""秦山核电站""兰州重离子研究装置""合肥同步辐射加速器""联想汉字系统""北大方正电子出版系统""曙光大规模并行计算机系统""变压吸附气体分离技术研究""青藏铁路工程""长江三峡枢纽工程""特高压 ±800 kV 直流输电工程""蛟龙号载人潜水器研发与应用""新一代刀片式基站解决方案研制与大规模应用""南海高温高压完井关键技术及工业化应用""复杂环境下高速铁路无缝线路关键技术及应用""复杂机场高精度飞行校验技术及装备""海上大型绞吸疏浚装备的自主研发与产业化"等为代表的重大科技成就，以及大批有重大创新、与经济结合紧密、解决现代化建设中的重点和热点问题、维护国家安全、惠及民生的科技成果。近 10 余年来，平均每项获国家科学技术进步奖的项目取得的经济效益均在 10 亿元以上；就 2014 年来看，获国家科学技术进步奖特等和一等、二等奖中通用项目在提名前 3 年共计取得经济效益为3677.08 亿元，平均每项为 29.18 亿元。个别项目取得的经济效益巨大，社会效益显著。获 2008 年度国家科学技术进步奖特等奖的项目"青藏铁路工程"，由原铁道部所属的 50 余家科研单位和企业完成。青藏铁路海拔高于 4000 米地段长达 960 千米，最高处海拔 5072 米，该工程克服了冻土、高寒缺氧、生态脆弱三大世界性工程难题，通车后对促进青藏地区的经济发展、加强民族团结、提高当地人民生活质量、促进文化交流起到了重要作用。获 2015 年国家科学技术进步奖一等奖的项目"5000 万吨级特低渗透 – 致密油气田勘探开发与重大理论技术创新"取得的经济效益为509.89 亿元；获 2018 年国家科学技术进步奖一等奖的项目"新一代刀片式基站解决方案研制与大规模应用"提名前 3 年取得的经济效益为418.28 亿元。这些获国家科技奖的重大成果，时代特色鲜明，是中国科技进步的重要标志，对促进我国科技进步、提升我国的综合国力和国际地

位，均产生了极其深远的社会影响。

当然，对科技奖励也有一些负面的声音，如获奖与其他事项挂钩过多，包括课题申报、院士遴选、个人与机构评价等，但瑕不掩瑜，其积极作用和正面影响永远是主流。

科技奖励制度的实施极大地提高了科技工作者的社会地位和荣誉感，激发了广大科技人员的爱国之心和报国之志，增强了凝聚力和大协作精神，有力地推动了科技进步。在新时期，国家科技奖励将紧紧围绕实施创新驱动发展、科教兴国和人才强国等战略，为实现科技的自立自强，为建设创新型国家发挥其应有的作用。

第五章
我国省部级科技奖励和社会力量设立的科技奖励

我国的省部级科技奖励和社会力量设立的科技奖励虽起步较晚，但改革开放后发展迅速，是国家科学技术奖的重要支撑和补充，是促进区域创新的主要激励措施之一。

第一节 省部级科技奖励

我国的省部级科技奖励可以追溯到新中国成立之初的东北人民政府。1952 年，东北人民政府工业部颁布了《关于创造生产新记录奖励暂行条例》。同年 9 月 5 日，东北人民政府工业部召开了新产品奖励大会，401 厂王辑绪研制的某种新产品获得了奖励，当时这种新产品是日本试制多年未成功的新产品。鹤岗市的李庆萱因发明了药壶式掏槽钎子，其先进事迹被登载在改进技术的通报上："李庆萱发明了药壶式掏槽钎子，使采掘技术大大提高了一步。掘进效率比以往提高了 50%，并降低了生产成本。颁发奖章和物资奖励。"此外，有关厂矿也建立了相关的奖励制度，如沈阳冶炼厂举办了"创造新记录运动"，为推动该活动的开展，该厂实行了"荣誉与物资相结合、集体与个人相结合、突出重点反对平均主义"奖励方式。东北人民政府这些奖励措施，也为全国科技奖励制度的建立起到了一定的示范作用。但由于种种原因，真正意义上的省部级科技奖励出现则是在 20 世纪70 年代末期。

1979 年以后，各省、自治区、直辖市，国务院各部委及事业单位陆续设立科学技术奖。1984 年 9 月，《中华人民共和国科学技术进步奖励条例》

正式颁布，明确规定了科学技术进步奖分为国家级和省（部委）级两级。各级政府高度重视条例精神，出台了相应的奖励办法。1998 年，国务院所属机构改革前，原有的 68 个部委和直属机构及全国 31 个省、自治区、直辖市都设立了科学技术进步奖。除科学技术进步奖外，各地、各部门还相继设立了各种类型的科学技术奖，这些奖励的实施对激发广大科技工作者的创造热情，促进拔尖人才脱颖而出和学科带头人的茁壮成长，推动行业的科技进步和地方科技及经济的发展发挥了重要作用。

由于我国科学技术奖励制度产生于计划经济时期。随着社会主义市场经济的发展和科技体制改革的深化，省部级科技奖励遇到了不少新情况和新问题，难以适应时代发展的需要。主要表现在：1998 年国务院机构的精简和原来一些部门职能的转变，客观上使得省部级科技奖励需要改革；二是由于缺乏指导和规范管理，省部级奖励中出现了个别重复设奖、评审中有失公平公正的现象。三是省部级奖项过多，每年省部级科技奖励达 12 000 项，水平参差不齐，严重影响到政府科技奖励的权威性。在 1999 年国家科技奖励制度改革中，国务院把加强对部门、地方和社会各种科技奖励的管理和指导，作为重要内容之一写进《国家科学技术奖励条例》，以进一步推动我国科技奖励工作的科学化、规范化和法制化建设。

一、省部级科技奖励现状

省部级科技奖励是提名国家科技奖励的基础，对保证国家科技奖励的科学性、公正性和权威性有重要的影响。2020 年新修订的《国家科学技术奖励条例》第三十六条规定：有关部门根据国家安全领域的特殊情况，可以设立部级科学技术奖；省、自治区、直辖市、计划单列市人民政府可以设立一项省级科学技术奖。具体办法由设奖部门或地方人民政府制定，并报国务院科学技术行政部门及有关单位备案。国家科技奖励制度改革时，就是按照这一目标，坚持"少而精"的原则，大幅减少了授奖数量，同时实行备案制度，有利于对省部级科技奖励进行指导和管理，加强国家和省部级科技奖励信息的交流。

在 1999 年国家科学技术奖励制度改革时，科技部根据《国家科学技术奖励条例》《科学技术奖励制度改革方案》的有关要求，在认真调查研究和广泛征求有关各方意见的基础上，制定了《省、部级科学技术奖励管理办法》并于 1999 年 12 月以科学技术部 2 号令下发，将省部级科技奖励工作纳入科学和法制的轨道。办法颁布后，各省市和有关部委根据自身情况修订了相应的科技奖励法规，改进和完善了科技奖励评审工作。科技奖励数量大幅减少，获奖项目质量明显提高。不少获奖项目不仅很好地反映了当地的科技特点，对促进地方经济发展和国家科技进步也产生了积极的作用。笔者近年来的调研分析发现，通过改革，省部级科技奖励定位和分工越来越明确，不同层次科技创新活动得到了相应的承认和激励，形成了国家科技奖励和省部科技奖励互补的新局面，对推动省部级科技奖励的创新发展提供了强大的动力。

1. 地方、部门科技奖励法规建设和激励创新环境不断改进完善

自 1999 年国家科技奖励制度改革以来，各省市、部门根据《国家科学技术奖励条例》的精神和要求，适时结合国家科技奖励制度的改革动向，修订和完善了地方和部门科学技术奖励法规，并以地方人民政府令和部委令的形式颁布了新的科学技术奖励办法，进一步规范了省部科技奖励体系，减少了科技奖励的层次和数量，同时在奖金额度上不断提升。

由于省部级科技奖励注重激励和引导不同层次的科技创新活动，完善了科学技术奖励体系，充实了科技奖励的内涵。奖励体系涵盖了整个科技创新链条，同时体现了自身的特色和需求，形成了奖励成果与人物、奖励应用技术与基础理论、奖励当地科技人员和中央部属科研单位科技人员的有效机制。统计表明，有 30 多个省市和部委设立了省级最高科学技术奖励类别，重奖杰出科技人才，提升了科技奖励的庄严性和权威性。另外，省市科技奖励部门之间加强交流学习和合作，弥补了地方科技奖励资源之间的不足，实现了互利共赢，推进了全国科技奖励的发展。

2. 加强政策导向性和进一步改进完善评审工作

各地、各部门紧密结合国家安全目标和地方经济发展及区域创新体系建立的需求，通过政策引导、评价指标体系、推荐获奖指标和相关评审机制，充分发挥科技奖励的激励和导向作用，得到部门和地方政府领导的肯定和重视。其激励和导向作用具体体现在：一是坚持水平和效益并重原则。在强调技术创新和水平的同时，重视技术的实用价值和已获效益。二是坚持产业政策导向性原则。围绕重点产业、支柱产业和优势特色产业，注重鼓励解决国家安全、经济建设和社会发展的关键技术和共性技术。三是坚

持高新技术和适用技术相结合的原则。在激励原始创新和发展高新技术产业的同时，地方和部门科技奖励把奖励集成创新、引进消化吸收再创新作为一个重要内容，鼓励应用高新技术和适用技术改造和提升传统产业，有的省市加大了科技成果转化推广类项目的授奖比例。四是重视自主知识产权的培育。很多地方都把取得相应知识产权和标准作为地方科技奖评价的重要导向指标。五是坚持科技奖励与实施创新驱动发展战略、建设科技创新体系相结合的原则，促进区域创新。各地科技奖励工作注重突出重点，在促进各具特色的地方科技创新体系，特别是以企业为主体、产学研相结合的技术创新体系的建立和完善方面发挥了重要的引导作用。六是把奖励地方与中央所属科研部门紧密结合。考虑科技奖励的政策均衡性，兼顾不同地域、不同层次的政策激励，如北京市科技奖励全面实行属地化原则，奖励对象打破原有的条块分割，面向北京地区的所有企事业单位和个人开放。公安部、国家安全部、工业和信息化部国家国防科技工业局也不断加大对民口专用项目的奖励力度，促进资源的共享。七是推荐评审程序和管理机制进一步规范，科技奖励的权威性得到有效提升。各地规范了评审程序和规则，建立了严格的多级评审机制，完善了评价指标体系。一些省市还建立了网络和会议评审相结合的评审方式，如湖南省还实行了双盲评审与会议评审相结合的评审方式。一些省市加大了同行专家评审的力度，如天津、河北、湖北、江苏、辽宁、山东、宁夏、云南、重庆等地还实行了省外专家评审制度，引进省外专家参与省级科技奖励的评审。八是健全评审专家的聘任规则。对省级科技奖励评审组织的评审专家的聘任规则和办法进行了完善，建立了相应的回避制度、轮换制度和替换制度。重庆市从2004年起，实行了专家随机遴选机制，通过完善专家库管理系统，增加评审专家随机遴选功能，实现了根据项目条件随机遴选项目评审专家，极大地提高了评审的公正性。同时，科技奖励监督机制开始形成，很多部门建立了或正在探索建立省级科学技术奖的自我监督机制，对提高科技奖励的公正性和权威性产生了积极影响。九是重视科技奖励信息平台建设，科技奖励评审信息化水平不断提高。山西、湖南、辽宁、河北、上海、山东、河南、陕西、新疆、国防科工委等采用了无纸化评审体系，为评审工作的科学、公正奠定了很好的基础。

3. 增强省部级科技奖励的权威性并提高奖金额度

据统计，全国有21个省、自治区、直辖市、计划单列市人民政府成立了科技奖励委员会。另有 6 个省、自治区、直辖市人民政府成立了科学技术奖评审委员会。四川、河南、黑龙江省科学技术奖励委员会的主任委员由分管副省长担任，提高了奖励委员会的权威性。按照国家科技奖励的颁奖模式，各省市科技奖励大会开得非常隆重，颁奖活动规格越来越高。对营造尊重知识、尊重人才的政策环境，推动区域创新和地方科技奖励工作产生了积极影响。

自科技奖励制度改革以来，省部级科技奖励的奖励力度随着国家经济的发展进一步加大，奖金普遍提高。2006 年全国科学技术大会以后，很多地方不断提高奖励金额。2017 年 5 月，国务院出台《关于深化国家科技奖励制度改革的方案》后，奖励改革力度加大、减少数量、提高奖金成了普遍趋势，甚至一些省市奖励的奖金额度超过了国家科技奖。2018 年，广东省在"突出贡献奖""自然科学奖""技术发明奖""科学技术进步奖"的基础上，增设了"科技合作奖"，同时降低了授奖数量，由原来的 264 项减少到不超过 185 项，奖金额度大幅提高。突出贡献奖每年授奖人数不超过 2 名，单项奖金 300 万元，其中 100 万元奖励个人，200 万元用于资助获奖者主持的自主创新活动；自然科学奖、技术发明奖、科学技术进步奖设一等、二等两个等级，特别重大成果可授予特等奖，特等奖奖金 100 万元，一等奖奖金 50 万元，每年总数不超过 50 项，二等奖奖金 30 万元，每年授奖总数不超过 125 项；科技合作奖不分等级，每年授奖不超过 5 人，奖金 30 万元。山西省 2018 年修订出台了《山西省科学技术奖励办法》，科技奖励总经费由 2000 年的 110 万元、2005 年的 500 万元增长到 6000 万元；一等、二等、三等奖的奖金分别由原来的 6 万元、2 万元、1 万元，调整到 50 万元、20 万元、10 万元；科学技术杰出贡献奖的名额由 2 名增加到不超过 5 名，奖金从 80 万元提高到 300 万元。2019 年 7 月，北京市对奖励条例做了修订，增设了突出贡献中关村奖，每年授奖人数不超过 2 名；杰出青年中关村奖，每年授予不超过 10 名 40 周岁以下的青年人；国际合作中关村奖，每年授予不超过 10 名的外籍科技人才。突出贡献中关村奖的奖金为 300 万元，杰出青年中关村奖的奖金为 50 万元，奖金由获奖人个人所得；自然科学奖、技术发明奖、科学技术进步奖特等奖奖金为 100 万元，一等奖 50 万元，二等奖 20 万元。上海市科学技术进步奖一等、二等、三等奖奖金由原来的 3 万元、2 万元、0.8 万元，2000 年后分别提高到 10 万元、5 万元、2 万元。

近年来，上海市调整了奖项和奖金。调整后的奖项为科学技术进步奖、技术发明奖、自然科学奖、科技功臣奖、国际科技合作奖、青年科技杰出贡献奖6个类型，其中前三个奖项奖项目，设特等、一等、二等、三等奖，奖金分别为100万元/项、50万元/项、20万元/项、10万元/项，每年奖励300项左右。后三个奖项奖人，科技功臣奖200万元/人，青年科技杰出贡献奖50万元/人。2019年授予308个项目（人）。2020年还增设了"科学技术普及奖"。我国西部省区科技奖励改革力度也很大，2017年宁夏回族自治区科学技术进步奖一等、二等、三等奖奖金分别由原来的5万元、2万元、1万元提高到了30万元、20万元和10万元，自治区科学技术重大贡献奖奖金由50万元提高到100万元。2018年，西藏自治区首次评选出杰出贡献奖，奖金为100万元；同时授予21项科学技术奖，其中一等奖4项、二等奖7项、三等奖9项，奖金分别为30万元、15万元、8万元。

20年来，各个省市在奖种设置、提高奖金额度等方面均有不同程度的变化，限于篇幅，不再一一列出。考虑到2017年国务院出台《关于改革国家科学技术奖励制度的方案》后，从国家到大部分省市均进行了不同程度的改革，这里选择2018年部分省市科技奖的评审情况来分析近年来奖励情况的变化（表5-1）。

表5-1　2018年度部分省市科技奖授奖情况统计　　单位：项

序号	地区	最高层次的奖项（数量）	自然科学奖	技术发明奖	科学技术进步奖	国际科技合作奖	其他奖项	获奖人（项目）总计
1	北京	突出贡献中关村奖（0）	20		192	国际合作中关村奖（0）	杰出青年中关村奖（0）	212
2	天津	科技重大成就奖（0）	10	12	177			199
3	河北	科学技术突出贡献奖（2）	19	19	221			261
4	山西	科技杰出贡献奖（0）	28	13	156	2	企业技术创新奖（9）	208

序号	地区	最高层次的奖项（数量）	自然科学奖	技术发明奖	科学技术进步奖	国际科技合作奖	其他奖项	获奖人（项目）总计
5	内蒙古	科学技术特别贡献奖（0）	17		94			111
6	辽宁	科学技术最高奖（0）	12	10	178	3		203
7	吉林	科学技术特殊贡献奖（1）	48	16	213	2		279
8	黑龙江	最高科技奖（0）	78	21	182			281
9	上海	科技功臣奖（0）	28	30	231	1	青年科技杰出贡献奖（10）	300
10	江苏	重大贡献奖（0）				5		281
11	浙江	科技重大贡献奖（0）	25	15	259			299
12	安徽	重大科技成就奖（2）	21		151	1		175
13	福建	科技重大贡献奖（2）	19	3	173			197
14	江西	特别贡献奖（0）	45	14	91			150
15	山东	科学技术最高奖（1）	24	13	157			195
16	河南	科技杰出贡献奖（2）						331
17	湖北	突出贡献奖（1）	27	39	230		中小企业创新奖（15）	312
18	湖南	科技杰出贡献奖（0）	48	22	150			220

序号	地区	最高层次的奖项（数量）	自然科学奖	技术发明奖	科学技术进步奖	国际科技合作奖	其他奖项	获奖人（项目）总计
19	广东	科学技术突出贡献奖（2）	22	14	133	5		176
20	广西	科技特别贡献奖（2）	23	15	108			148
21	海南		12	3	19	1		35
22	四川	科技杰出贡献奖（1）	9	5	273			288
23	重庆	科技突出贡献奖（0）	25	5	120		企业技术创新奖（2）	152
24	贵州	省最高科技奖（2）	27	8	77	1		115
25	云南	杰出贡献奖（1）	25	7	158	2		193
26	西藏	杰出贡献奖（1）						22
27	陕西	最高成就奖（2）						260
28	甘肃	科技功臣奖（0）	12	11	127		企业家奖（1）、创新示范奖（1）	152
29	宁夏	科技重大贡献奖（1）						68
30	青海	科技重大贡献奖（1）						30
31	新疆	突出贡献奖（5）						149
32	新疆生产建设兵团	突出贡献奖（5）			40	2	优秀发明专利奖（4）	51
33	澳门（两年一次）		7	6	3			16

续表

序号	地区	最高层次的奖项（数量）	自然科学奖	技术发明奖	科学技术进步奖	国际科技合作奖	其他奖项	获奖人（项目）总计
34	大连			17	82			99
35	宁波	科技创新特别奖（2）			80		科技创新推动奖（10）	92
36	厦门	科技重大贡献奖（0）			54			54
37	青岛	最高奖（1）	11	5	129	1		147
38	深圳	市长奖（2）	4	3	59		青年科技、专利、标准奖共（48）	116
总计								6577

注：①因设奖部委的情况特殊，部分奖项没有进行统计；②北京市科技奖励制度2018年进行重大改革，新设了以"中关村"冠名的3个奖项，但当年未授奖。

从2018年度部分省市科技奖授奖情况可管窥地方的科技奖励情况。不难看出，省部级科技奖励的奖项大都是按照国家科技奖的奖种进行设置的，有些地方略有变化。2018年38个地方省市共授奖6577项，其中上海、湖北授奖已达300项以上，澳门最少为16项。在统计的38个省市中有35个设立有类似于最高科学技术奖的奖项，只不过名称有差异，如科技重大成就奖、科技突出贡献奖、最高科技奖、科技功臣奖、重大贡献奖、科技特别贡献奖、科技杰出贡献奖等。省市科技奖励中有个性化的不多，但各地的奖金额度有较大差异。特别是2018年国家最高科学技术奖奖金从500万元提高到800万元后，各地的最高科技奖项的评审进入一个新的高潮。

二、省部级科技奖励特点

目前，全国有31个省、自治区、直辖市，5个计划单列市（副省级），新疆生产建设兵团设立了省级科学技术奖励，另外涉及国防安全、国家安全的部委设立了科学技术奖。自省部级科技奖励实行备案制度以来的20年间，相关省市、部委根据自身的特点，不断开创科技奖励新局面，对实施创新驱动发展战略、促进区域创新发挥了积极作用。

1. 奖励促进区域创新、推动经济健康快速发展的项目

省部级科技奖励以促进区域创新、推动地方经济发展和科技进步为目标，面向自己行业或地方的需要建立了行之有效的运行机制，发挥了政府科技奖励的宏观调控作用。

贵州省近年获奖项目中，聚焦该省的"大扶贫、大数据、大生态"三大战略，2019 年度获奖成果中，有 54 项成果聚焦三大战略，占比 50.5%；46 项成果紧扣十大工业产业，占比 43.0%；36 项成果面向人民生命健康和生态环境建设，占比 33.6%。较 2018 年，分别提升了 54.3%、39.4%、38.5%。江苏省 2019 年科学技术奖获奖项目，充分体现了该省在科技上自立自强，加快科技强省建设的成效。其中应用类项目占 80% 以上，共获得授权发明专利 1865 件，集中突破了 5G 通信测试、百兆瓦级规模化储能、复合智能故障诊断等一批关键技术，这些项目新增销售超过 1000 亿元，有效地增强了该省产业链、供应链的稳定性和竞争力。甘肃省科技专家汪宁渤针对国内外风光电面临的瓶颈问题，研发了风光电资源与运行监测网络及数据平台，研制了风光电集群"执行站—子站—主站—调度中心站"四级闭环控制系统，建设了包含 82 个风电场（1282 万千瓦）和 145 个光伏电站（807 万千瓦）国内外首套千万千瓦风光电集群控制示范工程，填补了国内外大规模新能源基地集群控制技术空白，2019 年获甘肃省科技功臣奖。可以看到，这些获奖成果在助推地方经济社会发展方面发挥了重要作用。

有些省市获奖项目立足科技前沿，技术水平高，并在国内外得到了推广转化。如浙江省中国水稻所等完成的"印水型水稻不育胞质的发掘及应用"，创造了一种从栽培稻中发掘新不育胞质的有效方法，发掘出印尼水田谷 6 号等不育胞质，为我国杂交水稻可持续发展提供了物质基础和宝贵的种质资源。2018 年获湖南省科学技术进步奖一等奖的项目"高速铁路板式无砟轨道①结构关键水泥基材料制备与应用成套技术"，推动实现高铁无砟轨

---

① 无砟轨道（Ballastless Track）是指采用混凝土、沥青混合料等整体基础取代散粒碎石道床的轨道结构，又称作无碴轨道，是当今世界先进的轨道技术。无砟轨道避免了道砟飞溅，平顺性好，稳定性强，使用寿命长，耐久性好，所需维修工作少，列车运行时速可达 350 千米以上。

道的高平顺性、高安全性和长服役寿命，成果应用于京沪等 15 条高铁工程建设。

2. 重视对科技前沿、战略性新兴产业的奖励

很多省市承担着国家重大项目的研发及重大工程建设，奖励在科技前沿取得重大突破和国家标志性工程具有重要的导向作用。2018 年，获湖南省科学技术进步奖特等奖的项目"天河二号超级计算机系统"，是面向世界科技前沿，在全球蝉联"第一"次数最多的超级计算机，突破了自主高性能微处理器等系列核心关键技术；获技术发明奖一等奖的项目"大型构件蠕变时效形性一体化制造关键技术及应用"，为我国空天运载装备大型复杂薄壁构件制造提供了变革性技术支撑，在新一代运载火箭与大飞机等研制方面起到重要作用。2018 年重庆市科技奖励注重发挥产业引领作用，突出重点产业和战略性新兴产业技术创新与应用转化，其中，大数据、人工智能、物联网、智能终端、智能制造、生物医药等领域的成果占比达到 78%，同比增长 21%。甘肃省 2018 年战略性新兴产业领域的项目有 86 项获奖，占获奖项目总数的 57%，经济及社会效益显著。2019 年获得广东省科学技术进步奖特等奖的项目"三维环境智能感知系统研发及应用"，其完成人攻克了无人系统自主导航过程中的跟踪、定位与避障难题，实现了多视觉传感器信息融合的三维图像获取、精准视觉测距、障碍物检测与躲避、场景语义分割、三维环境视觉建图、路径规划与自主导航等技术创新，成功研制出中国第一款具有自主避障能力的智能无人机，极大地拓宽了无人机的应用场景，为无人机向各行业的推广起到关键作用。截至 2018 年年底，该项目产品系列合计销售额为 95 亿元，取得了显著的社会及经济效益。山东省 2019 年获奖项目充分体现出高技术产业快速发展的特点，电子信息、高端装备、新能源、新材料领域获一等奖项目数量达到 15 项，占一等奖项目总数的 48%，这些获奖项目为促进高技术产业发展注入了强大动力。

3. 奖励促进民生和解决社会亟需热点难点的项目

省部级获奖项目对解决地方生产生活中的难点和热点，促进当地人民的健康与福祉产生了积极的作用。宁夏科技奖励注重对建设黄河流域生态保护和高质量发展项目的激励。2018 年获奖项目"生物土壤结皮形成机理、生态作用及在防沙治沙中的应用"历经 15 年，创新了我国沙害治理的理论与模式。西藏自治区近年来获奖项目聚焦"青稞增产""牦牛育肥"和全区

"七大产业"建设，积极推进高原生物、旅游文化、清洁能源、绿色工业等领域的科技创新。新疆科技奖励围绕"打造绿色丝绸之路、健康丝绸之路、智力丝绸之路、和平丝绸之路"的要求，加大对丝绸之路经济带建设、科技维稳、科技惠民、科技精准扶贫攻坚专项的激励。甘肃省近年来支撑绿色生态产业发展，获奖项目体现了这一特点。2018年获奖的"新型安全畜禽呼吸道感染性疾病防治药物的研究与应用"项目，解决了我国抗畜禽呼吸道感染性疾病防治中存在的关键技术问题，在甘肃等28个省区推广应用，产生直接经济效益3.68亿元。2019年，上海市对能源与环境技术、生物与医药技术这两个与民生关系密切的领域的奖励力度保持领先，占比分别为20.41%和19.05%。天津市重视激励社会发展中亟须解决的问题，并及时予以奖励。在2020年4月23日召开的科学技术奖励大会上，天津市在对2019年度天津市科学技术奖获奖者进行表彰的同时，还对当时出现的新冠肺炎肆虐的情况，及时颁发了抗击新冠肺炎疫情特别奖。获奖项目有"新冠肺炎中西医结合救治与创新中药宣肺败毒颗粒研制"等9项，涉及检测试剂盒、人工智能诊断、中医药等多个方面，覆盖生活预防、人群筛查、病毒检测、临床治疗等整个疫情防控链条，在疫情防控中发挥了重要作用。

4. 激励企业不断增强自主创新活力

鼓励企业成为研发的主体，掌握具有自主知识产权的核心技术是社会主义市场经济发展的客观需求。科技奖励制度改革后，地方科技奖励瞄准这一目标，在激励、推动和增强企业创新能力上下功夫，地方获奖项目客观地反映了这一特点。在上海市2016—2019年科学技术奖中，企业参与力度不断加大，在技术发明奖中，2016年、2017年、2018年、2019年企业占比分别为77.4%、76.6%、70.9%、80.0%；科技进步奖中，2016年、2017年、2018年、2019年企业占比分别为69.3%、74.4%、68.9%、72.1%。企业参与获奖项目最多的领域为资源环境，占获奖项目总数的27.65%。2018年重庆市授予技术发明奖和科学技术进步奖125项，其中由企业牵头或参与完成的有93项，占比达到74%，同比增长19%。反映出注重产学研协同创新、企业创新主体地位突出的特点。在湖南省2018年授奖的220个科技项目中，企业牵头或产学研合作完成的项目124项，占比56%；22个技术发明奖和科学技术进步奖的特等、一等奖项目中，企业牵头完成或产学研合作完成的项目有17项，占比77%。在2019年北京市授予的产业类获奖项目中，企业主持完成的项目有 56 项，占比 40.3%，作为前三完成单位的项目有 85 项，占比 61.2%。在山东省 2019 年度的 245 项获奖项目中，企业参与完成的项目占比达 65%。其中企业牵头完成的项目 102 项，占技术发明奖和科学技术进步奖获奖数的 48%，比 2018 年增长了 5 个百分点。在广东省 2019 年度奖励的 179 项科技成果中，由企业牵头或参与的项目总数达 123 项，占获奖项目总数的 68.7%。显示出企业把提高创新力作为核心竞争力，在关键技术领域攻关的能力。通过对企业完成科技成果的激励，对推动企业逐步成为科技创新的主体发挥了积极作用。

高度重视对企业自主创新成果的激励，对实施创新驱动发展战略，建立以企业为主体、以市场为导向、产学研相结合的国家技术创新体系，用高新技术产业提升和改造传统产业，推动新旧动能转换，是我国现阶段建设创新型国家的重要举措，也给我国的企业带来新的生命力。

5. 注重对青年优秀人才的奖励

人才资源是科技进步的重要因素，而青年科技人才在人才资源中占有举足轻重的地位。要加强对青年科技人才的奖励，激励和鞭策青年人才脱颖而出，对科学技术的繁荣发展提供持续的动力。近 20 年来，地方科技奖励的数据表明，青年科技人才获奖的比例大幅上升。北京市 2017 年奖励的 1514 位科研人员，平均年龄为 42.2 岁，其中 40 岁以下获奖人数为 730 人，占比 48.2%，接近半数，是建设北京成为全球影响力科技创新中心的重要力量。2018 年，湖南省 220 个授奖项目（团队）中，45 岁以下的第一完成人共有 89 人，占比达 40%。江西省 2018 年获省科学技术奖的 854 人，平均年龄为 44 岁，45 岁以下的青年人有 555 人，占比 65% 左右。上海市 2019 年获奖项目中第一完成人以 40 ~ 50 岁居多，占全部第一完成人的 40.61%；科研主力以 30 ~ 40 岁居多，占全部获奖人的 38.89%。其中有 42 个项目的第一完成人为"80 后"，最年轻的一等奖第一完成人为上海交通大学黄文焘副教授，被提名时 31 岁。广东省科学技术奖 2019 年授予自然科学奖、技术发明奖、科学技术进步奖 173 项，其中有 61 项第一完成人的年龄在 45 岁以下，占比 35%；值得一提的是，有 13 人是特等奖和一等奖的第一完成人。这些数据表明，科技人才队伍的结构不断完善，人才断层的问题已不复存在，中青年科技人员成为科技创新的大梁。

6. 奖励在技术转移、促进科技成果转化应用取得重大成效的项目

地方科技奖励不仅重视实施创新驱动发展战略取得的新成果，也对科技成果的应用转化高度重视。2012—2019 年，上海市科学技术奖授予 9 项应用技术成果为特等奖，其中 3 项是突破关键核心技术、有特别重要技术价值的技术发明奖；有 6 项是面向经济社会发展、取得重大经济社会价值成果的科学技术进步奖。四川省围绕近年提出的"5＋1"产业领域，即电子信息产业、装备制造产业、食品饮料产业、先进材料产业、能源化工产业，加上数字经济产业，加大奖励导向力度。2018 年获奖科技项目 288 项，其中"5＋1"产业领域项目达 185 项，占比 64.2%。这些项目产业化和转化效益明显，近 3 年通过直接应用或推广转化取得新增利税 2461.29 亿元。2019 年，南昌大学与江西齐云山食品有限公司合作完成的项目"南酸枣产业化关键技术和装备创新与应用"获江西省科学技术进步奖一等奖，该项目在江西齐云山食品有限公司实现了产业化应用，近 5 年实现销售收入 13.16 亿元，利税 1.19 亿元。2018 年，河北省的获奖项目体现了产学研合作、科技成果转化对地方经济转型升级的带动作用。获奖项目中，发明专利比 2017 年增加 170 件，增幅达 36.8%；这些获奖成果近 3 年产生直接经济效益达 1040.9 亿元。湖北省根据自身情况，设立了科学技术成果推广奖，2020 年授予"高危病人和重危手术围术期重要脏器保护的临床应用"等 12 项，同时还授予武汉华海通用电气有限公司等 15 家企业科技型中小企业创新奖。

当然，省部级科技奖励中还有一些需要改进和完善的地方。一是个性化不足。大部分省部级奖励按照国家科技奖励的模式，在奖项设置上相同相似的多，不能充分体现自身的特色。二是奖励体系还需进一步健全。个别地方政府设立或变相设立多项奖励，个别所属部门也存在设奖或变相设奖的现象。三是评审机制还需进一步规范，如提高科技奖励评审公正性、自我监督机制和信息安全保障等。四是激励创新人才的导向性还需进一步加强。如提名者中存在个别人搭车获奖、主要贡献者排名靠后的现象。五是在地市（局）一级科技奖励取消后，提名单位减少，面临如何提升提名项目质量与数量的问题。

第二节　社会力量设立的科技奖励

我国社会力量设立的科技奖励起源于 20 世纪初。由于历史原因，在 20 世纪 40 年代末期至 80 年代初曾一度中断。改革开放以来，社会力量设立的科技奖励经历了自由设立、科技行政部门登记审批和备案 3 个阶段。

1978—1999 年为自由设立阶段。据统计已有近百项社会科技奖，基本上是自发设立，包括博览会性质的奖励，如 1984 年设立的竺可桢野外考察奖，1986 年设立的全国发明展览会奖，1994 年设立的珠海科技重奖。

2000—2013 年为科技行政部门登记审批阶段。2000 年，根据新颁布的《国家科学技术奖励条例》，科技部负责面向全国的科学技术奖、跨国境的科学技术奖；跨省级行政区域的社会力量设立的科学技术奖的登记管理工作，由国家科技奖励办进行具体的登记审查，报科技部审批后向社会公示。这一举措得到了科技界和全社会的支持，此前设立的奖项和新设奖项的机构陆续到国家科技奖励办进行登记审批，同时规范了奖励的名称、周期、经费来源等。其间，2010 年国务院纠风办对社会力量设奖进行了梳理整顿，使社会力量设奖进一步规范。截至 2013 年 5 月底，准予登记的社会力量设奖已达 239 项（正常开展活动的有 216 项，其余的因各种原因不能进行评审或被注销），奖项几乎覆盖了科技活动的所有领域，反映了境内外社会力量从多角度、全方位对我国科学技术进步的关注和支持，初步构建起了我国社会力量设立科技奖励的体系。同时，省市地方社会力量设立的科技奖励近年也取得了较大进展，显示出勃勃生机。上海、河北、山东、浙江、广东、广西、湖南、吉林、陕西、内蒙古、新疆等省、自治区、直辖市都批准登记了社会力量设立的科技奖励，其中上海市较多，仅上海市科协就达 70 余项。除了学会、协会为主要设奖机构外，一些大中型企业、国际友人也斥资设奖。社会力量设立的科学技术奖大致分为"学术团体设立""企事业单位设立""党政军的有关部门与社会团体共同设立""境外设立国内承办""个人设立法人单位承办"等 5 种类型。

2014 年至今为备案制。2013 年 5 月，国务院决定取消社会力量设奖的行政许可，调整为备案制度。实行备案制后到 2020 年年底，符合科技部要求的备案奖项新增 60 项。根据国务院的改革方案，2017 年 7 月 7 日科技部出台《科技部关于进一步鼓励和规范社会力量设立科学技术奖的指导意见》（国科发奖〔2017〕196 号），提出紧紧围绕实施创新驱动发展战略，鼓励和规范社会力量设立科技奖励，构建既符合科技发展规律又适应我国国情的社会科技奖励制度，充分发挥社会科技奖励在激励自主创新中的积极作用，为推动科技进步和经济社会协调发展，建成创新型国家和世界科技强国注入正能量。指导意见还明确了备案制度的目标："探索建立信息公开、行业自律、政府指导、第三方评价、社会监督、合作竞争的社会科技奖励发展新模式；引导社会力量设立定位准确、学科或行业特色鲜明的科技奖，规范社会科技奖励的运行，努力提高社会科技奖励的整体水平；鼓励若干具备一定资金实力和组织保障的奖励向国际化方向发展，培育若干在国际上具有较大影响力的知名奖励。"

经过 20 年的探索和发展，科技部准予登记和备案的社会力量设立的科技奖总数已达 297 项（2021 年 3 月 22 日公布数据），差不多是 1999 年国家科技奖励制度改革前的 3 倍。据统计，2018 年在科技部备案的社会力量设奖中有 72 项开展了评审颁奖活动，授奖项目达 6900 项左右。一些新设立奖项，如"吴文俊人工智能科学技术奖""未来科学大奖""科学探索奖"等不仅顺应科技发展的趋势，满足科技人员的需求，同时在科技界和社会上产生了较强的影响力。社会力量设奖是我国科技和经济发展的必然产物，高度体现了社会各界对发展科学技术事业的关注和支持。由于大部分社会力量设奖具有授奖面小、奖励内容集中等特点，得到了科技界同行的重视，适应和满足了广大科技人员对不同层次奖励的需求。

一、社会力量设立科技奖励的登记审批及备案制

社会力量设立的科学技术奖，是指国家机构以外的社会组织和个人利用非国家财政性经费在我国国内面向社会设立的经常性的科学技术奖。1999 年科技奖励制度改革前，曾把社会力量设立的科技奖习惯地称为民间科技奖励。笔者在 1998 年曾对全国社会力量设立的科技奖励进行不完全统计，除展览会、博览会上举办的各种奖励外，全国性和地方性科学技术奖励达 100 项左右。但由于缺乏宏观指导和管理，个别社会力量设奖出现评审欠科学公正、盲目设奖，尤其是博览会性质的奖项不规范等现象。为加强对社会力量设立的科技奖励的管理，1999 年 12 月，科技部按照《国家科学技术奖励条例》制定并发布了《社会力量设立科学技术奖管理办法》（简称 3 号令）。2004 年，《行政许可法》颁布后，为配合《行政许可法》的施行，改进和完善社会力量设立科技奖励的管理，2005 年科技部启动了对 3 号令的修改工作，在广泛征求意见的基础上，于 2006 年年初发布了《社会力量设立科学技术奖管理办法》（简称 10 号令）。2017 年 7 月，科技部出台《科技

部关于进一步鼓励和规范社会力量设立科学技术奖的指导意见》，表明我国对社会力量设立科学技术奖进行依法管理步入了新阶段。指导意见有如下几个鲜明的特点。

1. 明确规定了社会力量设立科技奖励登记的备案机关

面向全国或跨国境的社会力量设立科技奖励由科技部负责监管和指导，国家科技奖励办负责日常工作；区域性社会力量设立科技奖励由承办机构所在省、自治区、直辖市科学技术行政部门负责监管和指导。各级科技行政部门要定期组织对所监管的社会力量设立科技奖励进行工作检查。社会力量设立科技奖励设立后，设奖者或承办机构应在3个月内向科技行政部门书面报告，并按照要求提供真实有效的材料。如遇变更奖励名称、设奖者、承办机构、办公场所或修改奖励章程等重大事项，应于变更事项发生后1个月内书面向科技行政部门报告。

2. 对社会力量设奖"命名"的规定

要求社会力量设立科技奖励的名称应当确切、简洁，与其设奖宗旨相符合。面向全国和面向地方设立的社会科学技术奖，不得在奖励名称前冠以"中国""中华""全国""国家""国际""世界"等字样；带有"中国""中华""全国""国家""国际""世界"等字样的组织设奖并在奖励名称中使用组织名称的，应当使用全称。不得使用与国家科学技术奖、省部级科学技术奖或其他已经设立的社会科技奖励、国际知名奖励相同或容易混淆的名称，如中国物理学会设立的奖项，不能叫"中国物理奖"，可以叫"中国物理学会奖"。社会力量设立科技奖励的名称可以用所涉及的奖励范围命名，如"青藏高原青年科学技术奖"等，也可以用科学家或设奖者的名字命名，但设奖的名称不能重复。社会力量设立科技奖励的名称如出现商标争议的，应当按照《商标法》的有关条款处理。

3. 设立社会科技奖励的条件和要求

社会力量设立科技奖励应当科学设置奖项，按照一定的周期连续开展授奖活动并具备以下条件：①设奖者具备完全民事行为能力；②承办机构是独立法人；③资金来源合法稳定；④规章制度科学完备；⑤评审组织权威公正。例如，在规章制度方面，要制定奖励章程，内容包括明确奖励名称、设奖目的、设奖者、承办机构、资金来源等基本信息；明确奖励范围与对象，重点奖励重大原创成果、重大战略性技术、重大示范转化工程的突出贡献者，重点鼓励青年科技人员；明确评审标准、评审程序及评审方式；设立奖励等级的，一般不超过三级；明确奖励的受理方式，鼓励实行候选人第三方推荐制度；明确争议处理方式和程序，妥善处理争议；明确授奖数量和奖励方式，鼓励实行物质奖励与精神奖励相结合的奖励方式。

4. 规范社会力量设立科技奖励的行为

社会力量设立的科技奖励要坚持公平公正公开的原则，接受社会的监督，防止评审过程中出现以赢利为目的、拉关系、窃取他人技术秘密、贪污受贿等腐败和不良现象。社会力量设立的科技奖励应当在相对固定的网站如实向全社会公开奖励相关信息，包括奖励章程、资金来源、设奖时间、设奖者、承办机构及其负责人、联系人及联系方式等，及时公开每一周期的奖励进展、获奖名单等动态信息。自觉履行维护国家安全的义务，凡涉及关键技术、生物安全、人文伦理等有关国家安全和社会高度敏感领域的奖励，应当向科技行政部门报告，经科技行政部门核准后方可开展奖励活动。鼓励专业化的第三方机构对社会力量设立的科技奖励进行科学合理、信息公开的评价，逐步建立科学公正的社会科技奖励第三方评价制度。

5. 对社会力量设立的科技奖励进行监督管理

社会力量设立的科技奖励不得利用国家财政性经费或银行贷款作为奖金，经费可以由设奖者的合法经营所得解决，也可以来自境内外组织和个人的捐赠。同时要求资金的使用与出资者相对独立，对建立基金的设奖者，应当同时符合《基金会管理条例》。鼓励新闻媒体、社会公众对社会力量设立的科技奖励进行监督。对于在管理过程、评审结果等出现争议并引发不良影响的奖励责令限期整改；对于不及时整改或存在其他造成不良社会影响情况的，予以警告批评；对于存在违规收费、虚假宣传等严重违反设奖基本原则行为的，予以公开曝光；对于存在违法行为的，通报有关部门依法查处并坚决予以取缔。

此外，由于社会科技奖励设奖的自主性强、命名宽泛、奖励领域较广，可涉及青少年、管理科学、标准等方面的奖励。但非科技领域的奖励，如人文社科的奖励不属社会力量设立科技奖励的管理范围。社会力量设立科技奖励的备案及奖励活动的具体要求按照 2017 年 7 月科技部出台的《科技部关于进一步鼓励和规范社会力量设立科学技术奖的指导意见》执行。

二、社会力量设立科技奖励的特点和作用分析

与政府设立的科技奖励相比，社会力量设立的科技奖励似乎没有政府科技奖的权威性和吸引力，但一些社会力量设奖机构在学术或行业领域内的权威性，得到了该学科领域科技人员的认同，成为政府科技奖的有力补充，在推动行业科技进步中发挥着越来越重要的作用。

1. 社会力量设奖的特点

社会力量设奖实施登记管理与备案 20 年来，在依法奖励方面迈出了新的步子，运作和管理方面日臻成熟，归纳起来主要有如下特点：

一是严格管理依法奖励。通过对社会力量设奖的登记、备案等工作，规范了社会科技奖，消除了以前社会奖项繁多、鱼龙混杂的情况，确立了社会科技奖的社会地位，保护了社会力量设奖的合法性。同时绝大部分社会力量设奖单位按照《社会力量设立科学技术奖管理办法》进行推荐、评审、颁奖和宣传，在激励科技人才、促进自主创新、推动竞争与合作等方面产生了积极的作用。这表明，我国社会力量设立科技奖励的工作已初步走上规范化、制度化的轨道，正在健康有序地向前发展。

二是社会力量设奖以奖励科技人员和奖励项目并重，突破了政府奖以奖励项目为主的模式。从科技部批准的奖项看，全国性科技奖励中以科技人员为奖励对象的奖项占设奖总数的五成以上。其中，直接奖励中青年科研人员的有 10 余项，奖励少年儿童的有 3 项。这些奖项的设立，不仅在奖励对象上符合国际科技奖励发展的趋势，也充分体现了以人为本的思想，充分反映出对青年科技人员和青少年创造发明的重视，如共青团中央和全国青年联合会设立的"中国青年科学家奖""中国青年科技创新奖"，以奖励青年科技人员为主，在我国青年科技人员中树立了很高的声望。

三是奖励的范围和领域多元化。从奖种来看，社会力量设立的奖种多、涵盖面广，涉及几乎所有科学技术领域，并延伸到很多行业领域，年龄上涉及老、中、青、少，如"钱伟长中文信息处理科学技术奖"，奖励人文学科与信息技术结合的项目；"中国管理科学学会管理科学奖"，奖励在国内管理科学方面有重要贡献的专家和研究项目；"中国防伪行业协会防伪科学技术奖"，奖励防伪技术成果；"中照照明奖"，奖励在节能降耗照明灯具方面的成果；"大北农科技奖"，奖励在饲料开发等方面的成果和科技人员；

"方达国际五金科技奖"等奖项，则奖励国内外的科学家，将奖励视野拓展到了国际；而"高士其科普奖"则突出对青少年科学思维和创新精神的表彰，奖励内容涵盖了数学、物理学、化学、计算机、植物学，乃至人类具体生活中的问题，有力地配合了素质教育和创造性能力的培养，在广大青少年中具有较大的影响力。

2. 社会力量设奖的作用

社会力量设奖虽然目前没有政府科技奖的权威和声望，但对推动我国科技和经济发展的作用是重大的，其主要作用有：

一是推动了学科和行业领域的科技进步，调动和发挥了社会团体、企业和个人支持科学技术发展的积极性。通过参与、宣传鼓励、资金支持等方式，为社会力量设奖提供了成长的肥沃土壤，奠定了良好的运行基础。在部级科技奖励取消后，一段时间内曾出现了行业科技奖励评审空白，而以行业学会、协会为主体的社会力量设奖不断增加和完善，弥补了奖励资源的不足。从科技部批准的面向全国和跨省区的社会力量设立的奖项看，自2000年以来到2020年年底共批准和备案322项，仍在运行的奖项数量为297项，其中原批准登记的为237项，后备案的60项。设奖主流是全国行业协会和学会，占总数的67.2%；基金会设立的奖项约占13%；个人、公司和院所设立的约占20%。全国性协会和学会是我国某一学科或行业的最高学术团体，评出的奖项代表了该学科或行业的水平，在本学科行业领域具有较高的声望。这些奖项的设置，更好地适应了国家科技奖励制度改革后科技人员对不同层次科技奖励的需求，对激励不同行业和领域科技人员的创新精神，促进其学科和行业的科技进步无疑产生了很大的推动作用。

二是丰富了我国科学技术奖励的内容和体系。绝大多数社会力量设奖以其鲜明的特色、规范的运作，赢得了良好的社会声誉，丰富了我国的科技奖励内容，在构建我国科技奖励体系中发挥了重要的作用。例如，中国科学院和中国银行出资设立的"陈嘉庚科学奖"，在数理科学、化学科学、生命科学、地球科学和技术科学每个领域每届只奖一人，奖金30万元；又如，"中国汽车工业科学技术奖""湖南省袁隆平农业科技奖"等奖项，独具特色，在行业和学科领域中形成了自己的特色和声望，在社会上树立了品牌和形象。特别是西部几个省区社会力量设立的科技奖励，对促进西部地区的科技进步、弥补和平衡该地区奖励资源产生了积极影响，丰富和健全了国家科技奖励体系。实践表明，绝大多数社会力量设奖以其鲜明的特色、规范的运作赢得了良好的社会声誉，达到了对不同行业、不同层次科技人员激励的目的，充实和完善了我国的科技奖励体系。

三是部分社会力量设奖具有公正公平的评审机制，专家队伍水平高，评出的项目（人）在科技界有较高的权威性，在社会上具有很好的公信力。例如，中国工程院设立的"光华工程科技奖"，分为"科技成就奖""工程科技奖"两类，前者每届授予 1 人，奖金为 100 万元；后者每届授予不超过36 人（中国工程院每个学部评审各不超过 3 人，港澳台地区评审不超过9 人），奖金 20 万元。自 1996 年设立至 2020 年，先后有 301 位中国工程院院士和工程技术专家获奖。"光华工程科技奖"在两院院士大会上颁发，因此被科技人员称为"两院的最高奖"。其他的科技学会、行业协会，如中国发明协会、中国农学会、中国土木工程学会、中国数学会、中国物理学会、中国化学会、中国质量学会、中国电机工程学会、中华医学会、中国汽车工程学会等，以及中国建筑股份有限公司，铁路工程、铁路建筑、包装、冶金、机械、三峡等领域中央大企业设立的科技奖，具备提名国家和省部级科学技术奖励的资格，提名项目中有不少项目获得国家科技奖，为国家科技奖励的发展注入了活力。

四是促进了社会力量科技奖各奖项管理机构间的相互学习和交流。通过研讨会、交流会等多种形式的活动，扩大了社会力量设奖的影响，树立了较好的信誉。有些社会科技奖在设立时就以高起点、创品牌为目标，不断提高授奖质量，得到了科技界的肯定和认同。例如，由香港人何善衡、梁俅琚、何添、利国伟先生各捐资 1 亿港币在香港成立的"何梁何利基金"，在境内设立了"何梁何利基金科学与技术奖"，分为成就奖、科技进步奖、科技创新奖，奖金分别为 100 万港币、20 万港币和 20 万港币，奖励在长期致力于推进中国科学技术进步方面贡献卓著，并取得国际高水平学术成就的中国公民。至 2020 年该奖已连续举办了 27 届，授奖科技人员达1414 人。国内著名科学家王大珩、王淦昌、钱学森、彭桓武、朱光亚、钱伟长、苏步青、叶笃正、侯祥麟等都获得过成就奖。2020 年，基金会将成就奖授予了著名医学专家钟南山院士和敦煌研究院名誉院长樊锦诗研究员。这些社会力量科技奖，在行业和学科领域闯出了自己的品牌，在社会上树立了良好的形象。

从现实情况看，社会力量设立科技奖存在的问题和面临的困难有：一是规模、水平参差不齐；二是个别设奖机构运行经费困难，评奖工作难以为继；三是大部分奖项影响力较小，科技界关注度不高；四是各自为战，相互学习交流机会甚少。

总之，我国社会力量设奖的主流是好的，对促进行业乃至全社会的科技进步发挥了越来越重要的作用。部分社会力量设奖通过自身科学民主的奖励机制、鲜明的个性和行业优势，以及学科覆盖面广、奖励对象广泛、奖金额度大等特点，在科技界有着较强的吸引力，引起了全社会的关注，填补了行业科技奖励和政府奖没有关注领域（青少年科技奖励、科普奖励、人文与社会科学结合的领域）奖励的空白，同时满足了不同层次科技人员对科技奖励的需求，对形成政府科技奖与社会力量设奖互补的基本格局等起到了不可替代的作用。实践将进一步证明，不断走向科学化、规范化和法制化轨道的我国社会力量设立的科技奖励必将在推动我国科技创新中发挥越来越重要的作用。

三、关于社会力量设立科技奖励的几点思考

我国社会力量设奖日趋活跃，奖励的覆盖面进一步扩大，出现了新的特点和发展势头。社会力量设奖是对国家科技奖励的一种有效的补充，丰富和完善了科技奖励体系，进一步增强了科学技术的影响力，为全面建设小康社会提供科技、人才和智力支撑产生了积极的作用。特别是 2017 年 5 月 31 日国务院办公厅《关于深化科技奖励制度改革的方案》出台后，要求"国务院其他部门、省级人民政府所属部门、省级以下各级人民政府及其所属部门，其他列入公务员法实施范围的机关，以及参照公务员法管理的机关（单位），不得设立由财政出资的科学技术奖"。地市（司局）一级政府部门不设奖后，给社会力量设奖的创新发展带来了新的机遇。另外，社会力量设奖有待进一步规范，在奖种上要多元化，在奖金上要得到社会各方的大力支持，才能抓住机遇、发展壮大，产生更大的影响力。

1. 加强对社会力量设奖的指导与监督

从目前了解的情况看，除巴西政府外，没有其他国家对本国的社会力量设奖进行管理。我国社会力量设奖虽然经历了从登记审批到备案管理，但在实际运行中，社会力量设奖仍存在一些问题和不足，主要有以下几个

方面：一是个别奖项不严格按照所登记的奖励范围开展活动，夸大宣传，超越权限违规运作；二是个别设奖单位在评审过程中采用各种借口违规收费；三是个别设奖单位在开展奖励活动后，未在规定的时间内去申请备案；四是部分社会力量设奖奖励力度不大，信誉度不高，影响力较弱。因此，在备案时加强审查的同时，对已备案的社会力量设奖的运行情况进行跟踪、考核监督非常必要，以促进社会力量设奖严格按照《科技部关于进一步鼓励和规范社会力量设立科学技术奖的指导意见》健康有序地发展。目前，应不断改进考核办法，深入各设奖机构、提名单位和获奖者部门开展调研，加强考核工作，以便发现问题，提出解决的办法，积累管理经验。

2. 为社会力量设奖创造各种便利条件

社会力量设奖是世界各国都存在的现象，从设奖数量上看，社会力量设奖的奖项占了整个科技奖励体系的90%以上。我国社会力量设奖从数量上来看已形成了科技奖励的"大家族"，影响力在逐年上升，其中部分社会力量设奖因其较好的品牌和形象，得到了行业和社会的承认。但我国社会力量设奖影响力与政府奖比较还相对较弱，这不仅与科技界的认可程度有关，也与对社会力量设奖从登记管理到备案后管理强度的减弱有关。因此，在加强管理的同时，应该积极引导，大力扶持，为社会力量设奖创造一定的政策环境。笔者认为，一是要定期开展各种交流和培训，传播先进的运行方式，提高评审工作的质量和效益，提升管理人员的工作水平和素质。二是为社会力量设奖提供展示舞台，如将部分运行规范良好且具有一定声望的社会力量设奖机构适时纳入国家科学技术奖提名的单位，提高社会力量科技奖设奖者的积极性和热情。三是为社会力量设奖营造良好的政策软环境。例如，国家目前的税收政策中规定获得国际奖项、国家奖励和省部级政府奖励的公民可以减免所得税，而对社会力量设奖获得者的奖金和捐赠款保留税收。因此，有关部门应该协商制定相关政策，力争使社会力量设奖获得相同的待遇，特别是那些奖金不高的社会力量设奖。总之，通过正常的方式，使社会力量设奖形成良性循环，不断发展壮大。

3. 社会力量设奖的领域和规模

从国外的情况来看，政府科技奖励的奖项与民间奖项的比例大约在1∶30。德国各级政府奖励20余项，而社会力量设立的科技奖在600项左右，其比例为1∶30。印度政府奖与社会力量设奖比例在1∶10左右。美国这一比例更高，如美国科学促进会、国家科学院和国家工程院设立的重大奖励就有 30 多项，各州政府和 260 多个全国性学会设立的科技奖励无法统计，仅美国化学会设立的科技奖励就达 61 项。那么，我国社会力量设奖的规模应该多大比例合适呢？笔者认为这个比例应该根据国情来定。

目前，我国国家科技奖励有五大奖种，涉及科学技术的各个领域；设立科技奖励的省市（包括计划单列市）、部委不超过 50 个；在科技部备案的面向全国的社会力量设奖目前为 297 个。虽然看上去有了质和量，但相对全国 8000 万名左右的科技人员、每年从事研发的 400 多万名研究人员来说，还是略显不够，特别是地县级以下基层科技人员获得科技奖的机会更是微乎其微。因此，一方面要把面向全国的社会力量设奖做好做强；另一方面有必要加强省、市、地、县级社会力量设奖，引导境外有识之士在国内设奖。同时，也要有一个度，如果社会力量设立的科技奖大于一定比例，将会造成管理成本过高、科技奖励过多而失去了奖励的应有之意，同时影响到政府奖励的权威性。如果小于一定比例，社会力量设立的科技奖难以满足不同层次科技人员对激励的需求，处于中下层的科技人员得不到奖励，科技奖励变得"紧缺"，就会影响到整个科技奖励系统的运行质量。特别是在省级人民政府所属部门、省级以下各级人民政府及其所属部门科技奖励取消的情况下，适当增大社会力量设奖的规模是很有必要的，如广东省佛山市高新技术协会 2019 年及时设立了高新技术奖，以填补市政府科技奖励取消后的空白。因此，各级政府科技行政管理部门要积极引导社会力量设奖，关注设奖的多元化和多层次性，奖励那些政府科技奖难以关注到的领域和基层科研人员，推动社会力量设奖跃上一个新台阶，迎来新的局面。

第六章
国外科技奖励

国外科技奖励有着久远的历史，可以追溯到古希腊、古埃及和古巴比伦对古代工匠的奖励。这些国家与中国曾是世界文明的源头，也是国外科学技术发展的起点和科技奖励的源头。因此，探索国外科技奖励的演变和形态及理论方法，对了解社会对科学技术的关注和支持，以及科技奖励对社会的反馈作用具有一定的意义。

第一节　国外科技奖励的起源与发展

15世纪前，国外的科技奖励也是一种非制度化的方式。由于这方面的资料很有限，笔者仅进行简单叙述。

一、非制度化科技奖励时期

古希腊对那些杰出的诗人加冕桂冠，可以说是西方在文化领域设置的最早的奖励。在古埃及传说和记载中，从简单的凿石营造到修建巨大的金字塔，都反映了当时科技在几何学、天文学和工艺建筑方面所达到的高度。通过科技奖励的视角，我们可以看到科学与技术分别对早期文明的推进。传说中的印河忒普（Lmbtop）、土凯恩（Tubatcain）和第达勒斯（Dddalua）等一些著名的工匠，他们曾制作发明了一些新奇的工具，因而得到国王的奖赏。古巴比伦的一些卓越的工匠，可以享受自由民的地位，还能从奴隶主那里获得器物与奴仆的赏赐。但那时的奖励也明显带有等级的意味。获得奖励的科学家属于社会上层，被列入贵族阶层；对工匠的奖励，只不过是对上等的奴隶的奖励。古希腊人直接继承了古埃及、古巴比伦的古老文化与科学技术。在比较短的时间内达到奴隶制科学技术的高峰，也推动了科技奖励的发展，如亚历山大里亚时期一位博物学家因学术成就而受到托勒密王朝的嘉奖；阿基米德因发现浮力定律得到了叙拉古国王的奖励。

公元前 7 世纪至公元前 2 世纪，古希腊成为欧洲科学文化的中心。这时，出现了一批被人们赞誉为"智者"（Sophistes）的人。智者的本义是指那些在占卜、预言方面才能卓越的人、竞技优胜的人、建筑师及有一技之长的人，当时在建筑业方面已经有了奖励，除对工匠的赏赐外，对设计和建造精美建筑的建筑师授予"国师"荣誉称号。公元前 343 年，亚里士多德被马其顿王腓力蒲聘为其 14 岁王子的教师，这位王子就是后来的国王亚历山大，亚里士多德的思想对亚历山大影响很大。后来，亚历山大资助并奖励科技事业，造就了亚历山大时代科学的辉煌。

公元前 1 世纪左右，古罗马帝国建立，它继承了古希腊的文化与科学技术，形成了辉煌的希腊罗马文明，特别是在托密勒时代的前后 400 多年时间里，出现了像赫拉克利特（Herakleitus）、毕达哥拉斯（Pythagoras）、苏格拉底（Socrates）、柏拉图（Plato）、亚里士多德（Aristot）、欧几里德（Euclid）、阿基米德（Archimede）等一批古代著名科学家。他们的研究活动得到了国家的资助和奖励。这时的科技奖励以"命名法"形式出现，人们自然地把那些科学研究的先行者与他们的发现和发明联系起来，如毕达哥拉斯定理、阿基米德浮力定律等。命名形式的奖励是人们为纪念那些创造者，以口碑的形式承认并记录下他们的贡献。这种奖励具有持续性，对后续者具有强大的精神推动力，是历史上最为悠久、最持久的奖励方式。

随着罗马帝国的崩溃，欧洲文明在一段时间内出现了停滞，甚至衰弱。在欧洲封建社会开始的 400 年间，农业、手工业不发达，自然经济占统治地位，生产力低下和宗教神学的统治，使欧洲从 5 世纪到 11 世纪的科学技术没什么大的建树，科技奖励也没有多大的发展。

到了 12 世纪，在商品经济发展较早的欧美国家，科学技术出现了新的苗头。这时，技术发明被视为财富，被看作商品。人们看到新技术发明可以使产品有更多功能和优良品质，能够在市场竞争中取胜，于是官方的一种激励方式——专利制度产生了。这是统治者通过授予专利权的方式对技术发明予以承认和保护，专利制度对创造者的激励作用巨大，对促进技术的发展功不可没。

中世纪后期和文艺复兴前期，随着从事科学研究人员的增多和社会对科技需求的增大，科学技术研究开始形成群体探究的特点。特别是从 15 世纪意大利文艺复兴运动开始，科学团体和组织与其他社会建制一样，受到了社会的推崇。科学研究建制化的趋势为制度化科技奖励的诞生培植了沃土，是现代制度化科技奖励的前奏。文艺复兴时期出现了许多专门从事科学理论研究的多能者，如达·芬奇就是一位"集手工艺者、工程师、艺术家和学者于一身的人"。科学教育这时也开始在大学中从外围和从属位置变得重要起来，科学家也逐渐成为一种稳定的职业。与此同时，学会和科学学派也开始涌现。另外，那时欧洲正处于黎明前的中世纪，基督教会垄断着全部文化和科学知识，新出现的科学成果不仅难以获得赞赏奖励，反而不合教义的思想都会遭到禁止，一些与神学相悖的科技书籍被烧掉，违背教义的科学学说遭到封杀。但并非所有的君主都拒绝一切科学技术，像查理大帝和阿尔弗烈大帝曾奖励过科学技术成果。

西方古代科技奖励同样是一种非制度化的奖励，国家对科技的奖励主要体现为皇权统治的需要，或者是满足统治者的爱好，创造者获奖具有随机性等特点。科技奖励所依据的不是科学的特有规范，而是整个社会的规范，这种非制度化的奖励可看作科学奖励起源的内在因素。

二、制度化科技奖励的出现

随着 15 世纪意大利文艺复兴运动的兴起，近代科学开始萌芽。在德国，采矿、冶金、印刷业和商业贸易的发展，推动了近代科技的繁荣；在西班牙和葡萄牙，海上探险活动及哥伦布发现新大陆，促进了天文学、数学和力学的迅速发展。到了 17 世纪，科学研究的对象、方法和作用都发生了急剧的变革，这场变革的最大特点是把学术知识与技术创造结合起来，从培根（Bacon Francis）到牛顿（Newton），从蒸汽机到电动机，无论是科学上的杰出人才，还是对生产力有巨大促进作用的应用技术，都得到了社会的普遍重视。科学探索风气日盛，科学家自发地走到了一起，探讨自然现象，搞技术发明，从而导致了近代科学技术革命。随着时间的推移，科学技术活动进入了初步体制化阶段，开始出现了有组织的科研机构，并得到政府的重视，正如美国科学社会学家默顿所说："科学变得时髦起来。"查理二世本人对化学和航海颇感兴趣，从而树立起榜样。鲁珀特王子称赞自然哲学事业并躬亲这类活动。人们开始认为，如果一个"有文化的绅士"忽视科学的"魅力"是近乎反常的事了。科学的"魅力"为社会的进步助了一臂之力，这个时期英国的文人骚客对杰出科学家和科学本身都大加歌颂。一些显贵名流对科学的赞助，为科研提供了资金，并提高了科学的社会名望，科学跃升到社会价值体系中受人高度尊重的位置，从而引导着更多人从事科学研究。当英国皇家学会拒绝接收商人约翰·格龙特为会员时，查理严厉提出训责，他宣布："如果他们再发现任何这样的商人，必须统统接纳，不得再生是非。"

最重要的是科学建制的进一步发展。1657 年，意大利创立了齐曼学社；1660 年左右，英国皇家学会的前身——无形学院（Invisible Society）创立，为 1662 年 7 月 15 日成立英国皇家学会做了准备；1666 年巴黎科学院成立；1672 年德国创办了实验研究学会。……值得一提的是，作为当时世界科学中心的英国，皇家学会成立后便体现了一种海纳百川的学术精神，提出新知的人和促进学会发展的人，都可以入会。木匠的儿子约翰·哈里森，是一位著名的仪器钟表商，被接纳入会后研究成果频出，1749 年因改进航海表而获得科普利奖。科技人员在英国的社会地位开始提升，如牛顿于 1688 年成为英国国会议员，并被授予爵士称号，担任造币厂厂长、皇家学会主席等显赫职务。与此同时，欧洲很多国家先后成立了科学院，并出现了民间科学学派，比较典型的有医药化学学派、牛顿学派、笛卡尔学派，他们创立新的学说、孕育新的理论，为科学的发展培植新的生长点。正是科学建制的出现和不断完善，为科技奖励制度的产生创造了条件，特别是科学追求理性、尊崇逻辑，也为科技奖励的科学公正评审奠定了基础。

科学体制化的初步出现，像其他社会建制一样，科技奖励的产生也就成为必然。随着科学研究活动日益被社会认可并开始建制化，考虑到对科学家角色进行内部评价和控制的需要，奖励学术、奖励学位的制度开始酝酿，如授勋形式的表彰等，促进了科学技术在国家之间的交流。

在科技奖励史上最具里程碑意义的是 1731 年英国皇家学会设立的世界第一个具有制度化性质的科技奖励——科普利奖，奖励在物理、生物学方面做出突出贡献的科学家，每年奖励一次，交替在两个领域进行。奖章为银质镀金，同时奖励现金 100 英镑。该奖的基金来源于英国皇家学会高级会员科普利爵士的遗嘱捐赠。科普利奖的评选工作由英国皇家学会理事会负责。值得我们深思的是，该奖在评审之初，就考虑到了能保证评选公正性的措施，如实行回避制度，规定学会理事不能作为科普利奖候选人。此外，科普利奖对获奖人的国籍、种族、获奖成果完成的时间都没有任何限制，一个人可以重复获奖，但不授予已逝世的科技人员。作为制度化奖励起源的标志，科普利奖的影响不言而喻。

科普利奖开创了制度化科技奖励的先河，但非制度化奖励与制度化奖励仍持续并存了一段时间。例如，法国在科普利奖设立后开始运行法国年度征奖（Annual Prix），1795 年路易十六世赐给法国著名物理学家查理（Harlis）养老金和公寓。在奖励形式上，命名法占有一席之地，还出现了以杰出科学家的名字来命名的奖励基金制。又如，伏特、瓦特、安培、愣次等创立的学说和科学原理被冠以他们的名字；一批杰出科学家的名字成为奖金和奖章的尊号，如罗巴切夫斯基国际奖金、史密斯奖章等被沿用下来。同时也出现了跨国的科技奖励，如 1808 年英国科学家戴维（Dave）因电化学上的发现被拿破仑授奖。

英国皇家学会继科普利奖后，相继设立了其他科学奖，推动制度化科技奖励迈向新的阶段。例如，1825 年设立女皇勋章，每年颁发 6 枚，其中两枚颁发给在基础研究和应用研究方面的杰出人士；1877 年设立戴维奖章（Davy Medal），每年奖励在化学领域的分支学科做出重大发现的科学家；1882 年皇家地理学会设立了巴克奖（Back Award）；1890 年皇家学会设立了达尔文奖章（Darwin Medal），奖励生物学领域的杰出成就，获奖者国籍不限，授予银质奖章和 200 英镑的奖金。……如今，英国皇家学会颁发的奖章和奖金多达 16 项，另外还有 9 项讲座奖金。

从英国发祥的制度化科技奖励，迅速在各国开花结果。到 19 世纪，制度化科技奖励日臻完善。1816 年，法国国家科学院恢复并出资设立年度"大奖"（Grand Prix），其后又增设了若干由私人捐设的科学奖金，称为普通奖金（Common Prize 或 Prix）。1872 年，美国土木工程学会设立了该会的第一个奖励诺尔曼奖章，成为美国最古老的科技奖励之一。1881 年 12 月，日本在大政官布告第 63 号中公布了国家褒章（即奖章）制度。国家褒章制度分为紫绶（指奖章的绶带是紫色的）、蓝绶和黄绶 3 种（现发展为 6 种）。《褒章条例》中规定，蓝绶褒章的获得者必须是"在学术技艺上有发明改良著述，在教育卫生慈善防疫事业，学校、医院建设有贡献等"；1875年，日本第一次设置勋等赏牌（即现在的旭日章），1876年又增设了各种勋章。1894年，德国工程师协会设立了GRASHOF纪念币奖励……随着各种制度化科技奖励的声名鹊起，科技奖励从显示君王和达官贵族的权力象征的上层科学组织来举办（如当时的英国皇家学会和法国国家科学院），开始走向民间，逐步成为一种社会性的激励制度。

从17世纪以来到19世纪的100多年间，近代制度化科技奖励成功地扩展到不同的科技领域，逐步走向黄金时代。在科技奖励的体制上，除了政府奖，大学、科学院、民间学术团体和企业组织的科技奖占了主体，如英国皇家学会、法国巴黎科学院、俄国彼得堡科学院、德国柏林科学院，以及一批著名大学，都先后设立了对科技类论文和成果授予奖励与奖章的制度，使大批科学家获得殊荣。在奖励内容上，精神奖励与物质奖励并行并重。精神奖励有学术职位和荣誉称号，甚至被授予爵士或勋爵；物质奖励包括奖金、金质奖章或贵重物品等。同时，由于学会、学派的规模、影响和声望不同，他们所设奖励在社会上的影响也是不同的。例如，英国皇家学会的奖励位于顶层，丹麦哥本哈根学派的影响远超其他学派，其他奖励相对层次较低，在奖励上出现了初步的金字塔式的社会分层。为确保科学活动在推动经济发展中的作用，除了科学家的努力之外，统治者在建章立制上也做出各种努力，把科学活动导向社会所需要的领域，以保障科技活动的持续进行，以及回馈资助者可能享有的合理经济权益。制度化科技奖励的特点和生命力在于：一是有由科技界共同体制定的严格的评审程序，避免了非正常、越轨奖励，保证了奖励的公正性和权威性；二是这种奖励具有周期性，对奖励范围、标准和周期等做出了规定；三是精神奖励和物质奖励结合，有奖品奖金；四是授奖典礼隆重热烈，有的甚至邀请政要和学术泰斗出席。这些奖励所特有的规范，相比于中世纪以前奖励的随意性和依据统治阶级的喜好，显然是巨大的进步。

经过18世纪、19世纪的发展，科技奖励已成为科学技术建制中的重要内容，形成了一定的传统和规范。有的设奖组织机构有了专职人员，建立起自己的基金，制定了运作程序。可以说，几乎在科学技术活动的每一个领域，都有了奖励制度的保证，科技奖励已成为科技进步的内在要素和动力之一。

第二节　20 世纪国外的科技奖励制度

20 世纪是人类历史上一个独特的世纪：一方面战争频仍，两次世界大战给人类带来了巨大的灾难；另一方面科学技术迅猛发展，给人类带来了新的物质文明。在科技奖励方面，与 19 世纪以前相比，在世界范围内奖项数量大大增加，由原来的 100 项左右发展到数千项，奖励强度大幅增长，可谓异彩纷呈、亮点频现。奖励科技进步、奖励杰出科学家成了全球鼓励科技发展的心声。

一、诺贝尔奖等重大奖项对世界科技奖励发展的推动作用

20 世纪初，科技奖励史上最重要的事件是诺贝尔奖的设立。诺贝尔在 1896 年逝世前签署的遗嘱中，规定将遗产作为基金来奖励在科技上做出巨大贡献的全球科学家。诺贝尔奖 1901 年正式颁奖，每年颁发一次，颁发奖金、一枚金质奖章和一张荣誉奖状。诺贝尔奖奖金的额度自颁发以来增长很大，从最初的 3 万美元左右达到目前的近 100 万美元。120 余年来，随着获奖精英人才的辈出和获奖成果对推动人类文明进步的巨大影响，诺贝尔奖不断地散发出诱人芬芳和无穷魅力，已成为最具权威性的国际大奖。美国的哈·朱克曼教授赞扬诺贝尔科学奖获奖者是"科学界的精英"。诺贝尔奖设立 100 周年时，共奖励了全球 28 个国家的 475 名科学家。

诺贝尔奖的出现，标志着科技奖励进一步规范化、国际化。无论是欧洲，还是北美大陆，乃至其他国家和地区，都纷纷仿效设奖。那些奖项，不仅是国家科技水平的展现，也是世界科技发展的一面镜子，反映了科技发展的脉络和走向。例如，在诺贝尔奖首颁之年，英国皇家学会设立了旨在鼓励数学研究的思尔维斯特奖章（Sylvester Medal）；1902 年，德国化学协会设立了在德国很有影响的霍夫曼奖金（Hofmann Prize）；1925 年，国际航空联合会为推动航空事业的发展，设立了国际航空联合会奖最高奖——航空金质奖章（FAI Gold Air Medal）。

因诺贝尔奖的影响，20 世纪设立的奖项中有不少自称"某学科领域的诺贝尔奖"的重大奖励。例如，1936 年国际数学同盟（IMU）首次颁发了菲尔兹奖。该奖包括奖章、证书和奖金（1500 加元），要求获奖者年龄不超

过 40 岁，每 4 年颁发一次，每次不超过 4 名。由于获奖难度大，被誉为"数学界的诺贝尔奖"。菲尔兹奖的设立，弥补了诺贝尔奖没有数学奖的遗憾。1944 年，被誉为"现代广告之父"的美国著名广告经理人、慈善家阿尔伯特·拉斯克（Albert Lasker）及其夫人玛丽·沃德·拉斯克（Mary Woodard Lasker）共同创立有"美国的诺贝尔奖"之称的"拉斯克奖"（Lasker Award），旨在表彰在医学领域做出突出贡献的科学家、医生和公共服务人员。该奖 1946 年首颁，每年奖励基础医学和临床医学研究领域各两人，奖金为 2.5 万美元。1996 年又增设了医学特别成就奖和公共服务奖。70 多年来，获奖者中有 80 余人相继获得了诺贝尔奖，因此，拉斯克奖被看作诺贝尔奖的"风向标"，如我国医学家屠呦呦 2011 年获得拉斯克奖，2015 年就获得了诺贝尔生理学或医学奖。1966 年，为推动计算机的研制和创新发展，由英特尔公司发起，世界计算机协会（ACM）设立了有"计算机领域的诺贝尔奖"之称的图灵奖（A. M. Turing Award），以纪念计算机科学之父英国籍计算机专家图灵。该奖每年授予 1~2 名专家，奖金为 10 万美元，在世界科学界产生了很大的影响。1976 年，以色列设立了面向国际的沃尔夫奖（Wolf Prize），奖金来自沃尔夫及其家族 1000 万美元的捐赠基金。该奖设有数学、物理、化学、医学、农业、艺术 6 个奖项，每年颁发一次，奖金为 10 万美元。由于诺贝尔奖中没有数学奖和农学奖，而菲尔兹奖奖金较低且只授予 40 岁以下的年轻数学家，沃尔夫奖中的数学奖尤其引人注目，被誉为"数学领域的诺贝尔奖"。1980 年，瑞典皇家科学院设立格拉芙奖，授予数学、天文学、生物学（特别是生态学）、地球科学等研究中做出贡献的科技人员，每年授予其中一个领域，奖金为 50 万美元，弥补了诺贝尔奖中没有这些学科奖的不足。……

这些被称为"某领域的诺贝尔奖"的奖项，其特点是设奖组织权威性高、奖金额度较大，或者奖励潜力大的新兴学科，所以在国际上具有很强的生命力和极高的声望。但无论哪一种奖项，其影响力都是无法与诺贝尔奖比肩的。

二、国际性组织设立的科技奖励

随着各国科技交流与合作的增多，一些国际性组织设立了面向全球的科技奖励，体现了科学无国界的特点。国际性奖励在形式上有博览会性质的奖励（如 1950 年在布鲁塞尔设立的尤里卡世界发明博览会金、银、铜奖）、也有每年或两三年颁发一次的奖励。从设奖组织来看，有联合国组织，有国际性学术组织，也有个别国家的政府组织、学术团体和基金会。这些奖励，无疑对促进全球的科学技术交流与合作、推动科技进步产生了积极作用。

联合国组织中设奖最多的首推联合国教科文组织。1951 年，联合国教科文组织设立了第一个科技奖励——卡林加奖金（Kalinga Prize），奖金由印度实业家帕特奈克出资，主要奖励科普方面做出突出成绩的人，国籍不限，授予一枚爱因斯坦奖章和 1000 英镑奖金，并应邀访问印度，向公众作科普报告，2013 年中国科技馆原馆长李象益教授成为首获此奖的中国人。1967 年，联合国教科文组织设立了科学奖（UNESCO Science Prize），奖励在科学研究和技术发明方面做出重大贡献的科技专家。中国的袁隆平院士、王选院士曾获此殊荣。1968 年，联合国教科文组织设立了建筑奖金（UNESCO Prize for Architecture），用以鼓励在城市建筑、城市规划及有关环境问题方面有杰出贡献的专家，奖品包括 3000 美元奖金和获奖证书。1975 年，联合国粮农组织设立布尔马奖（阿代·布尔马为联合国粮农组织前总干事），主要鼓励报道与论述世界粮食问题的优秀文章与著作，奖励对象为新闻记者和作家，奖品包括 10 000 美元奖金和一张奖状。20 世纪 80 年代后，联合国教科文组织设立的奖项有：①国际卡菱尼基科学传播奖，奖励在向国民传播科技方面做出巨大贡献的人士，奖励金额为 1000 英镑；②贾夫德·侯赛因青年科学家奖，授予年龄 35 周岁以下的青年科技人才，获奖者可获得获奖证书和奖金；③卡洛斯 J. 芬莱奖，奖励在微生物学（包括免疫学、分子生物学与遗传学等）领域的研究、开发与应用中做出突出贡献的个人和研究小组，获奖者将获得 5000 美元的奖金和奖牌；④萨旦·奎布斯环境保护奖，奖励在环境保护和管理中做出杰出贡献的个人、研究小组、研究机构或组织，授予奖金和证书；⑤欧莱雅－联合国教科文组织世界杰出女科学家成就奖于 1999 年设立，每年奖励 5 人，每人奖金 10 万美元，2000 年又设立了联合国教科文组织－欧莱雅世界青年女科学家奖学金。此外，联合国环境计划署设立的奖金为 20 万美元的萨萨克瓦环境奖，在世界上也很有影响力。

国际性学术组织设立的科技奖项也不少，这里列举几个较有影响的奖励。1956 年，国际摄影测量和遥控学会设立了以 G. C. 布罗克博士命名的国际摄影测量和遥控学会布罗克金质奖章（International Society for Photogrammetry and Remote Sesing Brock Gold Medal Award），该奖用以表彰在摄影测量领域工具应用及实践方面获得重大成就的技术成果，奖品为一枚金质奖章。1963 年，国际无线电科学协会设立了巴尔塔扎尔·范德尔·玻尔（该协会前主席）金质奖章（URSI Balthasar Van der Pol Gold Medal），授予在无线电科学领域做出卓越成就的人士。1966 年，世界卫生组织（World Health Organization）设立了肖沙基金奖（Shousha Foundation Prize）和达林基金奖（Darling Foundation Prize），前者奖励在医疗卫生领域有重大贡献者，后者奖励在病理学、病原学、流行病学、治疗学、预防医学或疟疾控制等方面取得杰出成就的人士。1973 年，世界气象组织设立了国际气象组织奖（International Meteorological Organization Prize），奖品为 1200 美元奖金和一枚金质奖章。1975 年，国际大地测量协会设立了盖伊·邦福德（协会前主席）奖（Guy Bomford Prize of International Association of Geodesy），奖励在大地测量方面做出贡献、年龄在 40 岁以下的专家。1982 年，国际理论物理学中心设立了以诺贝尔物理学奖获得者卡斯特勒命名的卡斯特勒奖（ICTP Kaster Prize），该奖每两年颁发一次，授予发展中国家年龄在 40 岁以下在固态物理学、原子与分子物理学研究中取得创造性贡献的年龄在 40 岁以下的学者，奖金为 1000 美元。1982 年，国际数学家联合会设立了理论计算机科学成就的国际最高奖——罗尔夫·内万林纳（国际数学家联合会原主席）奖，奖励在信息科学、数学方面具有杰出成就的青年数学家。1985 年，总部设在意大利的第三世界科学院设立了第三世界科学院科学奖（Scientific Prizes of the Third World Academy of Sciences），主要奖励发展中国家科学家。……

从上述奖项可以看出，国际性组织设立的科技奖励之所以能够产生较大的影响，一是国际性组织了解科研前沿，评审具有较强的权威性，获奖项目（人）代表了当时世界某科技领域的最高成就；二是获奖对象不分国籍，只要在所属领域做出了重大贡献，便可以被提名，就有获奖的可能性，这对促进科学技术的国际交流和合作、推动科学技术进步具有积极影响；三是奖励涵盖的科学技术领域广泛，往往随着新学科的出现设立新奖项，对国内的一般性奖励而言影响力更强。

三、发达国家的科技奖励

20 世纪，美国、英国、法国、德国、苏联、日本等科技相对发达国家科技奖励体系日臻完善。随着科学中心的转移，美国的科技奖励迅速发展，无论是规模上，还是奖励强度上都形成了自己的特色。有历史意义和影响的科技奖励主要包括：1923 年美国科学促进会设立的第一个奖励——克利夫兰奖（Newcomb Cleveland Prize），主要奖励科技新闻记者，因当时该奖奖金达到 1000 美元，也被称为"千元大奖"；1942 年美国设立了旨在提高青少年科技兴趣和创新热情的西屋科学奖；1944 年，在医学领域设立了有"美国的诺贝尔奖"之称的拉斯克奖（Lasker Award）；1956 年以总统名义设立了奖励强度为 10 万美元的费米奖；1962 年设立了美国总统科学奖；1973 年设立了奖金金额为 20 万美元的泰勒环境奖（Tayler Environmental Prize）；1985 年设立了美国总统技术奖；1995 年设立了世界生物多样性领导奖；1996 年设立了总统青年科学家和青年工程师奖等。美国政府的科技奖励不多，但社会力量设立的科技奖励系统发达，在美国科学促进会附属的 262 个学术性团体中都设有不同的科技奖励，加上二级学会和一些企业的奖励，美国的科技奖励难以统计。

20 世纪英国科技奖励也在不断发展。1965 年，英国设立了"女王奖"，该奖下设女王出口成就奖、女王技术奖和女王环境奖等奖项。虽然该奖没有奖金，只是精神鼓励，但获奖者可享有使用女王奖标志作为广告等特权，有很大的激励作用。1974 年，针对当时世界出现的第一次能源危机，英国皇家学会和 ESSO 石油有限公司设立了能源奖，奖励在能源开发和节能方面做出贡献的科技人员，获奖者可获得一枚金质奖章和 2000 英镑奖金。1986 年，英国设立了迈克尔·法拉第奖，旨在鼓励科学家为进一步促进科普教育做出贡献，奖金为 1000 英镑。1988 年，英国皇家学会科普教育委员会、英国科学促进会等单位共同设立朗－普伦斯科学书籍奖，分为普通奖和少年奖，奖金 10 000 英镑。1993 年，英国政府为推进基础性科学研究和前瞻性战略研究及面向 21 世纪的科技发展，设立了种子奖——实现我们的潜力奖，仅 1996 年颁发奖金就达 1840 万英镑（当时相当于人民币 2.4 亿元），该奖有十分明确研究项目的创造性、新颖性和技术可行性标准。此外，20 世纪 90 年代英国还相继设立了科学与工程合作奖、工业与学术界合作奖、技术转让奖等。

德国是欧洲设奖较多的国家，有近 600 项。1986 年设立的科学家促进奖（也称莱布尼兹奖），主要奖励和资助特别有成就的科学家（小组）或非常有前途的年轻科学家（小组），每年奖励 10 名左右，获奖者在 5 年内将得到 300 万马克的奖励；1997 年，德国以联邦总统名义设立未来创新奖，旨在激发科学家的创新精神，每年仅奖励 1 项本国科技创新成果，颁发奖杯、证书及 50 万马克的现金支票。在法国，1954 年恢复了由法国科研中心设立的国家级研究最高荣誉奖——科学研究奖章，该奖分为"金奖""银奖""铜奖"，获金奖的专家学者中，有多人其后获得了诺贝尔奖。而法国国家科学院大奖也很有影响力，该奖的奖金为 5 万法郎以上。1990 年以后，法国设立的奖励达 12 项，覆盖面广，奖金最高的为莫里斯科学奖，奖金为 75 万法郎。

苏联设立各种荣誉称号的奖励可追溯到 1927 年，并逐步扩展到其他领域，如"功勋科学家""功勋物理学家""功勋农学家""功勋宇航员""功勋兽医"，遍及各行各业，形成了一个完整的荣誉称号体系。1943 年，苏联物理学家彼得·卡皮查（Peter Kapitsa）因发现氦超流体，获得了约 3 万美元的斯大林奖奖金；1956 年，苏联科学院设立了该院的最高荣誉奖——罗蒙诺索夫金质奖，以奖励在自然科学研究中贡献突出的科学家；1957 年，苏联设立了国家级最高荣誉奖——列宁奖金，奖励优秀项目 50 项，每两年颁发一次，获奖项目在列宁诞辰纪念日公布，每项金额 1 万卢布；1967 年苏联又设立了国家奖金，该奖每年颁发一次，奖励项目 50 项，每项奖金 5000 卢布，要求获奖成果是全国的最高科技成果，获奖成果会在十月革命纪念日公布。这两种奖在苏联有很大的影响力。据不完全统计，苏联的科技奖励有国家奖、政府奖、高等院校奖和科研院所的奖励，仅苏联科学院就相继设立了 26 项金质奖章和 53 项奖励。苏联解体后，俄罗斯对科技奖励制度改革时决定继续施行国家奖金，1992 年 6 月，俄罗斯总统叶利钦签署 282 号令，延续这一奖项。该奖每年奖励项目 20 项，每项奖金为 10 万卢布。同时对获奖人员授予荣誉奖章及"国家科技奖获得者"称号。2004 年后，俄罗斯对奖项进行了调整。调整后新设和保留的奖有"俄罗斯联邦国家科技奖""俄罗斯联邦政府科技奖""俄罗斯联邦政府青年科技奖""俄罗斯总统青年科技创新奖"等。其中"俄罗斯联邦国家科技奖"相当于我国的国家最高科学技术奖，该奖每年只给 4 个名额，授予荣誉称号、奖章、证书和 500 万卢布（约合 42.7 万元人民币）。

澳大利亚有影响的奖励大多设立于 20 世纪 80 年代以后。1989 年，澳大利亚政府设立了澳大利亚科技奖。该奖坚持少而精的原则，每年轮换授予在物理科学、生物科学领域取得重要成果的科技人员，授奖名额不超过 4 名，奖品为 30 万澳元（约合 140 万元人民币）和一枚荣誉奖章。最突出的特点是组织获奖人员到各地巡回演讲，宣传他们的优秀事迹，提高国民的科技意识。学术机构设立的著名奖项有澳大利亚学院奖，由澳大利亚科学院和技术科学工程院颁发，按专业领域分为 80 余种。此外，澳大利亚基金会奖也很有影响，奖励方向主要是科普教育和发明创新。其中的尤里卡奖分为 6 个领域，以奖科普著称，如尤里卡科学普及奖、尤里卡科学书籍奖主要鼓励科学家把科技成果介绍给公众，提高公众的科学素养；而克鲁尼斯国家科学技术奖主要鼓励创新，促进科技的开发与应用。

作为亚洲发达国家，日本善于学习西方发达国家的长处。第二次世界大战后，日本继续施行褒章（即奖章）制度，目前授予的褒章有红色、绿色、黄色、紫色、蓝色、绀色 6 种，其中的紫绶褒章主要授予在学术、艺术、运动领域贡献卓著的人。1947 年，日本专利厅开始实施发明制度，称为"全国发明表彰"，当时如获得"恩赐纪念奖"，可得到岛山文化财团颁发的奖状和 100 万日元的奖金。进入 20 世纪 80 年代，日本设立了一系列大奖，无论是奖励力度还是颁奖仪式的规模都是空前的。1982 年，日本国际科学技术财团设立的日本国际奖（Japanese International Prize），每年奖励两位在世界范围内为人类做出杰出贡献的技术发明专家，奖金为 5000 万日元（当时约合 50 万美元）；1983 年设立了京都奖，该奖每年在基础科学、尖端技术、思想与艺术 3 个领域各奖 1 人，授予奖状、金质奖章和 5000 万日元奖金；1985 年，日本科学技术基金会设立了面向全球科学家的日本奖，授予奖状、金质奖章和 5000 万日元奖金；1991 年由日本旭子财团设立的蓝行星奖，每年奖励 2 人，授予银杯和 5000 万日元奖金；1993 年日本设立了秋樱国际奖（Cosmos 大奖），以纪念 1990 年在大阪举行的世界花和绿（园艺）博览会，奖金为 4000 万日元，秋樱花的英文发音"Cosmos"近似于"Kosmos"（有秩序的宇宙）体现了"人与自然共生"的意境。日本设立这些大奖，一方面反映了社会对科技的支持；另一方面也在显示自己经济大国的地位。

加拿大相继设立了数十种科技奖励，仅加拿大皇家学会就有 13 种奖章和 4 种奖励。皇家学会的科技奖励大多以精神奖励为主，重要的奖项有加拿大科学与工程金奖，奖金为 8000 加元；STEACIE 纪念奖，每年奖励 4 名左右具有博士学位、年龄不超过 40 岁的加拿大籍青年科学家和工程技术专家，奖金体现在提高获奖者的薪水和福利。……

除上述几个科技发达国家的奖励外，还有许多有影响的科技奖励。例如，1955 年丹麦工程学会设立的奖励在和平利用原子能方面有突出贡献工程师和物理学家的波尔国际金质奖章（Niels Bohr International Gold Medal）；1957 年比利时设立了国际建筑奖（International Prize for Architecture）；1961 年意大利欧金尼奥·巴尔赞创立的每项奖金为 10 万美元的欧金尼奥·巴尔赞奖金（Prix Eugenio Balzan）；1974 年意大利设立的奖金为 25 000 美元、被誉为通信科技界诺贝尔奖的马可尼国际研究基金奖（Marconi International Fellowship）；韩国 1968 年设立的韩国科学技术奖，1987 年设立的韩国科学奖，1995 年设立的韩国工程技术奖，2001 年设立的韩国最高科学家奖；芬兰 1993 年设立的奖金为 10 万芬兰马克（1 美元约 5.3 芬兰马克）的芬兰发明奖，1997 年设立的奖金为 20 万~50 万芬兰马克的芬兰科学奖等。这些奖励不仅在本国有重大影响，在国际上也有一定的声望。

科技发达国家的科技奖励，反映了科学技术的发展趋势，具有前瞻性和奖励力度大的特点。同时，发达国家还设立了不少国际性科技奖励，奖励世界范围内为全人类做出贡献的科学家，以体现自己大国的地位。

四、发展中国家的科技奖励

由于科学技术发展的落后，发展中国家的科技奖励一直滞后于发达国家。前面已经谈到，我国于 1898 年年末开始陆续设立科技奖励。1945 年，印度设立了第一个科技奖励 C. 霍雷铜质纪念奖章，授予在印度渔业开发方面做出重大贡献的著名科学家。印度独立后，科技奖励有了较快的发展。1956 年，印度农业研究委员会设立了拉夫·哈密德·奇达瓦依农业研究奖（RAK），奖金为 1 万卢比。1957 年，印度科学技术与工业开发委员会设立了禅狄·思瓦鲁普·巴哈迪纳加尔科学技术奖，奖励印度籍 45 岁以下的科研人员，奖金为 5 万卢比。目前印度较有影响的科技奖励有 50 项左右。

1946 年，埃及首次颁布有关科技奖励的法律，设立了福阿德一世和法鲁克一世奖（两人分别为埃及最后一个王朝的第一个国王和最后一个国王）科技奖，该奖的设立，是非洲科技奖励起步的重要标志。1953 年埃及颁发了 338 号法，设立了 6 项奖励。1958 年、1960 年、1980 年和 1998 年埃及对奖励条款进行了 4 次修订，设立了穆巴拉克奖、国家表彰奖、国家先进奖和国家鼓励奖四大奖项。埃及较有名气的社会力量设奖有 50 多项，比较著名的有穆罕默德·拉图费数学和物理奖、环境研究奖、科学普及奖等。

巴西联邦政府现设有 6 种常规奖励。巴西全国科学成就大勋章是全国最高科学奖，分为"大十字勋章""骑士勋章"。前者限定授奖的总人数为200 名，后者限定为 500 名。全国评委会的最高领导人为总统，该奖评选严格、竞争力强，在每年的 1 月 13 日即巴西独立先驱 Silva 的诞辰日颁奖。为表彰在科普宣传和科技新闻方面贡献突出的科技人员和机构，巴西还设立了 Jose Reis 科学宣传奖，此奖由科学理事会运作，发给获奖者奖章和证书等。

1997 年，第三世界科学院在泰国设立第三世界科学院青年科学奖，主要奖励在生物、化学、数学、物理 4 个领域有突出贡献的青年科学家，每年只奖一个领域，轮流奖励。在菲律宾，拉蒙马赛赛基金以菲律宾第三任总统马赛赛之名设立的"马赛赛奖"也很有名气，奖金为 5 万美元。

目前，虽然发展中国家的科技奖励在全球没有多大影响力，但方兴未艾，发展潜力大，随着这些国家经济和科技的崛起，一定会在世界科技奖励的舞台上占有一席之地。

第三节　国外科技奖励理论的研究

近代科学起源于西方，科学建制也是西方最早，因此他们对科技奖励制度的理论研究也相对较早，形成了比较系统的知识体系。了解西方学者有关科技奖励的研究成果，对提高我国科技奖励的理论水平、指导科技奖励工作的实践具有一定的意义。

一、科技奖励制度的起源研究

制度化奖励和随机性奖励之间有很大的区别。制度化的奖励活动不仅是一种规范的、在时间上连续的奖励，更重要的是它与科学技术在社会中的地位和价值标准及科学家在社会中承担的角色有关，它是社会建制的产物。在科研成为一种职业，并得到社会的共识之后，科学技术研究才成为一种建制，随之才有可能出现制度化科技奖励。正如美国著名奖励研究学者默顿所说："当科学制度能够有效地运行时，知识的增加与个人名望的增加并驾齐驱，制度性目标与对个人的奖励才能结合在一起。"

1. 优先权之争与科技奖励制度产生

在科技奖励制度建立以来的 200 余年间，科技界对科技奖励制度的起源探索几乎是一片空白。20 世纪初 M. 韦伯（Max Weber）等在《作为一种职业的科学》的演说稿里，对科学这种学术职业的外部条件和对于科学的内部环境进行了分析研究，指出科学已经达到了前所未有而以后会持续下去的专门化阶段。这标志着科技与社会关系研究的开始。1942 年，美国科学社会学的创始人默顿发表了《科学和民主的札记》，开始从科技发展本身和社会的机制对科技奖励制度的起源进行探讨。1957 年，他又发表了重要论文《科学发现的优先权》，对追溯和探索科学奖励制度的起源提供了非常有用的解释模式。这种解释模式以科学发现的优先权为切入点，其核心就是把科学奖励制度看作某种功能强化所导致的产物，即一种功能强化制度，由此引出科学奖励系统这个概念。

照此解释模式，科学奖励系统的起源和科学技术的社会建制化（Social Institutionalization）过程是不可分割的。科学技术的社会建制化过程表现形态为 3 个方面：一是科学建制目标所体现的价值内涵逐渐为整个社会所认同；二是科学家这个角色群体有自己所必须遵从的规范结构，体现出这一团体与其他社会建构的不同；三是要使这种规范结构对科学家产生约束作用，促使他们努力实现这种建制目标，以获得相应的社会承认，就必须建立一种相应的社会控制制度和动力机制来作为保障系统，这样就导致了作为保障系统之一的科学奖励制度的诞生。

默顿认为，对科学的规范结构的研究，是研究科学奖励系统的理论前提，只有从科学的建制目标和科学家在科学活动中所必须遵从的行为规范这两个方面，才能揭示科学奖励系统在科学的社会运行中所产生的功能强化作用。一是我们必须了解科学的建制目标。"科学的通常目标就是扩充正确无误的知识。"这表明增进正确的知识是科学家的责任，而增进知识就必须做出独创性的贡献，科学才得以进步。而一旦做出了独创性贡献，就应受到社会的尊重和褒奖，科学家才满足了社会对他的角色要求。二是作为一个科学家，在科学技术活动中还应该遵循一定的行为规范，这种规范由普遍性、公有性、无私利性和有条理的怀疑主义 4 种要素所组成，默顿把这4 种要素称为科学的精神气质。"普遍性"指的是科学知识的评价仅仅取决于事实的检验和已有知识的客观标准，而与种族、性别、年龄、宗教、民族、国家、阶级等个人属性和社会属性无关的特性。"公有性"指的是某种特殊意义上的科学知识财富的公有制特性。它要求科学知识的发现者不能成为这一知识的独占者，必须让它成为人类的共同精神财富，即科学无国界的特点，为人类所共享。而这种特性与专利制度在本质上是不相容的。"无私利性"指的是科学研究目的的纯粹特性。它要求科学家为"科学的目的"从事科学研究，而更少从个人的功利目的出发从事研究。"有条理的怀疑主义"指的是科学崇尚理性批判的精神特性。它要求科学家不盲目信奉任何东西，在经过仔细的检验之前，对一切都保持审慎的分析批判的态度。

默顿从历史回顾中，得出科学发现的优先权之争是导致科技奖励制度产生的根源。他从牛顿和莱布尼茨围绕微积分发明的优先权之争等争夺科学发现或发明优先权的案例，得出优先权之争是科技奖励起源的根本内涵。他认为，优先权之争是科学的建制目标和科学的规范结构相互作用的结果。科学的建制目标是扩充知识，也就是要求科学家去做出独创性的发现；而科学的规范结构则要求科学家去为了科学的目的（无私利性），即为了贡献出有独创性的知识而进行研究，并且公开自己的发现，以接受科学共同体成员的检验（有条理的怀疑主义），看其是否具有普遍性（普遍性要求），如通过检验，则该独创性的发现将成为人类的共同精神财富，为人类所共享（公有性）。而要保证这一点，就必须具有某种动力机制和约束机制。它一方面既能够鼓励科学家去实现建制目标，做出独创性的发现；另一方面又能够对科学家的行为实行社会控制，使之不违反科学的行为规范。而通过科学奖励制度恰好解决了这个问题。科学奖励制度给予最先发现者荣誉，同时通过科学共同体的评价这种规范来承认和肯定其贡献，这便是科学奖励制度起源和形成的真正原因。正如默顿所说的那样："像其他制度一样，科学制度也发展了一种精心设计的系统，给那些以各种方式实现了其规范要求的人颁发奖励。"

奖励制度的建立，其主要功能是推动科学知识的发展。杰里·加斯顿认为，奖励系统中重要的"科学共同体对科学家在增进科学知识方面所做出的贡献给予贡献和承认"。通过科学奖励系统，一方面对最先在某领域做出独创性贡献的科技人员给予承认和肯定；另一方面又鼓励更多的人尊崇科学规范，从而做出更多的贡献，即强化了科学的社会功能。所以，科技奖励本质上是一种功能强化制度，它通过约束机制和动力机制来强化科学的独创性认识功能，推动科学的发展。

正因为奖励是按照成就的大小给予的，而成就的取得又需经过科学界同行的承认，所以科学家就特别关心同行对自己所做贡献的承认，这就导致了对优先权的特别关注。从优先权之争这个特殊的角度，默顿通过分析科学的社会结构及其运行机制，既为这种优先权之争找到了合理的解释，也为科学奖励制度的历史起源提供了理论上的依据。新理论和新成果要获得接受和确认，必须由科学家群体做出判断和裁决。科学共同体充当理论成果评价和选择的"仲裁人"的角色，是任何科学家个人或其他社会角色所无法替代的。当然，由于对科学知识认知和理解不同，以及某种人为因素的干扰，当同行评议时，也有可能有意无意地出现不客观、不公正的错误。而科技成果之所以采用同行评议来鉴定，这是别无他法的一种选择。

默顿提出科学的规范结构，是以科学建制化过程的形成和科学奖励制度的历史形成互为因果的。优先权激发了科学竞争，促使科学家去创造有个人标记的独创性知识产品，从而获得殊荣和社会承认，这样就大大地激发了科学家的首创精神。

2. 科技奖励制度起源的交换理论

随着科学的发展和科学社会学学科的完善，建立在功能主义基础之上的默顿学说引发了社会学家广泛的讨论与质疑。20世纪以来，特别是第二次世界大战以后，科学研究发生了重大的变化，逐渐成为一种投资很大的活动。研究经费来源广泛，包括国家、个人、企业及社会机构，投资动机不只是探索大自然的奥秘，而是考虑更多的商业价值和经济回报。默顿的学生巴伯（Barber Bernard）认为，在社会生活中，"经济人"成为主流。这时，一些学者从社会发展的新视角来研究科技奖励，影响最大的是社会交换理论学派。

20世纪60年代初，美国的哈格斯特洛姆（Hagstrom）在《科学共同体：为获得承认而竞争》一书中，首次提出科学奖励系统的所谓"交换理论"。哈格斯特洛姆发现，从事科研与其他职业的显著不同之处是：一般职业都采取收费服务方式，像法律、医疗等服务性专门行业通常会采取可变通的收费服务方式。而科学是一种"非收费"的服务，它以"送礼"的方式提供"服务"，特别是提交给同行的科研成果几乎是"免费赠送"，不需要给予任何报酬。但送礼者却含有一种潜在渴望得到报偿的心理，即获得承认。哈格斯特洛姆对科学活动与人类学的互换仪式进行类比："个人或团体接受一份礼物意味着承认赠礼者的地位及某种互惠权利的存在。这些互惠权利也许是要回报同样种类和价值的礼物，就像在许多原始经济体系中那样，或者是要得到某些适宜的谢忱与敬意的表示。在科学中，提交的手稿被科学期刊接受就确立了赠礼者作为一名科学家的地位——而且这还确保了它在科学共同体内部的声望。"与所有送礼行为一样，礼物的接受者，无论是科学共同体还是社会集团，都要对赠予者承担某种道义责任，必须给予一定的回报。因此可见，科学活动本质上存在一种交换行为。

哈格斯特洛姆提出的科学家为了得到承认而相互交换信息的"交换理论"，旨在说明科学家赠予"礼物"，是希望换取"承认"。"交换理论"表明，交流是科学家获得社会承认的一个必要条件。交换理论的核心是科学家把自己的研究成果在期刊或学术会议上"交换"，进而获得科学共同体的承认而发挥作用。今天高度职业化的科学研究工作除了靠科学职业内部为保证专业化研究更好地进行而需要科学家内部的交流外，还需要科学家与适当的合法机构（如政府、工业部门和其他组织）进行交流，以得到他们的适当支持，反映了科学技术"无国界"的特点及对社会各个方面渗透的功能。

此后，李克特（Richter）提出了两类交换系统：一般类型的交换系统和科学交换系统。一般交换系统和科学交换系统是并存的，科学要兴旺发达，两类交换系统缺一不可。一般交换系统指的是科学家与雇主和赞助人的联系，科学交换系统是指科学家与科学共同体相联系。对于科学家来讲，雇主和赞助人是相对具体的单位，从那里得到的钱和设备比从科学共同体中得到的职业承认更实在，科学共同体似乎是一种抽象物，科学交换系统实在性差，但它与科学过程的联系更密切。在一般交换系统中，科学家向雇主和赞助人提供信息或技术，作为回报他们得到的是经费和设备。但可能造成使其他科学家不能共享信息，也促使科学家从纯科学研究中转移出来，转向能获得报酬的研究中去。为了解决这一问题，维护科学的完整和尊严，这就需要科学共同体自身的交换系统，科学家能彼此联系，这就是科学交换系统。在这个系统中，科学家得到的是承认、肯定及荣誉。

笔者认为，科学交换系统的目标是促进科技交流，从而碰撞出新的思想，产生新的知识，促进社会的文明进步。随着社会的不断发展，科技交流的范围很广泛，门泽尔从社会化的程度把科技交流分为正式交流过程和非正式交流过程。正式交流的特点是付诸印刷，也就是把思想和理论、信息和情报以书面的形式呈现给读者。非正式交流则基本上是由科学家和技术专家自己来完成的。米哈依诺夫列举了 5 种非正式交流过程：直接对话、参观展览、参观同行实验室、交换书信和出版物，以及研究成果发表前的准备过程。但无论过去还是现在，向科技界和社会公布新的科学发现的重要途径是新闻媒体和科学期刊。科学期刊不仅交流和传播知识，使研究结果等留下永久性的公开记录，实现知识的逐步积累，同时又是同行评价的重要依据。正如科尔兄弟解释道："只有在科学期刊上公开研究成果，科学共同体才能对交流系统中居主要地位的科学家确定'奖赏'。"

因此，科学技术离不开交流和合作。交流是科学的神经系统，又是血液循环系统，把各种思想和理论输送到科学共同体的各个部分，引起反响，迸发出更强的思维火花；交流也是合作的基础，通过交流，求同存异，增进理解，实现合作研究，从而推动科学的前进。但对于技术来说，具有明显个体性质，有时非正式交流则比正式交流更重要。实质上，从交换理论来看，无论是科学还是技术，本质上都是为了获得承认，即获得"优先权"；同时，由于时代和科技的进步，其成果被广泛科普化而为公众所认识，实现了与第二类系统的交换。从这个意义上看，科技奖励起源的交换理论是有一定说服力的。

3. 科技奖励制度起源的信用循环理论

20 世纪 70 年代后期，美国的拉图尔（B. Latour）和伍尔加（S. Woolgar）创建了信用循环理论。他俩从 1975 年 10 月到 1977 年 8 月对美国著名的李尔克研究所进行了人类学考察，随后写成了《实验室生活：科学事实的构造》。在书中，他们提出了一系列问题：是什么驱使科学家建立记录仪器、撰写论文、构造研究客体，是什么使科学家从一个研究主题转移到另一个研究主题，从一个实验室迁移到另一个实验室？是什么使科学家选择这种或那种方法、这些或那些数据、这类或那类推理方式？这实际上表达了一个信息：科学家为什么从事科学活动？

拉图尔和伍尔加观察到，实验室中的科学家经常谈论的是投资、回报和信用。他们认为：科学家也在追求默顿所说的以同行承认为主的奖励，但用奖励来解释科学家的行为是不充分的。实际上，科学家不断追求的是信用（Credit）或信用度（Credibility）。拉图尔和伍尔加对"credit"一词进行了全面的考察，发现"credit"不仅包含了"reward"的含义，而且"很明显，还与信念、权力和商业活动有关。对实验室的科学家们来说，"credit"有着比简单提及"reward"宽泛得多的意义"。他们分析了一位名叫狄兑希的科学家的经历：狄兑希经过10余年的努力，拿到了医学学位，在择业时比较了两所研究机构，最终选择了声望较高的研究所。他作为一个信用投资者非常成功，因为他任职的研究所研究经费充足、设备先进齐全、科研信用度很高。拉图尔和伍尔加把科学社会的运行比作市场经济的运行，认为"把科学家得到奖励看作科学活动的最终目的是错误的。事实上，获得的奖励仅仅是信用度投资大循环中的一小部分。这一循环的基本特点是使再投资得以进行而获得更大的信用度。因而，没有任何科学投资的终极目的是错误的，而只有持续不断的资源积累。在拉图尔和伍尔加看来，信用度是一个极具普遍性的概念，科学家的全部活动内容几乎都可以从信用度的循环这一角度加以解释。当某位科学家因某项研究成果获得奖励时，随之而来的声望本质上就代表着一定的信用。这种信用会使他更易获得进一步研究所需要的科研立项、研究经费、仪器设备及人才队伍等，即得到更多的科学资源，其新的研究成果也较容易发表并引起同行的关注，这有助于他进一步获得奖励。拉图尔和伍尔加还质疑了默顿理论的不足，认为把得到奖励看作科学活动的最后目标是错误的。

笔者认为，从"功能强化理论"到"交换学说"，乃至拉图尔和伍尔加的"信用循环理论"，科学社会学家对科学奖励系统的研究，目的是论证科学的社会建构对科技奖励起源的影响和作用。综观这些理论，默顿的"功能强化理论"是从科学社会学角度和"优先权"出发探讨的。而在科学高度综合又高度分化的大科学时代，交换理论的视角对科学奖励系统的实质进行把握更符合现实，也更具有普适性。与默顿理论相比，交换理论转换了研究取向，跳出了"科学中的社会"，着眼于"社会中的科学"，充分考虑了科学知识生产过程中的社会因素。以科学同行的承认为主的内部奖励系统固然重要，但外部的社会奖励系统的作用日益增强，只有在内部和外部交换的基础上才能更好地发挥作用。"信用循环理论"有其道理，但需要指出的，如果把科学社会的运行比作经济市场的运作，固然可以使人们更深刻地理解其运行机制，但将二者等同起来，则意味着科学家真正感兴趣的不是真理而是利益，抹杀了科学活动求真求实的基本特征。

总之，以上有关科技奖励制度起源的理论反映了科学技术发展过程中与社会的联系和互动的关系，体现了科学技术奖励制度的内在和外在本质。在这一意义上，我们可以把科学技术奖励制度视作某种独创性认知功能的强化制度。而交换理论和信用循环理论，则在更深层次上，通过科技价值观的具体示范作用，把科学家导向社会所需要的领域，鼓励他们开拓创新，去探索自然的奥秘，解决能够推动社会经济发展的有切实经济意义的问题。

二、专利制度与科技奖励制度之间的关系

与科学发现的优先权相对应的是技术发明的专利权。技术专家提交的成果经常被称为"技术发明"，技术发明的结果是创造出自然界原来不存在的人工产物。与科学发现不同，技术发明的公开可以带来可观的商业利益，这就引出了专利权的保护问题。专利制度是一种知识产权保护制度，科技奖励制度既是对最先做出发明的发现者的承认和肯定，又是一种荣誉制度。在社会发展进程中，专利制度逐渐变成一种国家的行为，成为国家法律制度之一，是一种利用法律解决科技成果与经济之间关系的有力措施，现在仍是各国制定推动科技进步政策的一个基本出发点。而科技奖励制度涵盖面更广，是一种全社会的共同行为，政府、社会团体、个人均可设立并付诸实施。因此，科技奖励制度体现了多元化和多层次的特点。

1. 专利制度的起源及作用分析

专利制度早期是由君主授权的一种经济保护制度，早在公元前，雅典国王曾授予一个厨师以特许权，只允许他个人使用他发明的烹调方法。13世纪，英国国王为了刺激商品经济的发展和增加王室财产，把某些商品的经营特许权授予工匠或商人。例如，1236年，英国国王亨利三世曾下令颁给波尔多市一位市民15年制作色布的特权，很多人认为这是科技奖励制度

的萌芽。1474 年，威尼斯王国颁布了世界上第一部具有近代特征的专利法。但直至 1624 年英国颁布《独占法》后，专利权才由封建君主的恩赐变成了发明人的一种应得权利。此后，美国（1790 年）、法国（1791 年）、俄国（1814 年）、印度（1859 年）、日本（1885 年）、德国（1887 年）等国各自颁布了本国的专利法，这些专利法规可以说是广义上的技术奖励制度。这样，专利制度逐渐变成了国家的法律制度之一，而取得世界的共识。

2. 科技奖励制度与专利制度的关系

在科学体制化之前，科学活动主要是由科学家个人的好奇心和兴趣所驱动的，科学家的研究成果也主要在科学共同体内部获得交流和承认。纯粹的科学研究不可能从市场中获得效益，早期全凭科学家对科学的兴趣，有的是通过家庭资助和原有积蓄来从事其研究的。科学体制化形成之后，一些国家加大了支持科学的力度，这种支持通常是以资助科学研究的形式出现的，同时也辅助性地对科学家和发明家采取了褒奖措施。

谁也没料想到，科技奖励涉及的范围远远超出了专利的范畴，它涵盖了全社会，从政府、社团、企业到个人，均可设立，且灵活多样，如博览会的金奖、银奖等，而专利是唯一的，由国家审查后进行授权才能生效。图 6-1 简单表述了专利制度和奖励制度的起源和发展情况。

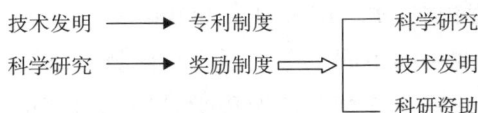

技术发明 ⟶ 专利制度　┌── 科学研究
科学研究 ⟶ 奖励制度 ⟹ ├── 技术发明
　　　　　　　　　　　　└── 科研资助

图 6-1　专利制度和奖励制度的起源和发展

可以看出，科技奖励制度源于专利制度的启发，两种制度并行不悖，但内涵却截然不同，科技奖励制度的发展使得它涵盖的内容超出了专利制度。奖励制度不仅可用于科学研究，也可用于技术发明，同时还能带来科学基金等资助对科研的进一步重视。奖励制度通过表彰和鼓励那些为探求科学知识或推动经济发展做出贡献的科学家，起到了一定的示范和导向作用，把更多的科学家吸引到所需要的研发领域中去。

专利制度的建立是科学技术建制进程的一个重要组成部分，它通过知识产权保护给科学技术活动以直接的利益刺激，使科技人员从利益中获得新的动力。由于基础研究成果在形成技术前并不具有商品的属性，潜在的经济效益不会很快地显露出来，因此，专利制度就不可能涵盖科学技术活动的全部过程。奖励制度就是基于这种考虑而产生的。科技奖励以荣誉、奖金和物质的形式从更加广阔的范围内肯定了科技人员的创造性贡献，推动了科技领域的竞争、创新和合作，促进了科技发展和人类的文明进步。

实施专利制度的好处：一是专利作为一种审查制度，无须像评奖那样轰轰烈烈；二是专利制度使发明者直接从专利转让或实施中获得效益，并不要由国家开支，财政不会因科技进步反而背上包袱；三是专利制度把对技术开发人员的授奖权交给了社会，这就把技术开发与市场需求紧密结合，很好地解决了科技与生产脱节的问题；四是在调动科技研发人员的积极性方面，专利制度也比奖励制度更有效，因为专利制度从法律上保护了发明者的劳动成果不受侵犯，如果专利带来的效益大，他的回报也大，他的满足感和荣誉感也很强。

3. 专利制度与奖励制度之间的差异

奖励制度和专利制度作为科学建制目标的两种形式，笔者认为两者差异主要如下：

一是两者产生的初始动因不同。专利起源于对技术发明的保护；而科技奖励是一种荣誉制度，起源于科学发现的优先权之争，它是对专利制度的一种补充，强化科学技术工作者的认知功能。

二是两者设立的目的不同。专利制度是对技术发明者（拥有者）的知识产权的保护；而奖励主要是对重大科学发现和重要的技术发明者给予承认、肯定，是科学共同体中荣誉的一种分配形式。

三是两者所要求的创新程度和水平不同。只要是首创，不同技术含量的发明都可申请技术发明专利，而获得科技奖励的技术则必须是重大技术发明。

四是两者的利益获得方式不同。技术发明专利通过出卖技术从中受益或采取技术入股的形式获得报酬；而国家技术发明奖是国家根据其技术含量等授予奖励并根据奖励等级颁发奖金。

五是专利申请权和专利权可以转让，而获奖者的权力和荣誉不可替代或转让。

六是专利权有一定的期限，如发明专利为 20 年，而获奖的荣誉没有期限（除了因某些特殊情况被取消或撤回外）。

七是两者授予的条件有相同内涵，也有一定差异。授予专利的条件是应当具备新颖性、创造性和实用性；授予技术发明奖的条件是同时符合前人所没有的、先进的和经过实践证明是可以应用的这 3 个条件；而自然科学奖等奖项授予的条件与之差异较大。

八是奖励制度可以包括科学技术活动的全部内涵，既是独创性认知功能的强化制度，又是潜在的经济权益保障制度；而专利制度主要涵盖科学技术活动。

由此可以认为，科学奖励制度既是一种独创性认知功能的强化制度，又是一种潜在的经济权益保障制度；奖励制度与专利制度是两种既有区别又有联系的制度，是在功能上互补的两种制度。很有意思的是，专利制度起源于政府的行为，而奖励制度起源于社会团体发展的需求。

三、科技奖励制度对科学研究资助的影响

在科技奖励制度产生之前，社会对科学研究的资助是微不足道的，但社会的资助和投入加速了科学建制的建立。1660 年，当英国皇家学会获皇家批准正式成立时，查理二世批给学会 500 英镑现金，这带动了社会对科研投入的兴趣。例如，英国、法国、西班牙、葡萄牙、荷兰等国以巨额的奖金来悬赏科技问题的征答者，一些国家还通过在大学内增设自然科学讲席的方式，来资助科学的研究。默顿在《17 世纪英国的科学、技术和社会》一书中就提到："皇家学会是国王的嗜好物之一。显贵名流对科学的赞助，通常可为科学募集数目可观的金钱，并提高科学的社会名望。科学毫不含糊地跃升到社会价值中一个高度受人尊重的位置。"当时社会对科学的资助，来自对技术的渴求这一主要动机，因此，社会的资助具有一定投资内涵。随着科研活动的专业化和科研规模的迅速扩大，科学的需求结构发生了重大变化，欧洲各国的科学界开始寻求更为有力的社会支持。例如，为弥补英国政府对科学研究资助的不足，19 世纪上半叶英国科学促进会发起了一场持续近半个世纪的科学捐助运动，主要目标是争取政府增加投入，寻求更多的民间资助，使科研摆脱业余状态。在德国，科学捐助活动同样融入了大学和工业体制的改革创新中。于是，对科学研究的资助便形成了政府和民间互补的典型模式。

科技奖励制度推动对科学研究资助的最典型事例出现在法国。法国大

革命后，经过重组的巴黎科学院更名为法国国家科学院（1816 年），随之重新启动和完善奖金系统。首先，法国国家科学院恢复了由国家出资设立、以征奖形式运作的年度"大奖"（Grand Prix），每年组织专家交替在数学和自然科学领域选择一项"重要的"问题作为征奖问题（Prize Questions），同时还设立了普通奖金（Common Prize 或 Prix）。随着科学活动的普遍，科研出现了一些新特征：个体状况已经改变，实验设备和实验的复杂性及成本大大增加。尽管法国国家科学院是国家公共机构，但从中受益的科学家很有限，一些研究工作很难得到直接支持。在这种情况下，科学研究的经费问题越来越引起人们的关注。一些普通家庭出身的科学从业者，亟须得到社会资助来安顿生活和开展研究。

1820 年，蒙顿男爵（Baron Montyon）捐赠了一大笔善款。按照遗嘱，这笔钱由法国国家科学院设立一项医学奖励基金，奖励对内科、外科医学及在改善公共健康等领域做出成就的科技人员。1825 年授出首届蒙顿医学奖时，基金年息已达 2 万法郎，奖金额度高于其他奖项。后来，蒙顿医学奖分为一项高荣誉性的主奖（Main Award）和若干荣誉性稍低的奖项。1825—1842 年，法国国家科学院共授出 28.3 万法郎的蒙顿医学奖。不过，蒙顿基金的年息并未全部用于医学奖，因为授奖之后还剩余部分经费，这就是所谓的"蒙顿结余"（Montyon Surplus）。1825 年结余 1.6 万法郎，以后逐年增加，成为较大的一笔款项。于是法国国家科学院做出两项创新安排：一是将这笔结余用于资助科学院周刊《汇报》（Omptesrendus）的出版；二是从 1827 年开始，将结余的一部分用于对科学家的研究工作进行"鼓励支持"（Encouragements）。当年就从结余中拿出 1.65 万法郎，授出 9 项特别"鼓励支持"。后来，法国国家科学院又将结余用于支持非医学研究工作。例如，1855 年古生物学家高得利（A. Gaudry）获得 6000 法郎赠款，1860年又得到 8000 法郎追加，有力地支持了他在希腊进行的化石研究；1868年，天文学家詹森（J. Janssen）在印度进行天文学考察，得到 1.2 万法郎的支持，使他在发现大气吸收线的基础上，又与英国同行合作在日珥中发现了氦；巴斯德用 1858 年和 1859 年获得的奖助金开展了发酵实验和阿尔卑斯山实验，从而击败了普歇（F. A. Pouchet）等人坚持的"自然发生说"；居里夫妇用连续得到的资助金成功进行了放射性研究；等等。这些成功的资助，表明了法国国家科学院的支持适得其人。蒙顿基金推动了社会对科学研究的资助活动，19 世纪 50 年代末，这类货币奖金已有 10 个。而到 19 世纪末，该类奖金更增加到 58 个，几乎是荣誉性奖金的 4 倍。1907 年，罗兰捐赠 10 万法郎（以后又陆续有所增加），用于设立一项专门的资助基金，指明基金可以分开授给有潜力的研究人员（学科不限），以促进其研究工作的发展。

显然，在 19 世纪法国科学的发展中，科技奖励制度对引导科学研究资助的发展产生了关键作用，特别对引导个人赞助的作用更明显。由于私人基金可控，法国国家科学院不必担心由于接受外部资助而失去自主性。在法国国家科学院的引导和协调下，私人基金成了推动一场渐进的体制创新的重要社会力量，使科学得以部分摆脱因过于依赖政府而日渐僵化保守的窘境。法国国家科学院致力于从原有的奖金系统中分化延伸出奖励和资助两项功能，为现代科技奖励制度和资助制度的形成奠定了基础。

无论是科技奖励还是科学资助，其对象都是科技工作者，但奖励授予的是做出重要贡献的杰出人才，科学资助制度则不同，其是面向未来进行的一种"预期性投资"，决定资助的条件不是既有的成果，而是科学家的未来研究计划及其实现该计划的潜力。科学基金制是一种无偿资助基础研究的行为，因此，科学资助制度也就成了更富变化和更具希望的事业。科学基金制是科技奖励制度发展中延伸出来的产物，同时又赋予科学活动以更重要的价值和意义。今天，大多数国家均采用这种互补的模式，但资助科研的总额快速增长，我国国家自然科学基金的快速增长就是一种证明。

四、有关科技奖励（激励）心理学的研究

人类的任何追求都来源于心理的需求。从心理学上解释科技奖励制度的起源，具有积极的意义。以心理学的理论为依据，去考察科技奖励制度的起源，就可以把科技奖励制度看作一种符合和满足人们的心理激励的形式。通过激励心理的分析，更好地把握科技奖励对人们心理的影响，为人类从事科技活动的追求提供动力。

心理学家认为，人的意志行动开始于需要，以及由需要而引起的动机。科技奖励的本质在于对人的激励作用，以激发人的动机，使人产生新的动力，朝向所期望的更高目标前进的心理活动过程。奖励对激发科技人员的创新热情和培养意志品质，无疑具有积极的促进作用。

西方激励理论主要是从心理学理论出发的，这些理论包括内容型激励理论、过程型激励理论、行为改造型激励理论和综合激励模式理论。内容型激励理论包括马斯洛的需要层次理论、麦克利兰的成就激励理论、奥尔德弗的 ERG 理论、赫茨伯格的双因素理论；过程型激励理论包括弗罗姆的期望理论、亚当斯的公平理论、洛克和拉瑟姆的目标设置理论；行为改造型激励理论包括斯金纳的强化理论、韦纳的归因理论和挫折理论（图 6 - 2）。

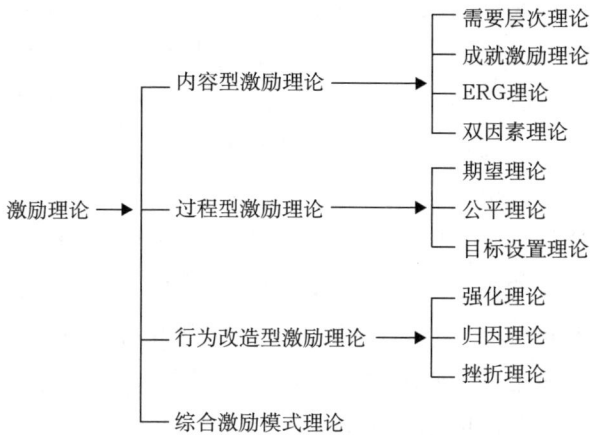

图 6 - 2　西方激励理论的类型

这里主要介绍几种影响较大的激励理论。

（1）内容型激励理论

自 20 世纪 20—30 年代以来，研究者们从不同的角度探索激励问题并提出了许多理论。由于激励的过程主要是满足需要的过程，所以最基本的激励理论就是需要理论，其他理论则是由此发展起来的，只不过是从不同的角度、不同的途径来研究激励理论。

从需要的起源来说，人的需要分为生理性需要和社会性需要。20 世纪 40 年代美国心理学家马斯洛提出的"需要层次理论"最具有代表性。作为人本主义心理学的创始人，马斯洛在 1943 年出版的《调动人的积极性的理论》一书中初次提出了需要层次理论。到 1954 年，在他的《动机与人格》一书中又对这项理论和个性方面的问题做了进一步的阐述。马斯洛把人类的种种需要，按照其重要性和发生的前后次序，分成 7 个等级，排成塔形，各层次的需要相互依赖和重叠。他所提出的由最低需要到最高需要的层次如图 6-3 所示。

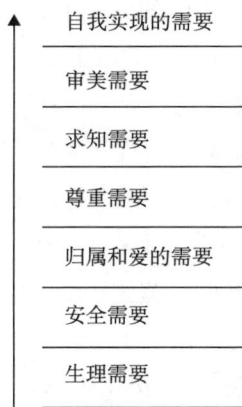

图6-3 马斯洛提出的7种需要

笔者认为，马斯洛提出的 7 种需要中，与奖励有直接关系的是尊重需要、求知需要和自我实现的需要。奖励的内容是获奖人在求知过程中获得的新知，对于大多数科技人员来说，获奖实现了自我需要的价值，也赢得了社会的尊重。

其次影响较大的是奥尔德弗的 ERG 理论。奥尔德弗把马斯洛的需要层次压缩为 3 种需要，即认为人的需要只有生存需要（E）、相互关系的需要（R）和成长发展需要（G）。其主要观点：其一是各个层次的需要得到的满足越少，则这种需要越为人们所渴望；其二是较低层次的需要越是能够得到较多的满足，对较高层次的需要就越渴望；其三是较高层次的需要越是满足得少，则对较低层次需要的渴求也越多。笔者认为，这一理论的理解可以从我国科技奖励中得到解释。例如，科技人员对国家科技奖励的渴望大于对其他奖励的渴望；在获得省部级科技奖励或社会力量设立的科技奖后，对国家科技奖励的需要和创新成就的需要就越强。而对于最高科学技术奖来说，绝大多数科技人员难以问津，因此对其他奖项的需求就越大。

接下来是赫茨伯格的双因素理论。20 世纪 50 年代末，美国心理学家赫茨伯格提出一个新观点，认为调动人的积极性主要是工作本身，工作的吸引力才是主要的激励因素。赫茨伯格把马斯洛的 7 个需要层次概括为两类因素，即激励因素和保健因素，称为"双因素理论"。激励因素相当于内激励，保健因素相当于外激励。赫茨伯格把工作的吸引力、工资奖金划为激励因素，那么来自政府和社会团体的（科技）奖励则是一种外酬（保健因素）。当人们在取得重大成果后获得了外面的奖项，而奖项的魅力在于影响持久，使获奖者在激励下能更努力。

此外，美国哈佛大学心理学家戴维·麦克利兰在20世纪50年代初提出的"成就激励理论"很有影响力。他的研究表明，具有"高成就需要者"对企业和国家有重要作用。一个公司、一个国家拥有的这种人越多，就会越兴旺发达。麦克利兰调查得出，英国1925年的国民经济情况很好，当时英国拥有高成就需要的人数在被调查的25个国家中列第5位。第二次世界大战以后，英国经济走了下坡路，1950年再做调查时，英国拥有高成就需要的人数在被调查的39个国家中列第27位。麦克利兰研究还认为，美国人口中仅有10%的人有真正强烈的成就实现欲望。

（2）过程型激励理论

过程型激励理论包括期望理论、公平理论和目标设置理论。

期望理论是美国心理学家弗罗姆于1964年在《工作与激励》一书中提出来的。这种理论通过考察人们的努力行为与其所获得的最终奖酬之间的因果关系来说明激励过程，并以选择合适的行为达到最终的奖酬目标的理论。这种理论认为，只有当人们有需要，并且有达到目标的可能时，其积极性才能高。期望理论的基本模式是：

$$M(\text{Motive Force}) = V(\text{Value}) \times E(\text{Expectancy}), \qquad (6-1)$$

即激发力量 = 效价 × 期望值。

激发力量是指动机的强度，即调动一个人的积极性，激发其内在潜力的强度。它表明人们为达到设置的目标而努力的程度；效价是指目标对于满足个人需要的价值，即一个人对某结果偏爱的程度；期望值是采取某种行为可能导致的绩效和满足需要的主观概率，即主观上认为采取某种行为对实现目标可能性的大小。

基本模式表明，激发力量，即推动人去追求和实现目标，满足需要的力量是效价和期望值这两个变量的乘积。效价越高，期望值越大，激发力量也越大。如果其中有一个变量为零，激发力量也就等于零。期望值之所以影响积极性，是因为目标价值的大小直接反映并影响一个人的需要动机。

如果期望概率很低，经过努力仍不能实现目标，就会削弱人们的动机强度，甚至会使人完全放弃原来的目标而改变行为。

笔者认为，期望理论在科技奖励中的对应情况是：如果某人虽然想获得国家科技奖或其他有声望的奖励，但又对自己的能力毫无信心，就不会热衷于此。反之，如果某人（单位）的科研能力很强，常出重大成果，获得国家科技奖励是常事，使目标的效价降低，故激励作用不大。因此，如果获得某项奖励富有挑战性，但经过努力是可以得到的，就可获得并增强激发力量。因此，在科技奖励中，制定获奖的标准很重要，这是产生激励动力的关键因素。

接下来是亚当斯的公平理论。美国心理学家亚当斯研究发现，任何奖励与满足感之间还存在着对奖励公平公正的感觉。从获奖者得到的奖酬与其贡献的比例关系出发，他提出了公平理论。公平理论认为，一个人对他所得的奖励是否满意不能只看其绝对值，而要进行社会比较或历史比较，看其相对值，即将自己所做贡献和所得奖励情况，与相同条件的人的贡献与奖励情况进行比较，如果相等，则认为公平合理而感到满意，从而达到激励效果；如果低于他人，就会感到不公平不合理而影响工作情绪。这种比较过程还包括同本人历史上的获奖与贡献的情况做比较。正因如此，公平理论也叫社会比较理论。

该理论用公式表示为

$$Q_P/I_P = Q_X/I_X。 \tag{6-2}$$

其中，Q_P为自己对所获报酬的感觉；I_P为自己对付出的感觉；Q_X为自己对他人所获报酬的感觉；I_X为自己对他人付出的感觉。

等式左边大于右边时，个人可能会一时感到满足或因愧疚而努力工作，但在一段时间以后，他会满足于侥幸所得，致使工作又恢复常态。因此，只有在公式两边相等时，个人才会感到切实的公平，其行为才会得到有效的激励。

笔者认为，在科技奖励中，公平理论实用意义很大，如获奖项目完成人的排序问题，往往会因为完成人的贡献不一，造成异议，或者是两个水平相近的科技项目，在评奖中其中一个获奖，而另一个项目落选，也会造成落选项目完成方心里的不平衡。

最后是由洛克和拉瑟姆创立的目标设置理论。

（3）行为改造型激励理论

行为改造型激励理论包括强化理论、归因理论和挫折理论。

一是强化理论。强化理论是美国哈佛大学心理学教授斯金纳提出的。斯金纳在巴甫洛夫条件反射理论的基础上，提出了"操作条件反射理论"，也叫强化理论。斯金纳认为，只要刺激控制人的外部环境中的两个条件，就能控制引导人的行为。这两个条件：一是在行为产生前确定一个具有刺激作用的客观目标；二是在行为产生后根据工作绩效给予奖或惩，或者既不奖又不惩。

使奖酬成为真正的强化因素，就必须积极影响行为发生的次数，使获奖者不断增加积极行为的次数，以达到多出成果的目的。为保证奖酬成为真正的强化因素，还必须注重物质奖励和精神奖励相结合，奖酬逐步增长、逐步提高；但奖励不宜过于频繁，防止强化作用的减弱；奖励方式要新颖多样。因人而异，采取不同的强化因素。各类人员都有各自的特点和性格，他们对奖酬的反应也不相同，因而不能搞一刀切，也不能搞平均主义。

二是韦纳的归因理论。韦纳认为，一个人的行为结果，要么达到其目标取得成功，要么未达到其目标导致失败。失败者将分析失败原因，总结经验，以求其需要的满足。只有这样，才能激励他为实现目标而努力。韦纳将麦克利兰的观点加以扩充，将成功与失败归因于以下几点：一是人们自己的能力。这种能力被看作静态的特征，它存在于人的内部；二是人们努力的程度。这是一个易变的因素，也存在于人的内部；三是任务的难度。这是静态的和特定的，存在于人的外部；四是运气。这是易变的、不稳定的，也存在于人的外部。

三是挫折理论。挫折是指人的需要不能得到满足时的一种消极的情绪状态，特别是当个人的主要需要不被满足时，会产生不愉快的情绪反应。但挫折具有两重性，既有利又有弊。挫折又给人们教益，它还能激励人发奋努力，从逆境中奋起。此外，还有成就动机及亲和动机理论等。

上述理论，都是从心理学角度出发去阐述激励的作用。笔者认为，所有这些激励模式，对于我们深入理解科技奖励的本质，理解科技人员、科技创新和科技奖励之间的关系都十分重要。但无论是哪种激励（奖励）理论，最重要的是调动科技人员的积极性，提高他们创新创业的自主性，不断确立新的成功目标，为科技进步注入新的活力。

五、科技奖励中的其他问题

科技奖励制度的实施，也会带来很多不同的影响和问题，有的仅涉及科技界，有的却影响到整个社会，有的问题虽然提出了很多年，一些科学家和社会学家也拿出了解决的办法和措施，但依然如故，其中的缘由是多方面的。

1. 科技奖励导致的社会分层问题

随着科学研究作为一种职业的出现和发展，科学家的队伍逐渐壮大，科学活动群体的增长使科技人员形成了一个特殊的群体。在1896年，世界职业科学家有5万人，核心科学家约1.5万人，而到1970年科学家人数达到300万人。2018年，我国按折合全时工作量计算的全国研发人员总量达到419万人年，而全球从事科研的科技人员在2000万人左右。

20世纪以后，科技人员在科学共同体中的角色作用进一步分化发展。1942年，英国科学家和哲学家波兰尼在《科学的自治》一文中提出科学共同体的概念。20世纪70年代，美国社会学家哈里德·朱克曼在《科技界的精英》一书中描述了科学界的分层现象，即依据一定的标准，把科学家划分为不同的阶层。美国科学家的分层从高到低表现为：诺贝尔奖获得者、美国科学院院士、获得博士学位的科学家、被收入《美国男女科学家》一书的科学家、登记进《全国科技人员登记册》的科学家、美国全体科学家的总和，各个层次的科学家人数比例是一种典型的金字塔结构（图6-4）。

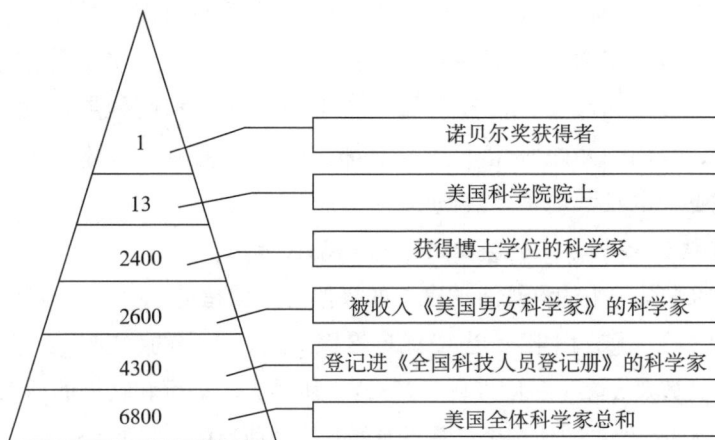

1	诺贝尔奖获得者
13	美国科学院院士
2400	获得博士学位的科学家
2600	被收入《美国男女科学家》的科学家
4300	登记进《全国科技人员登记册》的科学家
6800	美国全体科学家总和

图6-4　各层次科学家人数

朱克曼的算法是利用当时帕雷托关于鉴别精英的方法来简单描绘美国科学界的分层情况。当时美国获得诺贝尔科学奖的人数为 72 人，美国科学院院士为 950 人、获得博士学位的科学家为 17.5 万人、被收入《美国男女科学家》一书的科学家为 18.4 万人、登记进《全国科技人员登记册》的科学家为 31.3 万人、自称是科学工作者的为 49.3 万人，朱克曼将以上每组数据除以 72，得出了相对于诺贝尔奖获奖者分层结构的数字系列。

按照朱克曼的说法，获奖首先为科学家内部分层提供了一个标尺。获得的科技奖的声望越大级别越高，科技人员所居层次也就越高，如美国诺贝尔奖获得者与美国总统颁发的科技类奖的获得者的级别是有差异的。其次，科技奖励为科学家内部分层提供了必要的物质准备。科技奖励一方面具有激励的功能；另一方面又具有资助的性质，如居里夫妇用连续得到的奖助金成功进行了放射性研究，这些奖助金为他们后来获得诺贝尔奖奠定了物质基础。这说明科技奖励在科学家内部分层和流动过程中，对他们成为科学界精英起了重要作用。最后，获奖成为科学家内部实现分层的重要途径。朱克曼认为，获得科技奖，特别是获得世界享有盛誉的"诺贝尔奖"后，科学家内部的社会分层和流动便产生了。"多数诺贝尔奖获得者甚至一开始便已清楚，他们的社会身份已经因获奖而改变。"据朱克曼调查，不少人获得诺贝尔奖之后，各种荣誉桂冠不断增加，最多的达 27 项。

在中国科学界的内部，一个科技人员要想成为科学界的精英，同样需要社会和科学共同体的认可，而这种认可在很大程度上依赖于获得的科技奖励的声望。一个科研人员获得国内外科技奖励的层次和数量，代表了科技界和社会对其能力和贡献的肯定，是对该获奖者个人水平的推崇。按照获得奖项的级别和数量，科技人员在科学界的地位和所处层次便可以确定了。例如，我国的两院院士，基本上都获得过国家科学技术奖或国际上有影响的奖励，以及其他重要奖励。

2. 科技奖励中的"优势积累"——马太效应

科学家在其一生的科研活动中，如果他的贡献超过了科学体制所要求的标准，就开始了"优势积累"。当"优势累积"到了一定的程度，便产生了"马太效应"。"马太效应"一词来自《圣经》，用马太、马可和路加的话来说："凡有的，还要加给他，叫他有余；凡没有的，连他所有的，也要夺过来。"

默顿提出的"马太效应"是指科学奖励分配中存在的一种不公正、不公平的现象。具体是指那些有声望的科学家得到了与他们贡献不成比例的更大的荣誉和奖励，而那些不出名的科学家得到的是低于他们贡献的荣誉和奖励。"马太效应"有几种表现形式："优势积累效应""光环效应""普朗克效应""棘轮效应"。朱克曼对诺贝尔奖获奖者的研究证实了科技奖励中的这种"马太效应"。他说：一些诺贝尔奖获得者"获奖的原因早已成为一种模糊的记忆（或全部遗忘）之后很久，曾经获奖这种威望依然延绵不绝。一旦成为诺贝尔奖获得者，便永远保证了其所有成就的优越性。"

科技奖励中的"马太效应"还有另外一些表现形式。在我国，获奖后会产生一系列派生待遇：提高退休费标准、发放政府特殊津贴、晋升职称职务、拿到经费支持等。很多人获得国家科技奖后，名利随之而来，产生"优势累积效应"。很多高校和研究院所还规定，获得国家科学技术奖及其他知名奖项，将发给配套奖金或资助一定的科研经费。

笔者认为，"马太效应"不仅是科技奖，也是社会运行中的一个独特现象。"马太效应"的积极一面是突出了杰出科学家在科技创新中的地位和作用，展示其榜样力量和创新方法，强化其贡献对社会文明进步带来的正面影响，给获奖者持续不断的创新动力，也对广大科技人员产生了重要的激励作用。但"马太效应"也有较大的负面效应：一些科学家在获得重大的科技奖项后，当他的团队其后做出了一流成果，虽然他不是主要创新者，但仍站在领奖台的前排，而主要贡献者却默默无闻，有的人甚至因问鼎大奖而影响了团队和谐。此外，个别科学家在获得重大奖项后疲于各种社会活动，用奖项去捞取其他的荣誉和政治资本，淡化了自身的职业功能——科学研究。由于荣誉集中在少数人身上，在同行中造成消极影响，导致科技资源的分配不公，淡化了激励作用这个科技奖励的本质，应引起科技界的重视。科技奖励与其他社会建制中的奖励有所不同，如竞技运动方面，曾经获奖的运动员随着年龄的增长获奖的机会越来越少，即使当了教练，成名的也是弟子，他充其量不过是幕后英雄。

第四节　世界科技奖励的几点评述

20 世纪全球科技奖励可以说处于重大转折时期，上半叶由于受两次世界大战的影响，科技奖励设立的规模并不是很大，主要以英国、法国、德国、瑞典为代表，这些国家是近代科技革命的发祥地，科学技术发展推动了科学技术建制的建立，逐渐形成了比较规范的科学技术奖励制度，从提名（推荐）、评审到颁奖过程形成了很好的基础。随着第二次世界大战的结束，世界进入冷战时期，而科学技术也主要从军事领域转向民用方面，给科技奖励带来了重大的发展机遇。很多战时无法运行的科技奖励开始恢复。一些国家纷纷摆脱殖民统治而宣布独立，发展自己的科学技术以促进产业发展，并竞相设立新的科技奖励奖项。同时，随着国际性科技学术团体的不断发展，一些国际性科技奖励接踵出现，尤其是以联合国为代表设立的国际性科技奖项，影响深远，促进了科学技术的交流、合作，同时也推动了以创新为目的的竞争。进入 21 世纪之后，发展中国家由于经济的快速发展，设立科技奖的热情越来越高，奖金额度大、影响力强的大奖屡见不鲜。这些重大的科技奖励不仅惠及科技人员和影响科技界，同时也渗透到社会的生产和生活的各个领域，更加得到各界的关注和支持，为科技奖励的发展提供了社会土壤和物质上的支撑。概括起来，近代科技奖励自萌生发展至今有如下几个特点。

一、调整并发展了科技奖励的组织建制

19 世纪中叶，欧洲的英国、法国、德国几个有代表性的国家，基本上已经完成了科学的组织建制，科技奖励体系已基本完成。到了 20 世纪，这些国家及后起的美国、日本等为适应科技与经济的结合，先后又进行过调整。这些国家的科技奖励大致分为国家政府机构控制、大学与企业及民间科学技术学术团体奖这三大层次。这些国家都有上百个科学技术学会。特别是国家一级学会，都设有奖励基金，并制定了奖励章程和办法。以英国为例，该国的数学、物理、化学、天文、地理、生物、工程技术、能源交通、民用建筑、航海造船、通信邮电等学会，都设有以该领域著名科学家和技术专家命名的奖章和奖金，如著名的休斯奖章，科普利奖、戴维奖章、伦德福奖章、达尔文奖章等。第二次世界大战后，科技从主要服务于军事转向服务军事和民用领域，科技奖励的方向和重点也开始向经济方面转移。科技奖励也呈现多层次多元化的特点，许多国家和国际性组织根据科技发展的趋势及时设立或调整奖项的设置，关注国内国外的科技热点问题，以及设置一些国际性奖项来推动全球的科技进步。

二、改进和完善科技奖励的形式和手段

发达国家知识产权制度在趋于完善的同时，从20世纪20年代起，都先后把科技成果的奖励纳入对知识产权和专利的组织管理，使科技奖励制度在组织管理上与知识产权制度和工资制度相互衔接。尤其通过奖励的肯定作用和能力标尺，建立了科学院院士制度，被选为院士的人一般代表该国某学科的最高水平，有很高的荣誉和知名度。院士制度可以说是一种常规性的精神奖励制度。此外，还有以荣誉院士称号授予对该国科学和技术发展做出突出贡献的外籍科学家。从奖励的方式和内容来看，世界各国所采取的奖励形式大致分为物质奖励、精神奖励及物质奖励与精神奖励相结合3种类型。除了正式的科技奖励之外，还有其他的激励方式。其一是授予学术性的荣誉称号。称号有功勋教授、功勋院士、功勋奖章、杰出科学家、荣誉院士、荣誉教授、荣誉博士等，如英国著名数学家罗素（B. A. W. Russel）1950年被英国授予功勋奖章。其二是授予爵位，提高其社会地位。欧洲爵位原来只授给政治家、军事家和著名商人，随着科学技术影响的增大，其中一些获奖科学家被授予爵位，不仅承认和提高了科学技术的地位，也大大提高了科学家身价，如英国的汤姆逊（Thomson）、霍普金斯（Hopkins）等分别被女王授予勋爵或爵士。其三是通过新闻媒体加强对杰出人物的宣传。在欧洲的几个国家，影响较大的获奖者几乎都应邀到报社、电台和电视台接受访谈，如法国国家电台设专栏宣传国家科学研究中心金质奖章获得者并在黄金时间段播出。其四是为著名的获奖科学家塑像，陈列于博物馆、纪念馆和公共场所等。例如，德国的克莱因（Klein）和希尔伯特（Hilbert）、法国的居里·玛丽（luvie Maie）等著名科学家，分别被本国的科学纪念堂馆陈列事迹和肖像。中国的祖冲之、万户的雕像还被陈列到莫斯科大学礼堂中。其五是"命名法"奖励，即用发现或科学技术发明者的名字来命名新科学原理与技术成果。例如，19世纪前有"牛顿定理""拉格朗日方程""门捷列夫元素周期表"等。1785年法国物理学家库仑发现了电学史上的第一个定量定律（$F = K \cdot q_1 q_2 / r^2$），不仅被称为库仑定律，电荷单位还被称为库仑，电离辐射照射量单位被称为库仑每千克。到了20世纪，这种荣誉命名法已逐渐规范化和法制化，如我国数学家吴文俊50年代在拓扑学领域发表关于流形上Stiefel–Whitney示性类的论文，被

称为"吴示性类"与"吴公式"。这样，学者名字便成为某一科学理论的代名词，并通过教科书等形式，使那些著名的科学家流芳百世。

三、创立科技奖励理论研究并不断发展

国外学者对科技奖励制度的研究始于 20 世纪初。1919 年，美国的 M. 韦伯在题为《作为一种职业的科学》的演说稿中，从科学内在要求出发，对科学与艺术、法学、社会学、历史学、经济学、政治科学进行比较，最后论及科学与政治的关系、科学的价值等问题。他首次把科学作为一种职业，分析了从事科学活动的具体的社会角色形式（Typology），以及支配这些角色的行为模式（Pattern）。到 20 世纪中叶，美国著名科学社会学家默顿开始从科技发展本身和社会的机制对科技奖励制度起源进行有益探讨，先后于 1942 年和 1957 年发表了题为《科学和民主的札记》《科学发现的优先权》的两篇重要论文。他认为，科技奖励起源于优先权之争，是一种功能强化制度，由此引出科学奖励系统这个概念。默顿从科学社会学出发，把科技奖励的理论研究引入了一个新的阶段。20 世纪 60 年代后，一些著名学者发表了一系列的著述，其中最具代表性的有本·戴维（Joseph Ben David）的《科学家的社会角色》、库恩的《科学革命的结构》、朱克曼（Harriet Zuckerman）的《科学界的精英》、哈格斯特洛姆（Warren O. Hagstrom）的《科学共同体：为获得承认而竞争》、科尔兄弟（Stephen Cole 和 Jonathan Cole）的《科学界的社会分层》、杰里·加斯顿的《科学的社会运行》等，这一系列论著的发表和出版，标志着对科学技术制度层次和行为规范、价值观层次的文化解读进入到新的阶段。其中的一些新的理论观点，如哈格斯特洛姆提出的科学奖励系统的"交换理论"，拉图尔（B. Latour）和伍尔加（S. Woolgar）提出的"信用循环理论"，对默顿的理论提出了挑战。在研究方法上，本·戴维着重于科学史比较研究；库恩、朱克曼直接从科学史研究出发探讨科技奖励，如朱克曼对美国科学界进行了社会分层，认真分析了科学界的第四十一席现象；科尔兄弟、克兰等则深入进行实证性研究，很好地实现了科学史与社会学研究的结合与统一。他们对科学家的职业与角色特征、科学体制化、科学共同体及其模式和规范、科技奖励制度、科学界的分层与互动等进行了分析和论述，树立了"科学家职业和科学家角色"的社会形象，扩大了科学技术在制度层次与价值观、行为规范层次方

面的社会影响。除了从科学社会学来研究科技奖励外，国外学者从心理学出发，深入研究了激励理论。这些研究始于 20 世纪 20—30 年代，主要有"内容型激励理论""过程型激励理论""行为改造型激励理论""综合激励模式理论"等。其中较为著名的有马斯洛的"需要层次理论"、麦克利兰的"成就激励理论"、奥尔德弗的"ERG 理论"、赫茨伯格的"双因素理论"、弗罗姆的"期望理论"、亚当斯的"公平理论"等，对科技奖励的起源和人类对奖励的需求心理进行了诠释。

四、在诺贝尔奖的影响下，近百年来大奖不断涌现

诺贝尔奖是人类科技进步的风向标。诺贝尔科学奖的每一个获奖项目，都打上了科技进步的时代烙印，100 多年来人类的重大创新成果都尽揽其中，是全球科技界几乎一致认同的最具影响力的科技奖励。虽然，1932 年设立的菲尔兹（数学）奖、1944 年美国设立的拉斯克奖、1966 年世界计算机协会设立的图灵奖、1976 年以色列设立的沃尔夫奖、1985 年联合国教科文组织设立的科学奖、1987 年世界粮农组织设立的世界粮食奖等民间奖，以及一些发达国家政府设立的科技奖励在全球均有很大影响，但诺贝尔科学奖的影响远在其上。以诺贝尔科学奖为代表的科技奖励，120 多年来，通过获奖人物和项目，揭示了以往蒙尘在大自然中的奥秘，打开了造物主的宝库，展示了近代科学技术对推动人类文明进步的巨大贡献。同时通过那些获奖者的科研心路历程，向人们展示了他们的创新思维和科研方法及一往无前的拼搏和奉献精神，这是留给后人的精神财富和物质财富。

进入 21 世纪，国际和国内设立的科技奖励日益增多，100 万美元级的大奖频现。2000 年欧共体设立笛卡尔奖（Descartes Prize），奖金为 100 万欧元；2001 年挪威政府宣布设立面向数学领域的阿贝尔奖（N. H. Abel Prize），奖金约合 100 万美元；2002 年中国香港设立邵逸夫奖，奖金为 100 万美元，被称为"东方的诺贝尔奖"；2004 年芬兰设立千年技术奖，奖金为 100 万欧元；2013 年中国台湾设立唐奖，奖金 1000 多万元人民币；2015 年中国设立未来科技奖，奖金 100 万美元；2015 年中国香港设立吕志和奖 - 世界文明奖，奖金 2000 万港元。……

近代制度化的科技奖励，既是古代科技奖励的延续，又是现代科技奖励的先驱。从历史的延续中，我们可以看到，科技奖励从产生之日起，它

的运行方向始终同科技发展、社会经济和政治制度联系在一起，并随着这些力量的变化而改变。只有当社会与经济需要科学技术时，科技奖励才能大步前进。同时，科技奖励作为科技自身发展的一种动力系统，其对科技创新具有巨大的推动作用。从某种意义上说，科技奖励是科学技术发展的忠实伴侣。它的成熟与发展离不开科学技术自身的成熟与发展，是促进科技发展的"贤内助"。因此，从某种意义上来讲，科技奖励是人类文明与进步的一种标志。

第七章
中外科技奖励的比较分析

中国制度化科技奖励可以说是受西方影响而产生的。科学技术建制出现以后，科技奖励也自然成为科技建制的目标，通过科技奖励的杠杆作用，在一定程度上促进了科技进步，同时也催生了近代工业的发展。从 1731 年英国第一个制度化科技奖励——科普利奖的诞生，到 1901 年蜚声国际的诺贝尔奖的出现，乃至今天全球难以统计的科技奖励，生动地反映了国外科技奖励制度不断创新、不断改进完善的历史，也是世界科学技术进步的集中写照。本章通过将我国科技奖励制度与国外科技奖励制度进行比较研究，从中获得有益的启迪。

第一节　中外科技奖励运行方式的比较研究

与西方发达国家相比，中国科技奖的设立起步较晚，但目前中国的科技奖励形成了自己的模式和特点，涵盖面也较广。在科技奖励的运行中，任一环节都将左右和影响评审结果，关系到奖励的公正性和影响力。比较和分析我国与国外科技奖励运行的一些方式和特点，对完善评审机制、推进我国科技奖励制度建设具有积极的意义和作用。

一、候选人的来源

候选人的来源是科技奖励的第一环节，在中外科技奖励中有明显不同。在我国，早期国家科技奖励及社会力量设立的科学技术奖基本上实行申报或推荐制度，直到 2018 年才开始实行提名制。候选人（项目）的推荐往往是由指定的推荐部门来完成的，通常由成果完成单位填写奖励推荐书，准备好相关的证明材料，如专利授权证明、在著名科技刊物上发表的论文、取得的经济社会效益证明等附件，再由推荐部门盖章后报送到奖励的评审部门。

在国外，候选人的推荐大多采取专家提名制。推荐专家一般是评奖委员会成员、以往的获奖者、经评奖委员会指定或特聘的世界范围的知名科学家，也有少数的国际性科技奖励允许机构推荐，主要是大学、科研机构、科学组织等，政府职能部门一般不参与推荐，其中机构推荐的每一位候选人还必须附加一定数量的知名专家推荐函。一般不接受毛遂自荐。

这里以世界著名的诺贝尔奖为例。评审前一年的 9 月，诺贝尔奖评审委员会向世界各地发出对候选者提名人的邀请。诺贝尔奖不接受个人提名，也不能自己提名自己，只有被邀请者才能成为提名人。早在 1901 年，曾有一位著名科学家因提名自己为诺贝尔奖候选人而被嘲笑，他高度评价了自己的贡献。被邀请的提名人应对所在学科的发展有比较全面的了解，特别是前沿学科。提名实行匿名制，提名表由提名人填写，最初被提名的科学家往往不知道，直到接到通知去介绍自己的研究工作时才知道。每年，诺贝尔奖评审委员会 6 个方面的固定的部门或评委向诺贝尔奖评审委员会提名。这 6 个部门或评委是：①诺贝尔物理委员会成员；②瑞典皇家科学院院士；③北欧国家物理学教授；④已获得诺贝尔奖者自动被邀请；⑤按学科随机选择世界各地的一些大学中的教授个人；⑥挑选世界各地一些不在大学但在不同种类的研究所、加工业研究所、国家基金支持的研究所或科学院的研究所中工作的个人。只有这些被邀请者的提名才有效。

诺贝尔奖每年有 300 多位提名人，提名的截止日期为评审当年的 1 月 31 日。诺贝尔奖评审委员会在提名截止日开会，审阅提名建议书。然后决定需要提供哪些候选者的专家报告。当然有些被提名多次尚未评上的候选者已经有了专家报告，但针对新的候选者和原有候选者做出的新贡献，仍需写出报告。写报告的工作由指定的一名或两名专家完成，专家报告的科学性、公正性非常重要。

在美国，总统科学奖、总统技术奖也采用提名制。就总统科学奖来说，被提名者条件有 7 项，其主要条件是被提名者的工作对物理、生物、数学、技术科学或社会及行为科学的重要影响；其他条件包括取得的特殊重要成就对科学发展具有潜在影响、在促进科学和技术发展中做出突出服务并同时对科学本身做出贡献、工作得到科技界同行的公认、对创新和产业的贡

献、出版物和教学工作对教育的影响、美国公民或已申请加入美国籍的永
久居民等。其提名方式和过程为：提名有效期为 4 年（包括被提名当年），
4 年后需向总统科学奖委员会重新提供候选人的提名材料。提名或重新提名
的表格必须在 5 月 31 日前提交总统科学奖委员会。另外，提名者还要负责
提供 3 封支持信，并在 5 月 31 日前提交总统科学奖委员会。总统科学奖自
1959 年设立到 1999 年的 40 年间，已有 362 名杰出科学家和工程师获此殊
荣。截至 2020 年，已有 500 多人获此荣誉。现在，越来越多的美国年轻科
学家和工程师，许多是女性和少数族裔，被提名为总统科学奖候选人。

此外，美国总统绿色化学奖、芬兰科学奖等奖项也采用提名制。但有
的奖则采用提名与推荐相结合的机制，如印度科学与工业发展委员会
（CSIR）设立的"禅狄·思瓦鲁普·巴哈迪纳加尔科学技术奖"（SSB）采
用的就是提名与推荐结合的方式：先邀请并委托各个行业人员参加提名和
审议，提名的认定由科研机构主要领导（一般都是有声望的科学家）负责。
然后由 CSIR 所属各实验室主任根据各自熟悉的专业推荐到评审机构。如果
在提名期间，被提名者辞去原有职务或出国工作，其提名将不再有效。

推荐制的优点是推荐的表格和材料由候选人（单位）完成，候选人对
自己的工作比较熟悉，可以准确地写出自己的贡献，推荐部门与候选人之
间透明度高，可以起到一定的监督和证明作用。2018 年以前我国国家科技
奖的推荐项目（人）大部分是经过省部级科技奖励评审，可信度较高。推
荐制的缺点是推荐过程烦琐，且推荐材料基本上由候选人填写，单位仅出
具公章证明，一旦候选人弄虚作假，会造成推荐部门诚信危机。而提名制
的优点是由一流专家提名，他们工作在科技前沿，熟悉做出新成就的候选
人，他们对被提名者往往抱着非常审慎的态度。同时这种提名是"背靠背"
的，是保证公正性的一道防线。可能出现的问题是被提名者与提名人关系
过于亲近，如师徒、同一学派的学者等，而使真正的优秀人才失去机会。
诺贝尔奖的获得者中，就有不少获奖者与提名者是师承关系。当然，也不
能否认"名师出高徒"这一客观事实。提名制也反映了对提名人学术水平
和道德水准的充分信任。

二、评委构成情况的比较

对于任一科技奖励工作机构而言，一般都有专门的评奖委员会。在国

外，即使是政府设立的科技奖励，评价程序也保持着高度的独立性，不受行政干预，社会力量设奖更是如此。

诺贝尔奖的评审专家主要由 5 人组成。如果需要外界专家的帮助，则由瑞典皇家科学院听取某评审组的报告后在全体会议上最终决定。这条规则近几年做了一定的修改，请外界专家协助由某评审组或诺贝尔奖评审委员会决定即可。

美国总统科学奖的评委由总统任命，由 12 位科学家和工程师组成评审委员会，负责对总统科学奖被提名者进行评审。评审委员会设在美国国家自然科学基金会（NSF）。从评委构成看，12 人中有多半为不同领域的专家，其余为专家型领导及经济学专家。总统技术发明奖的评委由商务部部长任命，共 8 名成员。香港科技大学校长朱经武教授 2007—2009 年曾被美国总统布什委任为美国国家科学奖评审委员会委员。

其他国家的奖项评委设置情况也有类似之处。例如，俄罗斯联邦国家科技奖设立于 2004 年，是俄罗斯的最高科技奖励，俄罗斯总统亲自领导该奖的评审并授奖，组织实施则由俄罗斯联邦总统科学与教育委员会负责。目前除总统普京外，该委员会有 39 名成员，成员构成具有广泛代表性，包括俄罗斯科学院院长、院士，一些著名大学的校长等。芬兰科学奖由芬兰科学院理事会的 7 名成员组成评委负责评审。这 7 名成员有不同的专业背景，同时又是各学科的权威人士。在芬兰科学院 4 个委员会的提名名单提交后，理事会 7 名成员讨论最后评出 1 名获奖者和 1 个获奖研究集体。英国皇家学会的物理科学奖评审委员会和生物科学奖评审委员会的评审专家各为 11 名，委员任期 3 年，最长不超过 6 年，每年要基本轮换 1/6 的委员。

在评委的遴选上，我国与国外有所不同，其原因是我国科技奖励以评项目为主，国外科技奖励的对象主要是人，评审的依据是个人取得的某项重大科技成就，或者其贡献的累积。这样评审时对其在专业技术内容的审定不一定要同行专家，只要了解其贡献大小即可，因此具体评委的构成人数可以相对少些，但掌握的知识面一定要"博"，评委人少也有利于意见的统一。这也说明人物奖的评审成员不在于数量，而在于评委的合理配置及他们的敬业和诚信程度。

而评审对象是项目就不同了。评审项目主要考虑其技术水平及产生的经济社会效益，不同的科技领域需要不同的同行专家，需要的评审专家与参评的项目成正比。例如，俄罗斯联邦国家科技奖和俄罗斯联邦政府科技奖的奖励对象是重大科技项目，前者每年奖励 20 项，后者每年奖励 50 项，这两大奖的评审委员会成员均为 70 人，包括俄罗斯联邦科学院院长在内的各个学科的著名专家学者和学者型领导。我国的科技奖励评审对象也主要是项目（三大奖），涉及科学技术几乎所有的领域，2020 年前参评项目差不多都在 1000 项以上。因为在专业评审组评审时评委的构成以同行专家为主，且根据项目的专业情况选定专家，所以评审项目越多，需要的评委也越多。

三、评审方式的分析比较

评审是奖励工作的重心。由于国情、奖励性质等方面的不同，在国与国之间、各个奖项之间的评审方式有一定的差异。

首先我们来看诺贝尔奖的评审。诺贝尔奖委员会（Nobel Committee）对整个提名（包括提名人和被提名人）及评审过程严格保密（保密期为 50 年）。整个提名和评审程序大约需要 1 年时间。从上一年的初秋开始，先由发奖单位给那些有资格的提名人发出私密邀请信，这些提名人都是各专业领域享誉全球的顶级科学家，提名至 1 月 31 日截止。每年的 5—6 月，指定专家撰写的报告提交给诺贝尔奖委员会后，诺贝尔奖委员会开始审阅报告，为最后决定作准备。通常在委员会的 5 个人中，不采用投票方式，而是通过协商取得一致意见。9 月，诺贝尔奖委员会向瑞典皇家科学院提交一份庞大的报告，内容包括每项建议、提名人、提名原因，并对专家报告做出讨论和评估，最后建议该年的获奖人名，所有的专家报告将作为附录。当然，瑞典皇家科学院更希望委员会提供一个可能获奖者的名单，由他们进行讨论，由于提名者很多，被认为是重要的候选者名字被排除在外的情况几乎不存在。每一年的提名并不自动传递到下一年。例如，在物理奖评审中，瑞典皇家科学院物理组的每个院士会收到一份建议名单的复印件，他们会在 10 月开两次会，最终决定是否同意委员会的建议。接着，瑞典皇家科学院召开全体会议，建议的获奖者由委员会主席在会上口头宣布后，再征求物理组的意见，然后瑞典皇家科学院的院士投票表决。表决结果有 3 种情况：一是同意诺贝尔奖委员会的建议；二是同意任何另一位被提名人（这种情况发生于 1912 年，与诺贝尔奖委员会建议的人选不同的工程师达伦（N. C. Dalen）获得了诺贝尔物理学奖）；三是交一张空白的选票。近几年有一条新规定，也可以投票表示这一年某位候选人不应授予诺贝尔奖。获奖者必须得到 1/2 以上的选票。由于网络技术的发展，现在投票结果存入网络后，很快就可以在瑞典皇家科学院或诺贝尔基金会的网址中查到。整个运行流程如图 7 - 1 所示。

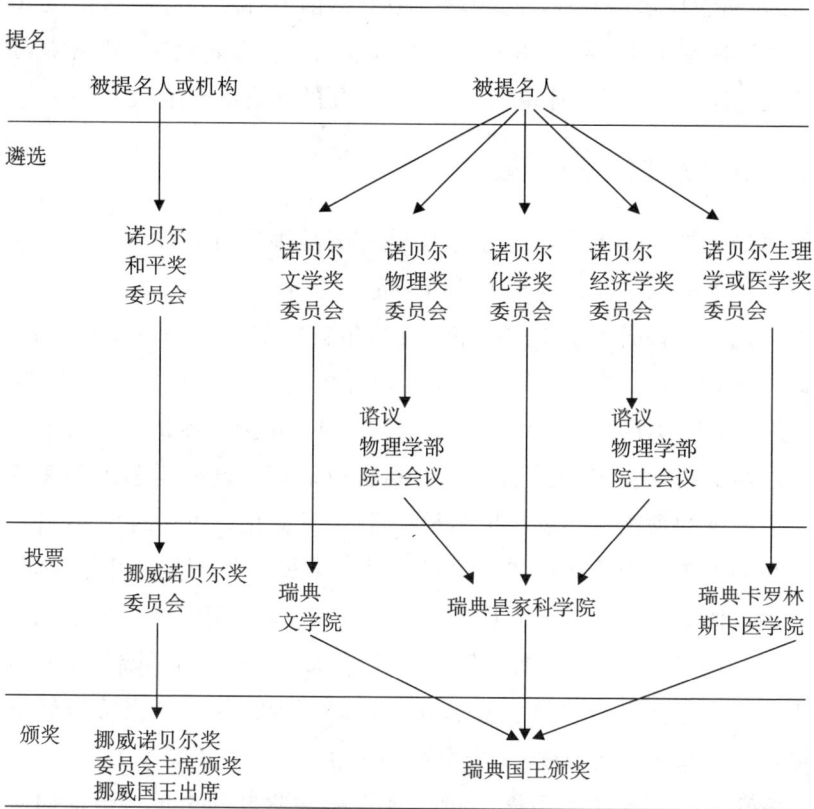

图 7 - 1　诺贝尔奖运行流程

日本国际奖的评审略有不同，它是在该奖的基金会下设一个评选委员会，委员会由 24 人组成。获奖候选人由各国著名的科学研究机构推荐。日本国际奖金与诺贝尔奖的不同点在于，它主要奖励在工业、农业、建筑等技术领域取得的杰出成就，而这些恰恰是诺贝尔奖授奖范围之外的。

上述国际性科技奖大多属于科技成就奖，奖励在某一学科领域或某几个学科领域取得显著成就和对人类科技进步做出重大贡献的科学家，评奖标准以科学家个人取得的重大科技成就为依据。

我国科技奖励有三级评审、二级评审和一级评审 3 种模式。国家科技奖和部分省部级科技奖实行的是三级评审制。以国家科技奖励为例，第一级学科组评审，由网评和会评组成，主要是小同行评议，要求专家熟悉或精通某一学科甚至其分支，利于对候选项目科学技术水平的评价；第二级为评审委员会评审，按照奖项种类，评审委员会有国家最高科学技术奖、国家自然科学奖、国家技术发明奖、国家科学技术进步奖和国际科技合作奖5个评审委员会。评审委员会由一定数量的专家和专家型管理人员组成；第三级为国家科学技术奖励委员会审定，委员大多为两院院士和管理方面的高层领导，体现了我国科技奖励评审过程中遴选评委的严谨性。我国社会力量设奖大多为二级评审，称为初审、终审，其原因可能是大部分社会力量设奖的奖励对象是科技人员、奖励数量不多、节约评审成本等，但评审结果还是较为公正的。

总之，科技奖励的运行目标是评审结果公正，这样才能达到激励的效果。虽然中国与国外在科技奖励的运行机制上有一定的差异，但目的也是确保评审结果公正、没有争议且经得起时间考验。实践证明，我国国家科学技术奖励的评审是非常成功的。

第二节　影响科技奖励知名度的因素及其比较

目前，全世界的科技奖励大约有数千项，但有的奖项誉满全球，在全社会和科技界有很高的知名度和影响力；而有些奖项则默默无闻。造成这种反差的原因是多方面的。

美国科学社会学家科尔在分析科技奖励知名度时，总结了奖励的知名度与一些特征变量之间的关系，如表7-1所示。

表7-1　奖励的知名度与一些特征变量之间的关系

	V	P	Q	M	R	S
V	—	0.74	0.35	0.22	0.36	0.50
P		—	0.52	0.18	0.22	0.64
Q			—	0.02	-0.04	0.14
M				—	-0.01	-0.12
R					—	-0.11
S						—

注：V 为奖励的知名度；P 为奖励的声望；Q 为获奖者的研究质量；M 为奖金额度；R 为获奖者的数量（1955—1965年）；S 为奖励的范围。

科尔的结论是建立在实证分析（1955—1965 年美国科技奖励的获奖人）的基础上的。在科尔看来，奖励的知名度与奖励的声望关联度最大，其次是奖励的范围，接着是获奖者的研究质量。在他看来，奖励的知名度似乎与获奖者的研究质量和奖金额度关联并不大。

笔者认为，影响科技奖励知名度的因素远远不止这些，还与设奖的时间（历史）、奖励成果的水平或获奖人的影响力、奖项的名称、奖金额度、奖励频度、颁奖的规格、固定的颁奖日期、宣传造势等有关，这些都是影响科技奖励知名度的重要因素。但对某一奖项来说，影响知名度的因素差异性很大。

一、设奖的时间（历史）对奖励知名度的影响

一般说来，设立后的科技奖励只要坚持颁奖，其知名度会随着时间的延续而增强。例如，日本的褒章制度设立于 19 世纪末期，由于 100 多年来坚持不断，在日本国内甚至在世界上产生了积极影响。其原因是时间越长，奖项对人的强化次数越多，给人的印象不断加深，就像窖藏的酒，时间越长酒越香醇，可谓历久弥新。

我国国家自然科学奖的前身是中国科学院科学奖金，是 1955 年设立的，已经有 60 多年的历史。该奖在中国的科技界影响深远，1999 年国家科技奖励制度改革前曾一直被认为是科学界的最高荣誉，成为衡量学术水准的重要标尺。20 世纪 50 年代，钱学森、王淦昌、吴文俊等著名科学家获得过一等奖。从改革开放至 2019 年，相继有 37 项成果荣获一等奖，获奖者包括中国科学技术史专家、英国的李约瑟教授。

但设奖时间长短也不是获得知名度的唯一因素，如英国的科普利奖是全球最早的制度化科技奖励，270 多年来在英国皇家学会的主持下几乎没有间断过（除了 18 世纪和 19 世纪有 10 余次没有授奖外，即便第二次世界大战那种战火纷飞的特殊时期仍坚持授奖），奖励过达尔文、富兰克林、爱因斯坦等著名科学大师，在英国可谓影响深远。虽然科普利奖比诺贝尔奖年长 170 多岁，但其知名度却远逊于诺贝尔奖，世界范围内知晓的人并不多。

二、获奖人的科技贡献对奖励知名度的影响

获奖者的学术贡献和科技成就是影响科技奖励知名度的最重要因素之

一。例如，诺贝尔奖在设立之初，就以全球范围内在最近一年（几年）内做出重大贡献的科学家为奖励对象。这样通过奖励世界一流的科学家，科学家本身的声望和魅力反过来提升颁奖机构的权威性和影响力。诺贝尔奖获奖者的科学成就，是当代科学技术成就的缩影，集中而生动地反映了科学技术发展的历程，无怪乎美国的科学社会学家朱克曼把其获奖者称为"科学精英"（Scientific Elite）。又如，有"数学界诺贝尔奖"之称的菲尔兹奖，奖励的都是世界一流的年轻科学家，因此一设立便在国际数学界叫响。

我国国家最高科学技术奖截至 2020 年奖励的 35 名著名科学技术专家都是国内某一学科领域的翘楚，因此他们的获奖反过来提升了国家最高科学技术奖的权威性和知名度。

三、设奖机构的权威性对奖励知名度的影响

设奖机构对奖励的影响作用不可低估。有些设奖机构自身的权威性一开始就给所设的奖项带来了重大影响。一般来说，设奖机构具有的政治地位和学术权威越高，其社会影响也就越大。就政治地位而言，如我国的国家科学技术奖，美国的总统科学奖、总统技术奖、总统绿色化学奖、总统青年科学家和青年工程师奖，芬兰的科学奖、技术奖，印度的科学奖，澳大利亚的科学技术奖等，由于都是以国家的名义设奖，代表了一个国家的科技水平，往往具有较强的冲击力。这些奖不仅在国内，在国际上也能够"一石激起千层浪"。从学术和研发机构来看，一些国家级的科学院、工程院，全国性学术团体及著名大公司所设奖励也具有很高的知名度。

当然，奖励公正性更为重要。柏拉图说过："一个人要值得享有荣誉，就不可做不公正的事情，如果他不仅对自己公正，而且阻止别人做不公正的事，那他会得到不止双倍的荣誉。"所以很多设奖机构非常重视评审的公正性。例如，诺贝尔奖 100 多年来始终注重评审的公正性，虽然有时也遇到科技界质疑和社会批评，但基本上保持了评审的公正性，因而其影响力不断加大。

四、奖项名称对奖励知名度的影响

奖项名称对知名度有明显影响。国内外科技奖项的命名有下列几类：①设奖机构的名称加上奖励的对象或内容，如俄罗斯政府科学技术奖、印

度工商业联合会奖、美国总统杰出青年学者奖等。②利用名人效应，以历史上或在科学研究中声望极高的人为奖项名称，如国家元首、皇室成员、政要或著名科学家，如英国女王奖、英国皇家学会的达尔文奖章、美国物理学会的爱因斯坦奖、我国的华罗庚数学奖等都是以著名科学家命名的。③以捐资者的名称命名，如著名的诺贝尔奖的奖金来自诺贝尔捐赠的 920 万美金，以色列沃尔夫奖的奖金来自亚·沃尔夫及其家族 1000 万美元的捐赠基金，国际数学同盟的菲尔兹奖的奖金来自菲尔兹的捐赠等，利用名人效应，可以借力发力，取得很好的影响效果。

五、奖金额度对奖励知名度的影响

奖金额度是关系奖励知名度的重要因素。奖励额度大，必然使激励作用大，媒体宣传力度大，社会关注程度高。如诺贝尔奖首颁时，奖金就独居高位，随着社会经济的发展，奖金也水涨船高，始终处于高端。但奖金额度也不是决定性的因素，其后虽然有个别新设立的科技奖项在奖金上超过诺贝尔奖，如美国 1956 年以总统名义设立的费米奖，奖金金额为 10 万美元，1973 年设立的泰勒环境奖（Tayler Environmental Prize），奖金金额为 20 万美元，比同年度诺贝尔奖的奖金高出一倍，影响也很大，但诺贝尔奖的知名度仍高居榜首。

当然，有的科技奖没有奖金，主要是精神奖励。但由于设奖机构的权威性，往往被视为崇高甚至是最高荣誉。如 1894 年德国工程师协会设立的GRASHOF 纪念币奖励，虽无奖金，却被德国人视为该领域的最高荣誉；美国的总统科学奖、总统技术与创新奖，新西兰的卢瑟福奖章等，虽无奖金，但在该国和全球的影响很大。

六、奖励频度和规模对奖励知名度的影响

奖励频度是指奖励的周期。一般说来，目前世界上科技奖的奖励周期多为每年一次。适度的奖励周期，对不断强化奖励的影响、增强其地位和功能具有重要作用。如果奖励周期过长，社会对奖项就会淡忘，当再次运作时，难以唤起人们遗忘了的记忆，历史上就有这种情况。例如，1886 年法国的勒康特奖（Leeonte Prize），为保证基金利息达到一定数量后奖金产生"大奖"的轰动效应，拖到了 3 年后的 1889 年才授奖，奖金额度虽达到 5 万

法郎，但影响却下降了；奥西里斯奖（Osiris Prize）奖金额度虽然达到10万法郎，但却造成每6年才能授奖一次；奖励周期最长的奖项为英国1838年设立的阿克顿奖（Actonian Prize），奖励周期为7年。这些奖当时有一定的新闻效应，但因周期太长最终影响不大。1993年，我国珠海也搞了当时中国奖金之最的大奖，奖励价值27万元的汽车，但此奖不连续，一阵风过去，也就悄然无声了。

奖励的规模是指奖励群体的多少，也关系和影响着奖励的知名度。如果一个奖项的范围仅仅面向一个狭窄地域或一个特定的较窄的学科领域，它必然缺乏辐射力和影响力。如法国国家科学院的专业评委会奖，分14个评委会进行评定，每个评委会根据专业细分评出几项奖，比起法国国家科学院大奖则黯然失色。

七、颁奖规格和层次对奖励知名度的影响

颁奖规格的高低是提高奖励知名度的重要一环。正因为如此，很多设奖机构在颁奖时往往要请最高级别的政要和社会名流出席，如总统、科技界泰斗或大师，显示该奖的重要和学界地位，以提高科技奖励的影响力。反过来，那些社会名流、显贵的出席也体现了政府和社会对科学技术及科研人员的重视和支持。例如，日本的秋樱奖、日本奖等，都会邀请日本的政要出席；韩国的科学技术奖，是韩国最具权威的最高奖项，分为科学奖、技术奖、技能奖和振兴奖4个单项奖，由总统向获奖人颁奖；在德国，莱布尼兹奖颁奖时，联邦总理、联邦教研部长、文化部长和一些著名科学家都要出席；美国的总统科学奖和总统技术奖都是美国总统在白宫授奖，并发表贺词；印度科学奖、芬兰科学奖、芬兰技术奖等，都会邀请国家最高领导和皇室成员出席。

近20年来，我国每年召开国家科学技术奖励大会，党和国家主要领导都要出席并作重要讲话，颁奖仪式规格高、场面隆重热烈，对激励广大科技人员的创新积极性产生了极其重要的影响。

八、宣传力度对奖励知名度的影响

一个奖励的知名度主要来源于宣传造势，同任何一种商品一样，通过广告宣传，才能为公众熟知。同样，奖励也需要宣传，需要真实的包装，

而新闻媒体是科技奖励走向公众的桥梁。因此，很多设奖机构非常注重奖励的形象宣传，通过新闻发布会等各种活动来赢得媒体重视和公众关注。

选择颁奖时间对宣传效果至关重要。有的国家选择国庆、科技节、奖项捐资者或奖项人名的生日等特定的日子进行颁奖。例如，诺贝尔奖的颁奖仪式固定在每年诺贝尔的生日（12月10日）举行；印度科普奖固定在每年印度科技日（2月28日）颁奖；韩国的科学技术奖固定在每年的科学节（4月21日）颁奖；以色列的最高奖以色列大奖则在每年以色列独立日时颁发，往往会引起媒体和公众的重视。

除了上述影响科技奖励知名度的几个因素之外，"先入为主"也是一个重要因素。先入为主是指在某一学科领域或某一方向上最先设奖。诺贝尔奖设立时就面向国际，奖励对象为世界一流科学家，且为综合性奖励，奖金额度在当时也是首屈一指。无论奖励规模、奖金额度、奖项名称等在科技奖励中都名列前茅，所以设立后便在全球造成了震动性的影响，随着时间的推移，诺贝尔奖的魅力越来越大。如果我们再审视一下诺贝尔奖，不难发现，诺贝尔奖几乎具备了所有有利于提高知名度的因素。进入21世纪以来，欧洲、亚洲设立了很多大奖，其奖金额度都超过了诺贝尔奖，如欧共体的迪卡尔奖、芬兰的千年技术奖、挪威的阿贝尔奖、中国香港的邵逸夫奖等，虽然被称为"某领域的诺贝尔奖"，但影响和知名度均远不及诺贝尔奖。

第三节　奖金额度的演变及其比较分析

奖金额度是影响科技奖励知名度的一个重要因素。奖金额度不仅反映了当时一个国家的经济社会状况，也反映了对科学技术的重视程度。这里，笔者通过介绍一些国家和我国科技奖励奖金额度的演变情况，来分析比较奖金额度演变受到哪些方面的影响和制约。

一、英国等国家奖金额度的演变

科技奖励奖金额度不能只看金额的绝对值多少，还应该看授奖时个人的收入、社会人均收入等状况，以及奖金额度与这些收入的比值。英国科普利奖刚设立时，奖金只有100英镑，但那时英国较富裕家庭的人均年收入也不足 100 英镑。伦敦大学的亚·沃尔夫教授对 1688 年英国一些家庭收入和开支的研究表明，英国 160 个贵族家庭的人均年收入不过才 80 英镑；20 个上议院的主教和大主教家庭的人均年收入不过 65 英镑；12 000 个绅士家庭的人均年收入不过 35 英镑；500 个上流人士家庭的人均年收入不过 30 英镑；100 000 个律师家庭的人均年收入不过 22 英镑；15 000 个人文、科学家和艺术家家庭的人均年收入不过 12 英镑；而 364 000 个劳动者家庭的人均年收入不过 4 英镑。可想而知，获得科普利奖的 100 英镑奖金对当时家庭人均年收入只有 12 英镑的科技人员来说，相当于 8 年的收入，相对于当时的经济水平，其奖金额度达到较高水准。正因为那时勃兴的科学在社会中竖起了纯洁、无私探索、没有偏见、扬弃世俗钱权回报等高尚的职业形象，使公众对科学的信心、支持和尊敬大增。1714 年英国议会为解决商品的海上运输问题，悬赏 2 万英镑作为征集测定经度可行方法的悬赏奖励，对应于当时的收入状况，更是反映了奖金额度之高。

在 19 世纪的法国，奖金额度也是随着经济增长递增的。1825 年首次颁发的蒙顿医学奖，其中的荣誉性主奖（Main Award）为 8000 法郎，其他奖项为 2000 法郎左右。1889 年进行首次颁奖的法国最著名的勒康特奖（Leeonte Prize）的奖金额度达到了 5 万法郎；而 1909 年首颁的奥西里斯奖（Osiris Prize）的奖金额度却达到了 10 万法郎。此外，还出现了不少奖金额度在 1 万法郎以上的单科奖金，如 1873 年开始颁发的拉卡兹奖（Lacaze Prize），每次奖给物理学、化学、生物学 3 科获奖人各 1 万法郎。而那时法国科技人员的人均年收入不过 1000 法郎而已，其奖金已经达到了科技人员 10 年的收入。目前，法国大学教师的年薪在 3 万 ~ 7 万欧元（19.7 万 ~ 45.9 万法郎），但奖金的增长幅度不大，如法国国家科学院与美国科学院共同设立的"生物医学奖"，奖金额度为 5 万美元。

到了 20 世纪初，随着全球经济的迅速发展，各种科技奖励的奖金也有了大幅提高。科研人员的年薪虽有增长，但仍不多。以英国大学的科研人员为例，20 世纪 30 年代左右，每年能拿到 1000 多英镑报酬的教授很少，而研究生能得到 100 英镑的职位就不错了。据牛津大学《1929—1935 年度的大学津贴报告书》记载：1935 年的 669 名教授，年薪为 800 ~ 1400 英镑；273 名高级讲师，年薪为 550 ~ 850 英镑；1068 名讲师，年薪为 375 ~ 600 英镑；702 名助理讲师和示范员，年薪为 225 ~ 400 英镑。显然，不同职级年薪差距之大，造成学术界内部为获得更高职称而进行竞争。这一时期，英国皇家学会设立的各种奖励的奖金数额陆续提高 1000 英镑左右，获奖的奖金相当于教授 1 年的工资，已经很可观。

在 20 世纪 20—30 年代，苏联科技奖的奖金是以科技人员工资的倍数来衡量的，并随工资变化而变化。1957 年，苏联设立了列宁奖金，"一些卓越的科学家可以与党的官员和军事领导人一样获得最令人羡慕的奖赏——列宁勋章的机会"。其中，列宁科技奖金每两年颁发一次，奖励 50 项，每项奖金 1 万卢布；1967 年又设立国家奖金，其中国家科技奖金每年颁发一次，奖励 50 项，每项奖金 5000 卢布。当时苏联工程技术人员的月平均工资为 135 卢布左右（据了解，当时的汇率是 1 美元约相当于 0.44 卢布），有声望的教授也就是 300~400 卢布。也就是说，列宁奖的奖金相当于工程技术人员 6.2 年的收入，相当于教授 2~3 年的收入；国家科技奖金相当于工程技术人员 3.1 年的收入，相当于教授 1~2 年的收入。同时，对于做出杰出贡献的科学家，实行的是"各种特殊待遇的制度"。1962 年 6 月，部长会议通过决议，发明者在获得专利证书的同时，政府还将向发明人支付酬金，数额为政府向国内外企业出售专利许可证所得金额的 3% 左右。苏联科学院设立的奖励甚多，达 80 项，其中以罗蒙诺索夫等著名科学家命名的金质奖章达 26 种，以著名科学家命名的奖励（一般奖金为 2000 卢布）达 57 种。表明苏联知识分子要比其他国家的知识分子"得到的奖章和勋章多得多"。一些卓越的科学院院士"所得的列宁勋章多达四五枚，就更不必说各种奖金与奖状了"。

苏联解体后，俄罗斯联邦从 1992 年起设立国家科技奖，1994 年时国家科技奖每项奖励的奖金为 1000 卢布；1995 年起规定每项奖励的奖金额度为 1500 倍最低月工资标准，每年奖励 30 项左右，每项授奖人员不超过 8 人。1994 年 8 月，俄罗斯联邦设立了青年学者国家科技奖，每年奖励 20 项，基础研究每项不超过 3 人，技术科学每项不超过 4 人。每项奖金额度为最低月工资标准的 350 倍，其每人奖金相当于 1 年的工资，可见其奖金额度之大。俄罗斯在当时国内经济极不景气的情况下，在奖励科学技术方面却毫不吝啬。

二、我国科技奖金额度的演变

1. 民国时期的学术奖励金和科技奖励的强度分析

20 世纪 20—40 年代的中国，也曾对学者分级分档并实行学术研究补助金制度，作为推动学术研究的一种重要激励手段。具体做法是将学者分级分档，并分别给予不同学术研究奖励基金。这一制度主要在教育部主导的大学及中央研究院实行，也有一些非政府组织参与其中。在大学及研究院的正式教研职级之外，还有更高级别的职级，如教育部认定的"部聘教授"、中华教育文化基金董事会（简称"中基会"）认定的"研究教授"，以及教育部学术审议委员会的聘任委员、中央研究院评议会的评议员。1948年选举的中央研究院院士则成为最高的学术荣誉。

1917年5月的《教育部国立大学职员任用及薪俸规程令》中规定，教学人员分为正教授、本科教授、预科教授、助教、讲师5个级别（外国教员薪俸另行规定），前四个级别薪俸分为6个档次（讲师则按授课时数付酬）。通过考证5个方面的条件来决定晋级，其中的一个重要方面是著述与发明。

中基会自1924年成立起，就把资助和奖励学术研究作为一项重要任务，但均以自然科学和应用技术为限。1930年，北大与中基会合作研究设立特别款项，其中有设立北大研究教授与设立助学金及奖学金的规定。规定中指出："研究教授之年俸，自4800元至7200元不等；遇有特殊情况，年俸如超出最高额时，需由北大商取委员会之同意。此外，每年应有100元以内之设备费。如有研究上需用之重要设备，由各教授提出详细预算，请北大校长提出顾问委员会议决购备。"

为资助高校教师开展科学研究和发明创造，教育部规定，从1943年1月起，凡经审查合格的教师，每月发给学术研究补助费，用于购置图书、仪器、文具等，以供研究之用。其标准随物价上涨逐年提高。如1943年每月发给教授500元，副教授380元，讲师250元，助教130元。1945年每月则增加到教授2000元，副教授1500元，讲师1000元，助教500元。另有科研课题者，发给课题补助费若干。由于政府的鼓励和支持，当时的著作发明成绩显著，1938—1944年仅专利注册就多达431件。

1946年9月6日，《教育部代电》规定国立各专科以上学校教员支给学术研究补助费暂行办法。办法规定，国立各专科以上学校教员，除原有一切待遇外，另给予学术研究补助费，以便购置图书仪器文具等供研究之用（表7-2）。

表7-2 国立专科以上学校教员1943—1946年
学术研究补助费　　　　　单位：元/人·月

级别	1943 年	1944 年	1945—1946.3	1946.4—1946.6	1946.7
教授	500	1000	2000	25 000	50 000
副教授	380	760	1500	20 000	40 000
讲师	250	500	1000	15 000	30 000
助教	130	260	500	10 000	20 000

从1946年7—12月国立北京、清华、南开大学几位知名教授的薪俸及学术研究费来看，水平是较高的，反映了当时对知识分子的重视。吴亦、汤用彤、冯友兰、饶毓泰、曾昭抡、张景诚、庄前鼎、刘仙洲等人每月的薪俸为600银圆，同时给予每月学术研究费1000银圆，这半年每人薪俸及学术研究费合计达9600银圆。

在研究院所内，也采取了学术奖金制度。1928年，中央研究院成立。1930年，中央研究院第一届院务年会成立了职员加薪晋级标准委员会，对研究人员实行分级分档。委员会由徐伟曼、竺可桢、傅斯年、王敬礼、陈翰笙组成，讨论通过了《职员薪俸标准及加薪办法草案》。规定薪俸标准为：①事务员及助理员，自60元至180元，分24级，每级5元；②专任编辑员及技师，自120元至300元，分18级，每级10元；③专任研究员，自200元至500元，分30级，每级10元。

从当时国民政府的几项科技奖励来看，奖金额度还是较高的。1943年4月15日经济部公布的《奖励仿造工业原材料器材及代用品办法》规定：奖励范围主要以"仿造工作已脱离实验阶段，工业上能代替原物品之功效为限"。凡审查合格者，依甲等1万~10万元，乙等5000~1万元给予奖励。当时一般科技人员的工资额为80~100元，奖金额度相当于一般科技人员工资的50~100倍。1941年起，国民政府教育部启动了首届"国家学术奖励金"的申报工作，奖励内容涵盖"奖励著作、发明部分"，其中发明包括自然科学、应用科学和工艺制造三类。该奖每年评审一次，参评成果以最近3年内完成者为限。该奖分为三等，评选严格，宁缺毋滥。一等奖奖金1万元，二等奖奖金5000元，三等奖奖金2500元。由于战争等原因，物价上涨，奖金也随之提升了几次，如"丁文江奖金"初设时奖金是4000元，

"李俊承奖金"是 3800 元、"蚁光炎奖金"是 5000 元，1946 年"丁文江奖金"已增至 10 万元，而"李俊承奖金""蚁光炎奖金"也增至 4 万元。

抗战时期，中国共产党非常重视对科技人员的奖励。1938 年成立晋察冀边区银行时，规定边币与法币等值使用。《陕甘宁边区政府关于建设厅技术干部待遇标准的命令》规定，除了在食宿方面享受较好的待遇之外，还给技术人员发放津贴（即工资），最高可达 100 元。1941 年 7 月，陕甘宁边区建设厅对在技术改进中贡献突出的给予物质奖励，最高奖金的获得者、纺织厂技师朱次复获奖金 300 元。1941 年颁发的《晋察鲁豫边区改良生产技术奖励办法》规定最高的奖金额度为 2000 元；而 1941 年 7 月晋察冀边区行政委员会颁发的《晋察冀边区奖励生产技术条例》规定对发现和发明的奖金最低 100 元、最高者达 10 000 元。如果以当时发放给技术人员的最高津贴 100 元来对比，最高奖励的额度整整是其 100 倍，相当于 8 年多的津贴！

2. 新中国成立后奖金额度的演变分析

从新中国成立到改革开放后的一段时间，我国教授和研究人员工资及级别大致如表 7 - 3 所示。

表 7 - 3　1956—1989 年我国教授和研究人员工资及级别　　单位：元

职称	1956 年工资额度	1985 年工资额度	1989 年
教授（研究员）	200 ~ 360	160	180
副教授（副研究员）	149.5 ~ 250	122	140
讲师（助理研究员）	89.5 ~ 100	97	113
助教	53		

在计划经济时期，我国的工资是较为稳定的，具有一定的可比性。此外，新中国成立后至 20 世纪 80 年代职称改革，我国大专院校毕业生的工资大致如下：大学本科毕业 53 元，大学专科毕业 47 元，中专毕业 36 元。

20 世纪 50—80 年代，我国科技奖励的奖金与当时我国科技人员的收入相比，可谓相当之高。1954 年，《技术发明、技术改进和合理化建议》规定奖金额度最高可达旧人民币 2 亿元（相当于新人民币 18 813 元），合理化建议最高奖金可达旧人民币 1 亿元（相当于新人民币 9406.5 元），是一般科技人员 10 多年的工资。1957 年首颁的中国科学院科学奖金一等奖的奖金，当时可以说是"天价"。《中国科学院科学奖金暂行条例》规定，每一项奖励的获奖人最多不超过 3 人，一等奖奖金为 10 000 元人民币，相当于一级教授年薪的 2.3 倍，即工作 2 年 3 个月的工资，这笔奖金相当于一个人 10 年的生活费；二等奖的奖金为 5000 元，相当于一般教授两年的年薪。因此，一旦获奖，获奖人立即成为令人羡慕的富足之家。到 1985 年国家科学技术进步奖设立后，奖励的主体有所变化。因奖励对象是项目，而每一项目完成人多的达 20 多人，少的也有 5 人，以国家科学技术进步奖一等奖为例，设立之初奖金为 1.5 万元，若完成人为 15 人，平均每人不过 1000 元，以当时月收入 100 元计算，仅相当于科技人员 10 个月的工资；目前的奖金为 20 万元，平均分配每人 1.3 万元，如以现在科技人员的平均月工资 5000 元计算，仅相当于科技人员 2 个多月的工资。当然，国家最高科学技术奖的奖金额度为 500 万元人民币（初颁时相当于 60 万美元）目前在国际上也是较高的，但个人只获 50 万元，其余 450 万元用于资助科研。2018 年，国家科学技术奖的奖金进一步提高，三大奖的一等奖奖金提高到 30 万元，二等奖奖金提高到 15 万元，最高科学技术奖提高到 800 万元，且全部由获奖者支配。

总之，以科技奖励的奖金和当时的工资来比较，反映了社会发展的一个总体趋势，即经济发展必然导致工资水平和对科研资助的提升，同时也带动了科技奖励的奖金不断提升。从世界范围来看，制度化科学技术奖励的奖金从最初 100 美元的数量级，到 20 世纪初提升到 1000 美元，到 20 世纪 20 年代提升到 1 万美元的数量级，到 20 世纪 50 年代提升到 10 万美元的数量级，到 20 世纪 70 年代达到 20 万美元的数量级，到 20 世纪末已接近 100 万美元（诺贝尔奖），到 21 世纪初出现的几个奖金达 100 万美元以上的数量级。奖金额度的提高，不仅是全球经济快速发展的体现，同时反映了科学技术本身的巨大价值和对经济发展所产生的巨大作用，也体现了全社会对科学技术的认同和支持。

从占 GDP 的比重来看，无论哪个国家科技奖励奖金支出都是很低的。据对 1979—1985 年国家授予的 1089 项技术发明奖的统计，获奖前后总计产生的经济效益为 266.12 亿元，其中累计产生 1 亿元经济效益的有 32 项。国家累计颁发的奖金总额为 358.5 万元，为经济效益的 1/7423，平均每项成果的奖金为3292元。目前每年我国国家科技奖励的支付奖金不超过7000万元，由中央财政列支。如2019年，中央财政科学技术支出4173.2亿元，科技奖励经费仅占财政科学技术支出的万分之1.67，可见科技奖励的奖金所占比例不是很高。

当然，奖励是一门管理的艺术，其目的是有效地激励科技人员的创新创业热情，促进社会的科技和经济进步，奖励的效果涉及获奖者和社会的认同心理、环境、奖金额度、奖励时机等多种因素，需要认真考虑。

第四节　中国与美国、印度科技奖励的分析比较

美国和印度都是开展科技奖励活动较早的国家。美国开展科技奖励的历史已有100多年，印度也有70多年的历史。2001年以后，美国设立了旨在鼓励技术创新、奖金高达50万美元的戈登奖及其他领域的奖励。2005年，印度设立了印度科技领域的最高奖——印度科学奖。美国是发达国家的主要代表，科技奖励的设置代表了发达国家的主流思想；而印度地处东南亚，毗邻中国，是第二大发展中国家，其科技奖励的设置反映了发展中国家的特点。笔者认为，以美国和印度科技奖励为研讨对象，分析这两国科技奖励的发展轨迹、奖励对象和评审方式，并与我国科技奖励制度进行简要比较是非常有意义的。

一、美国的科技奖励系统

美国是最大的发达国家，也是当代世界科学技术的中心。美国科技奖励起源于19世纪，当时最早设奖的主体是学会。1872年，美国土木工程学会设立了该会的第一个奖励"诺尔曼奖章"，从此，美国的科技奖励取得了长足的发展。迄今，美国全国设立的科技奖励难计其数，但其层次分布和体系建构比较完善，有面向全球性的科技奖励，有政府和社团设立的面向全美的奖励，也有学会、行会、企业面向自己系统的科技奖励，奖项之间内容不重复，有各自的特点。

美国的科技奖励大致可以分为4个层次，第一层次是以总统名义设立的政府科技奖励，如表7-4所示。

表7-4 美国以总统名义设立的科学技术奖励

奖励名称	设奖时间	奖励范围及对象	奖励周期及数量	评选机构	奖品或奖励形式
费米奖	1956年	奖励在能源科学技术研究方面取得杰出成就的科学家、工程师与科学政策制定者	每年奖励1~3人	美国能源部	由总统和能源部部长共同签署的奖状、金质奖章及10万美元奖金
总统科学奖	1962年	奖励在物理、化学、生物学、数学、工程科学、社会科学及行为科学方面做出卓越贡献的科学家	每年奖励不超过20人	一个由总统任命的、由14名科学家组成的独立评选委员会	美国最高的科学荣誉,总统颁奖,一枚总统科学奖章
总统技术奖(2007年改名为总统技术与创新奖)	1980年设立,1985年首颁	奖励在技术创新、商业化和管理方面做出突出贡献的个人、小组或公司	每年奖励不超过10人(个)	美国商务部生产效率技术创新与技术项目奖励办公室	美国技术创新方面的最高荣誉,总统颁奖,一枚总统技术奖章
美国政府创新奖	1986年	奖励联邦、州和地方各级政府机构在解决社会公共事业(如能源储备、环境保护等)中的开创性工作	每年奖励1次,项目数不定	由哈佛大学肯尼迪行政管理系和福特基金会捐资设立	资助创新工程项目
总统绿色化学奖	1995年	奖励在创建"更清洁、更便宜、更敏捷"的化学工业中有重大贡献的个人和团体	每年奖励5个个人和组织	美国化学会挑选来自科研、工业界、政府、教育和环保领域专家进行评定	对环保项目进行资助
总统青年科学家和青年工程师奖	1996年	奖励在科学技术研究方面取得杰出成就的青年科学家和工程师	每次奖励不超过60人	美国国家科学技术委员会负责协调相关部门实施该奖的评审	获奖者在5年内获50万美元的研究资助

从美国总统科技奖和美国政府科技奖来看，奖项全面，涵盖了科学发现和技术发明，同时强调创新，考虑可持续发展的重要性，并注重对青年人才的奖励。虽然上述奖励以总统或政府的名义设立，但政府对这些奖励的评审过程并不进行操控，主要源于他们对相关评审组织评审结论的信任。但在颁奖时，总统和其他国家政要会出席，以肯定评审的公正和奖励的权威性。从这种意义来看，美国没有真正意义上的政府奖。

第二层次奖励是国家部委和国家科学院、国家工程院、国家科学基金会和美国科学促进会等机构设立的科技奖励，这类奖励不是很多，有 30 多项，但因授奖机构学术地位高、权威性强，在科技界和社会上反响良好。这些部门设立的重要科技奖励如表 7-5 所示。

表 7-5　美国国家部委、科研院所和学术团体等设立的重要奖励

奖励名称	设奖时间	奖励范围及对象	周期及数量	评选机构	奖品或奖励形式
费姆国家发明者大厅奖	1973 年	奖励已获美国专利并做出重大科技贡献的发明人	每年奖励 1 次	美国商务部	奖章
沃特曼奖	1975 年	奖励在美国各学科前沿做出杰出成绩的青年科学家（通常在 35 岁以下）	每年推荐 150 人左右	美国国家科学基金会	获奖者在 2～3 年内获 50 万美元科研和深造资助
伊利诺特奖	1917 年	奖励在动物学或古生物学方面最近出版的优秀成果	4 年奖励 1 次	国家科学院	奖金 5000 美元
卡迪科学进步奖	1932 年	奖励不同科学领域的科研人员	3 年奖励 1 次	国家科学院	奖金 25 000 美元
国家科学院分子生物学奖	1962 年	奖励年轻科学家在分子生物学方面的显著发现	每年奖励 1 次	国家科学院	奖金 20 000 美元

奖励名称	设奖时间	奖励范围及对象	周期及数量	评选机构	奖品或奖励形式
国家科学院航空工程奖	1968 年	奖励航空工程方面的杰出贡献人才	5 年奖励 1 次	国家科学院	奖金 15 000 美元
国家科学院化学奖	1979 年	奖励化学领域贡献突出的科技人员	每年奖励 1 次	国家科学院，默克公司资助	奖金 20 000 美元
国家科学院科学评论奖	1979 年	奖励 10 年以来优秀的科学评价	每年奖励 1 次	国家科学院	奖金 5000 美元
史密斯藻类学奖	1979 年	奖励在海洋与淡水藻类研究方面取得的杰出成就	3 年奖励 1 次	国家科学院，由 H. P. Smith 捐设	奖金 15 000 美元
国家科学院研究创新奖	1981 年	奖励不限学科	每年奖励 1 次	国家科学院，现由朗讯公司资助	奖金 15 000 美元
托兰德研究奖	1984 年	用于资助两名在实验心理学与行为学研究方面取得杰出成就的科学家	每年奖励 1 次	国家科学院，由 T. Troland 捐设	奖金 35 000 美元
史密斯大气学奖	1988 年	奖励近年在大气流体研究方面有独到、杰出发现的科学成就	3 年奖励 1 次	国家科学院，S. J. Smith 为纪念其丈夫捐设	奖金 20 000 美元

续表

奖励名称	设奖时间	奖励范围及对象	周期及数量	评选机构	奖品或奖励形式
国家科学院数学奖	1988 年	奖励已出版的数学研究的优秀成果	4 年奖励 1 次	国家科学院	奖金 5000 美元
国家科学院有关防止核战行为研究奖	1990 年	奖励在防止核战行为研究方面做出重要贡献的研究人员	3 年奖励 1 次	国家科学院	奖金 15 000 美元
创业者奖	1965 年	奖励在工程专业及对社会贡献等两方面都做出卓越贡献的人士	每年奖励 1 次	国家工程院	一枚含国家工程院印的金质奖章
德瑞珀奖	1984 年	奖励先进工程及促进公众理解工程与技术方面做出重要贡献的个人	每年奖励 1 次	国家工程院	奖金 50 万美元
罗斯奖	1999 年 10 月	奖励在生物工程领域等当前特别重要的新兴学科取得的重要成就	2 年奖励 1 次	国家工程院	奖章、奖金
戈登奖	2001 年	奖励在发明与创造方面做出重要贡献的美国人（在世）或研究团体	2 年奖励 1 次	国家工程院。国家工程院院士戈登出资设立	金质奖章、获奖证书、奖金 50 万美元（50% 给获奖者，50% 用于科研资助或技术推广）

奖励名称	设奖时间	奖励范围及对象	周期及数量	评选机构	奖品或奖励形式
怀特曼奖	1975 年8 月	资助贡献突出的美国公民或具有永久居留权、年龄 35 周岁以下或在提名 7 年内获得博士学位的学者	每年奖励 1 次	美国国家科学理事会，以首任基金会主任怀特曼名字命名	奖章、3 年内提供50 万美元资助由获奖者自主用于科学研究
公众服务奖	1996 年11 月	奖励在促进公众理解科技方面做出贡献的个人和组织（获奖人不得是公务员）	每年奖励 1 次	美国国家科学理事会	奖章、奖金 5000美元
克利夫兰奖	1923 年	奖励发表的杰出科研论文和报告	每年奖励 1 次	美国科学促进会最早设立的奖项	一枚铜质奖章及奖金 5000 美元
公众理解科学奖	1987 年	奖励在普及科学方面做出突出贡献的学者	每年奖励 1 次	美国科学促进会	奖金 5000 美元及一枚纪念奖牌
科学自由与责任奖	1988 年	奖励为培育科学自由与责任做出巨大牺牲、具有榜样性贡献的科学家和工程师	不详	美国科学促进会	奖金 2500 美元和一枚纪念奖牌

从表 7-5 中可以看出，美国国家部委、国家科学院、国家工程院、国家科学基金会、美国科学促进会的科技奖励比较丰富，奖励对象也多，设奖方式、奖励内容各有特点，尤其是奖金额度从 5000 美元左右至 50 万美元，相差整整 100 倍。很有意思的是，美国科学促进会从 1994 年起设立了一系列科学新闻（传播）奖，包括杂志类、报纸类、电视类、广播类、网

络类、儿童科技新闻类等奖项，可以看出美国对科学在公众中传播的重视。

美国是一个创新型国家，在奖励方面非常重视突出社会发展和科技创新的需要。作为目前世界的科学中心，美国科技奖励的设立与科学技术的学科发展有密切联系，反映了当代科技发展的脉络，体现了科技奖励的导向，也突出了其科技大国的地位和奖励前瞻性的特点。例如，在 20 世纪 60 年代美国作家卡逊（Rachel Carson）发表了《寂静的春天》（*Silent Spring*）一书后，环境问题引起了美国政府和科技界的广泛重视。1973 年，美国设立了世界第一个面向国际的环境大奖——泰勒环境奖（Tayler Environmental Prize），其奖金高达 20 万美元，以奖励在环境科学方面做出重要贡献的科学家，进而影响到全球对环境和资源问题的关注。1986 年，美国设立了世界粮食奖，授予"为人类提供营养丰富、数量充足的粮食做出突出贡献的个人"，以鼓励全球科学家在解决全球粮食和食品危机方面做出重大成就，此奖被看作国际上在农业方面的最高奖励。据世界粮农组织 2004 年的报告，到 2050 年，世界人口将达到 93 亿，那时世界将有 5.5 亿人处于饥饿和粮食短缺的状况，发展中国家将有 20% 的人口粮食无保障。设立该奖，无疑是一种眼光长远、未雨绸缪、导向明确的行为。我国国家最高科学技术奖获得者袁隆平曾于 2004 年获此殊荣。1995 年，美国贝基金会和迈克尔·保罗基金会联合 10 个生物多样性研究领域的著名机构共同设立了世界生物多样性领导奖。该奖是国际上专门针对世界生物多样性这一新兴学科领域设立的最高奖项，每 3 年一届，反映了对人类可持续发展问题的重视。

第三层次科技奖励主要是全国性自然科学学会和协会、各州科学院及国际知名公司和企业设立的奖励。美国科学促进会附属的一级学会和科研院所有 262 个，笔者随机抽看几个学会设立的奖项，均不下 10 项。美国化学会（61 项）、美国物理学会（48 项）和美国土木工程学会（46 项）3 个学会设立的奖项就达 156 项，超过了目前我国社会力量设立的面向全国科技奖励的总数。据此推测，美国全国性学会设立的奖项在 3000～4000 项。另外还有 50 个州科学院及其他研究院所的奖励。限于查询原因和篇幅，这里不一一列出。虽然社会科技奖励没有政府奖权威，但学会和协会集中了世界一流的科技专家，他们的肯定和认同决定了奖项具有很高的声望，毫不逊色于政府奖励，有的甚至超过了政府奖。如有"美国诺贝尔奖"之称的纳斯卡奖（Lasker Award）则是由个人出资的民间奖励，该奖 1946 年首颁，奖励在基础医学方面最杰出的精英，每年奖励基础医学和临床医学研究领域各两人，奖金为2.5万美元，1996年又增设了医学特别成就奖和公共服务奖。70多年来，获奖者中有80多人后来获得了诺贝尔奖。美国化学会则将获得该学会奖励的人称为"ACS National Award Recipients"。

第四层次科技奖励是学会的下属分会、公司企业和个人设立的奖项，这类奖项更是无从计数。奖励的资金来自公司的自筹或公司和基金会捐款，有些仅为精神奖励。

从文化的层面看，科技奖励不仅是科技创新的助推器，也是营造创新文化的润滑剂。美国科技奖励的目的是激励科技人员在从事科学技术活动中不断取得新的突破和新的成就。但获奖的结果不与职称、项目资助等科技资源挂钩。在美国科学家看来，科学家的天职是探索和创造知识，揭示自然界的奥秘和追求人类的福祉，而不是刻意去为了获奖，获奖不过是"无心插柳柳成荫"。即使是那些诺贝尔奖的获得者，心态也非常平静，不乐于炒作或频频在公众媒体上露面。

美国科技奖励的特点：一是奖金来源多元化、奖项全面，几乎涵盖所有学科，包括较为边缘的科学史奖；而设奖者以总统名义颁发的科技奖励有的是社会出资，由政府与社会共同设立颁奖。二是关注热点领域，设立新的奖项，以突出其社会作用和影响。三是奖励没有级别和高低之分，主要靠奖项自身形成的影响和权威区分。四是尽管奖项上千，设奖部门层次不同，但很少有相同或相似的奖（尤其在同一机构内），因此同一机构内的各种奖也表现出较大的个性差异。同时，不管是政府科技奖还是社会科技奖，基本上都由学术团体和咨询机构组织评定。

二、印度的科技奖励系统

印度是第二大发展中国家。作为文明古国之一，印度曾在人类文明发展进程中做出过重要贡献。随着近代科学技术在西方的崛起，印度的科技发展逐渐处于下风，并在第一次世界大战中沦为英国的殖民地。但印度自1947年独立以来，特别是近10多年来雄心勃勃，在科技奖励方面也颇有创意，形成了自己的科技奖励系统。

印度最早的制度化科技奖是"C. 霍雷铜质纪念奖章"（C. Hora Memorial Medal），设立于1945年，主要授予渔业开发方面贡献卓著的科学家。

1947 年印度宣布独立后，开始大力发展自己的科学技术，奖励系统也逐渐发展。1958 年，印度公布了《科学政策决议》，强调了科学在实现现代化中的关键作用，并在决议中规定了科研与发展的六大目标，提出"以尽可能快的速度鼓励和执行各种培训科技人员的计划，使其规模能够满足我国在科学、教育、工农业和国防等方面的需要"。当时的印度总理尼赫鲁认为，印度的未来靠科技发展，且科技发展要建立在自力更生的基础上。英迪拉·甘地在 1966 年和 1980 年先后两度担任印度总理期间，积极推行以绿色革命为代表的农业科技政策，加强科技教育。1968 年，印度政府颁布了《国家教育政策》，从 17 个方面规定了印度教育今后发展的政策，尤为强调通过发展教育培养科技人才，推动科技发展。1983 年，英迪拉·甘地政府在公布的《技术政策声明》中，把鼓励个人在探索和传播知识方面的创造精神作为科技发展的目标之一，明确科学家的工作是国家力量的组成部分，并尽力为科技人员创造良好的工作和学术气氛，包括提供充足的科研经费，配备较先进的仪器设备和创造便利的学术交流条件，以及进一步完善国家科技奖励制度，从而使科学家在印度社会中有较高的社会地位。到了 20 世纪 80 年代后期，印度政府开始加强基础科学研究，把发展高科技提上日程，确定了遥感、激光、生物技术、材料等高技术领域为主攻方向，并专门设立了一些特殊奖项，鼓励和引导科研人员配合国家科技发展重点从事研究工作。

按照国际上通用的指标来衡量，印度的科技水平目前已名列发展中国家的前茅，在世界上也处于较为靠前的位置。印度工程师的数量居世界第 3 位；工科学生的质量居世界第 11 位，发表的科学论著居世界第 8 位。印度目前是世界第十大科技人才资源大国。印度"八五"计划期间（1992—1997 年），政府对科技的投入为 938.8 亿卢比；"十一五"计划期间（2007—2012 年），科技总投入为 7530.4 亿卢比，相当于 684 亿元人民币；"十二五"计划期间（2012—2017 年），科技总投入为 12 043 亿卢比，相当于 1062 亿元人民币，可见科技经费增长很快。2015 年莫迪当选总理后，他提出了实施印度制造、数字印度、技能印度、绿色印度、智慧城市、清洁印度和基础设施建设等七大国家级旗舰计划。2016 年 7 月，印度国家转型委员会发布了"科学技术路线图"，提出未来要注重"数据挖掘（大数据）、生物技术、网络安全、先进导航、下一代基因组等 15 个颠覆性技术"。莫迪政府认为五年计划的模式已不再符合印度实际,并决定2017年"十二五"计划执行完毕后将不再继续,将制定实施十五年发展远景规划,名为"国家发展议程"。议程淡化了原"五年计划"的计划色彩,以更长远的眼光考虑国家发展方向,具体包括15年愿景规划(2017—2032年)、7年发展战略(2017—2024年)与3年行动计划(2017—2020年)。以经济发展优先、科技创新助力的旗舰计划是印度经济社会中的重大政策变化,莫迪非常倚重信息科技和大数据战略带来的技术红利,他力推的"数字印度"计划是要通过智能手机实现中央政府与基层公民的直接联系,并以移动端为基础实现公共服务和社会管理。2019年,印度科技部(DST)计划在5年内斥资187.5亿卢比建立15个配备有各种高端科技研发基础设施的中心(每个12.5亿卢比)。归纳起来,印度政府的科技创新有三大重要变化:一是强化授权和市场两条逻辑主线;二是政策手段上重长远、去计划、重地方,以更长远的眼光考虑国家发展方向;三是充分利用信息科技红利,建立以移动通信为基础的新型政府治理结构。

印度具有一定社会影响和知名度的科技奖励如表7-6所示。

表7-6 印度的主要科学技术奖励

奖励名称	设奖时间	奖励范围及对象	周期及数量	评选机构	奖品或奖励形式
巴山·戴威·阿莫昌德医药科学奖	1953年	奖励10年以上在医药各研究领域方面取得杰出成绩的高级研究人员	每年奖励1次	印度医药研究委员会主办	奖章、奖金2000卢比
阿米钱德奖	1953年	奖励连续10年以上在医学研究领域做出突出贡献的高级研究人员	每年奖励1次	印度医学研究理事会	每项奖金1000卢比
沙恭达罗·阿莫昌德医学奖	1954年	奖励医药专业包括临床研究的最佳研究成果	每年奖励1次,4个单项奖	印度医药研究委员会	每项奖金2000卢比

奖励名称	设奖时间	奖励范围及对象	周期及数量	评选机构	奖品或奖励形式
基德韦纪念奖	1956年	奖励在基础研究或应用研究方面做出杰出贡献的科学家	每两年颁奖1项	印度农业研究理事会	一枚奖章和奖金1万卢比
拉夫·哈密德·达瓦依农业研究奖	1956年	奖励农业、畜牧业、渔业、农业经济和管理等领域在基础和应用研究等方面获得突出成果的科研人员	每两年颁奖1次	农业研究委员会	奖金1万卢比
禅狄·思瓦鲁普·巴哈迪纳加尔科学技术奖	1957年	奖励在应用科学及基础科学方面年龄为45岁以下的青年科研人员	每年奖励1次，共设5个奖项	科学技术与工业开发委员会	原奖金数额为1万卢比，1982年增至2万卢比，1992年增至5万卢比
巴特纳加尔科技奖	1957年	奖励在物理、生物、工程、医学、数学等科学领域中连续5年做出杰出贡献的科学家，一般年龄在45周岁以下	每年奖励1次每年颁发5项	国家科学院	每项奖金由原来的2万卢比提高到目前的50万卢比
印度工商会联合会奖	1968年	奖励在农业、外贸促进、家庭计划、工业关系、科技研究等领域取得杰出成绩的个人、公司和研究机构	每年奖励1次，此奖共设立3项	印度工商会联合会	每项奖金2万卢比
贾瓦哈拉尔·尼赫鲁农业研究生研究奖	1969年	奖励在提高农作物产量、改进重要农作物质量等方面取得重大经济影响的技术革新成果的博士研究生	每年颁发1次，分5个单项	农业研究委员会	每项奖金5000卢比

奖励名称	设奖时间	奖励范围及对象	周期及数量	评选机构	奖品或奖励形式
印度国家科学院青年科学家奖	1974 年	奖励国家科学院年龄在 30 岁以下，在任一学科基础研究方面贡献突出的青年科学家	每年奖励 1 次	国家科学院	一枚铜质奖章和奖金 5000 卢比
国家科普奖	1987 年	奖励分为 3 类，分别为在科学普及、科技媒体传播、提高儿童青少年科普兴趣和能力方面做出杰出贡献的人士	每年奖励 1 次，在国家科技日（2 月 28 日）颁发	国家科技交流委员会（NCSTC）设立	3 类奖金分别为 10 万、5 万、5 万卢比
国家专项奖	1987 年	奖励在工业革新与技术开发方面做出贡献的机构和人员，奖励 10 家左右	每年奖励 1 次	印度科技部科学与工业研究局	在全国工业年会上颁发，其他不详
国家科学奖	2005 年	奖励在基础研究中贡献突出的科技人员。首位获奖者是被誉为"印度科技常青树"的金达曼尼·饶教授	每年奖励 1 次，奖励 1～2 人	邀请 25 个国家的 89 名科学家出席，其中有数名诺贝尔奖得主，总理出席	奖金 250 万卢比（约合 22.7 万元人民币）

　　印度科技奖励特点之一是政府部门设立的奖项，基本上由各科技管理部门自己进行管理。科技奖励的名称，少数以机构命名，更多地以著名人士（有些是赞助者）命名。在这些科技奖励中，其声望和影响差异很大，如禅狄·思瓦鲁普·巴哈迪纳加尔科学技术奖在印度青年科技人员中有极强的权威性和影响。2005 年首次颁发的印度科学奖因其奖金额度大（250 万卢比，约合 22.7 万元人民币）、荣誉性强（第 93 届印度科学大会上颁

奖）而引人注目。除表 7-6 列出的科技奖励外，印度还有一些以精神奖励为主的奖项，只授予奖章和奖牌，没有奖金。例如，地球科学奖章有维代尔奖章（D. N. Wadia Medal）；工程技术方面有马哈兰农比斯奖章（P. C. Mahalannobis Medal）；农业和应用科学有朱比利纪念奖章（S. Jubilee Commemoration Medal）等。在印度国家科学院，还有研究奖励基金，主要提供给在科学院范围内贡献卓越的 40 岁以下的年轻科学家，使他们在从事专业研究时得到经济保障。此外，科学院内还设立了专题报告奖和纪念奖等。

在 20 世纪 80 年代以前，印度的科技奖励以基础科学研究为主，基本上继承了西方的传统。基础研究在印度被认为是一个较高形式的研究，在多数情况下往往被优先考虑授奖。在评审基础研究奖时，印度和美国一样，主要依据发表论文的质量和数量而定。近年来，印度的奖励向应用技术和发明成果较多的科研机构和教育部门倾斜，对纯学术研究的奖励比例略有下降，但授予基础研究的奖项还是略多于应用研究。

印度在 20 世纪 80 年代初和 90 年代曾对主要的几大科技奖的情况做过调查。结果表明，名声大、有影响研究机构的科技人员得奖的机会要远大于名声小的研究机构。因科研资源主要集中在大城市，获奖者人数排名首位的是新德里，其次是孟买、加尔各答、班加罗尔、卢迪亚纳和瓦拉纳西。从研究机构看，印度医学研究所、巴巴原子能研究中心、塔塔基础研究所、印度农业研究所、印度科学院、科学与工业研究理事会均是得奖大户。例如，最大科研团体印度科学与工业委员会（CSIR），拥有 41 家国家级实验室，涉及理论和应用等多个研发领域。又如，印度农业研究委员会（ICAR），管辖 43 个中央研究所、20 个国家研究中心和 26 所农业大学。在 1957—1978 年，学术研究机构的获奖者占大部分（约 48%），其次是政府部门的研究机构（不到 45%），工业研究部门占比最小（约 4%）。然而在 1985—1990 年，政府部门研究机构的获奖比例略有上升，占 45% 以上，而学术研究机构获奖比例有所下降（42%），工业研究部门获奖者的比例有所提高。从性别来看，获奖男性远高于女性，约为 92∶8。女性获奖者比例低的原因：一是女性从事科研、教学职业的人数少；二是由于有许多社会文化的约束，限制了女科学家在科学研究上取得成功。

目前，印度拥有科技人才约 350 万人，居世界第 3 位。印度科技人才的质量也是较高的，先后有 5 位印度公民荣获诺贝尔奖，其中有 2 位为科学奖得主：罗纳德·罗斯因发现蚊子传播疟疾而获得生理学或医学奖（1902年）；钱德拉塞卡拉·拉曼因研究光散射并发现"拉曼效应"而获得物理学奖（1930 年）。有 17 位印度科学家入选英国皇家学会、有 3 位美籍印裔科学家获诺贝尔科学奖和美国总统科学奖。据统计，目前共有 3000 位印裔科学家在世界不同科技专业领域处于前沿地位，如韦普罗公司总裁阿·普雷姆吉（有"印度的比尔·盖茨"之誉），以及曾担任美国电机电子工程师学会主席的科利（有"印度的软件之父"之誉）。

三、中国与美国、印度科技奖励制度的比较

目前，我国国家科技奖励主要有国家最高科学技术奖、国家自然科学奖、国家技术发明奖、国家科学技术进步奖和中华人民共和国国际科技合作奖（简称"国际科技合作奖"）五大奖项，全国各省（区、市）和有关部委设立的各种奖项达 100 多种，社会力量设立的面向全国的科技奖项已达298 项（截至 2020 年年底），形成了独具中国特色的科技奖励体系。但我国目前有科学技术工作者 8000 万人，从事科技研发人员 400 万人左右，与美国相比，我国科技奖项的绝对数量与奖励资源仍显得不足，印度也是如此。下面就我国与美国和印度的科技奖励作一简要分析比较。

1. 奖励的对象

美国和印度的科技奖励以科技人员为对象，而我国以奖励科技项目为主。无论是总统或政府奖励，还是社会团体的奖励，目前美国绝大多数科技奖励是以奖励科技人员为主，只有少部分奖励是以资助项目而设。印度的科技奖励系统和美国差不多，以科技人员为奖励对象的奖励均占 80% 以上。我国的科技奖励系统除了国家最高科学技术奖（2 人）和国际科技合作奖（10 人）是奖人外，国家自然科学奖、国家技术发明奖和国家科学技术进步奖均是奖励项目，通过项目来体现人的作用。由于每一项目获奖人员都是数人甚至 10 余人，以每年奖 300 项左右计算，获奖人员在 3000 人左右。奖励对象是人，不仅体现了"以人为本"的思想，突出了杰出科技人员的角色地位，同时对引导科研的行为模式、产生更强的激励效果具有重要作用。

从科技奖励声望看，美国并不是所有的政府奖声望都高于社会力量设奖，有的社团奖励享誉国际。不难发现，我国有的科技人员获得美国一些

学会奖励后，其产生的社会影响力和后续效应不亚于甚至超过国家科技奖励。

2. 设置和运行方式

美国和印度科技奖励奖项的设置一般具有多层次、多样化的特点，命名上无限制，在运行方式上也不拘一格。而我国科技奖励的奖项设置比较单调，无论政府奖还是社会力量设立的科技奖，在设置和命名等方面都是按法规进行设置和运行的。

美国的科技奖励在设置、命名等方面个性化较为突出，有的以政府名义设奖，社会力量出资，其他机构评审；有的是社团设奖，企业出资等。例如，美国政府创新奖，由哈佛大学肯尼迪行政管理系和福特基金会于1986年捐资设立。总统绿色化学奖虽以总统名义设立，却由美国化学协会组织挑选来自科研、工业界、政府、教育和环保领域专家组成的评奖小组进行评定。"戈登奖"在50万美元奖金的分配上，采取了50%给获奖者，50%用于科研资助或技术推广的方式。印度科技奖励也不是集中管理，而是由不同的设立部门进行运作。

中国政府设立的科技奖励基本上是由政府科技行政部门组织评审，体现了政府奖励的权威性，因而国家和省市政府的科技奖励备受重视。社会力量设立的科技奖，实行的是备案制，运作上相对灵活多样，个别奖项影响力较大。

3. 颁奖活动

对政府奖项，中国、美国和印度都非常重视颁奖活动。美国以总统名义设立的科技奖，虽不集中颁奖，但每一奖项颁发时美国总统都要莅临颁奖现场并作重要讲话，如克林顿总统、布什总统、奥巴马总统、特朗普总统就曾多次出席颁奖仪式。2005年，布什总统出席总统科学奖和总统技术奖颁奖仪式时高度赞扬获奖者："他们的工作促进了居住在不同地方人们的生活，推动了经济的发展并确保美国在创新方面处于领先地位。"印度领导人对颁奖非常重视，授奖仪式选择在国家重大活动期间，如印度科普奖选在2月28日国家科技日上颁发，总理出席并颁奖。

我国国家科技奖励颁奖仪式基本上都在人民大会堂隆重举行。1999年，国家科技奖励制度改革以来，党和国家领导人基本都会出席每年的国家科技奖励大会，国家主席亲自为国家最高科学技术奖获奖者颁奖，体现了国家科技奖励的崇高性和权威性。同时，省市政府科技奖颁奖活动也非常隆重热烈，在全社会产生了积极的影响。

4. 奖项的设置

美国和印度往往根据科技发展和实际需要设置新的奖项。美国善于为了把握科技发展趋势和政策导向来设立奖项，如1973年设立的泰勒环境奖、1996年设立的美国总统绿色化学奖、2001年设立的戈登奖等，这些奖项既符合当时的时代背景，又立足长远。印度也不例外，从20世纪50年代以来一直重视农业和医药科学方面的奖励，这与印度的国情和政府强调优先考虑农业和生物医学领域有关。2005年，印度设立了国家科学奖并首次颁发，奖金达250万卢比，为印度空前的重奖，首位获奖人C. N. 饶有"世界固体物理先驱和材料化学家"的美誉，同年他还获得了以色列的奖金为100万美元的丹·大卫科学奖。国家科学奖为印度国家最高和最具声望的科学奖励，这是印度应对世界科技创新潮流做出的重要举措。

特别值得一提的是，美国和印度都非常重视对科普方面的奖励。早在1942年，美国就设立了西屋科学奖，以奖励青少年在科学论文和科技传播方面的贡献。20世纪60年代，美国科学促进会设立了公众理解科学奖；1996年，美国国家科学理事会设立了公众服务奖，以奖励在促进公众理解科学，即科普方面做出贡献的个人和组织。印度在独立后不久，企业家帕特奈克以联合国教科文组织名义设立了卡林加奖金。1987年2月，印度设立了国家科普奖，奖金最高达10万卢比。

改革开放后，我国设立了五大奖。新设的奖励方向主要通过评审组来调整，如2005年，国家设立科普奖（图书音像类）；2006年，国家设立面向工人、农民的科技奖等。对社会力量设奖进行规范化管理后，奖励的内容也不断多元化，满足了不同学科领域、不同层次科技人员的需求。

5. 奖金额度

在任何社会建制的奖励中，精神奖励和物质奖励结合是一种普遍形式，但物质奖励的强度无疑影响着奖项的声望。随着世界经济和科技的发展，以及奖励基金的运作有方和利息增长，或者资助方实力增强及变更，科技奖的奖金不断提高。如美国的富兰克林（Franlklin）研究所科学奖，最初设立时不过1000美元，1990年费城化学品制造商Henry Bower捐资750万美元，使该奖的科学成就奖奖金达到25万美元，成为美国科学界奖金最丰厚的奖项之一。印度也是一样，巴特纳加尔奖、联邦工商联合会奖等奖项的奖金都在不断提升。1979 年以前，巴特纳加尔奖的奖金为 1 万卢比，1980年后奖金增加到 2 万卢比，目前已达到 50 万卢比。

我国国家科技奖励奖金额度也随着经济发展得到较大增长。如国家自然科学奖一等奖设立之初奖金为 1 万元人民币，改革开放以来奖金增长了 5次，目前已达到 30 万元人民币，增长了 30 倍。有几个省部级科技奖一等奖奖金甚至超过了国家科技奖，达到 50 万元人民币。

6. 奖后的效应

科技奖励目的既是肯定科技人员已做出的贡献，也是对其科学发现和技术发明优先权的承认。美国科技奖励的获奖者除奖金和荣誉外，没有直接把获奖与福利项目（如晋升、加薪等）等联系起来，但获奖在科学共同体中会潜移默化地产生"优势积累效应"和"马太效应"，形成科技人员的社会分层，而我国和印度科技人员获奖时不但会获得精神和物质奖励，之后还会获得不同的派生待遇。印度曾在 1980 年对获奖人员作过调查，有90% 的获奖科学家的职称、工资得到晋升，赴国外机构进修或应聘机会大大增加，并易于流动到更有声望的研究机构中去，同时在科研设备的改进、科研经费的保证方面都会得到不同程度的提高。

由于国家科技奖励的特殊性和地位，国内获奖人员在晋升职称、职务和住房等方面都会得到不同程度的改善，同时对获奖者其后的科研生涯和所属机构科研能力提升产生积极影响。国家科技奖励办公室对国家科技奖获奖项目主要完成人的调查表明，有 81.6% 的人声称科研条件得到了改善，有近六成的人表示在待遇方面有了直接的改善。

第五节　国外科技奖励的特点和启示

国外科技奖励对促进我国科技奖励工作，加强我国科技奖励工作与国际接轨具有一定的借鉴和启迪作用。笔者认为，借鉴和吸收国外科技奖励一些好的经验和做法，对改进和完善我国的科技奖励制度具有积极意义。

一、政府高度重视科技奖励的立法和评审

许多国家十分重视科技奖励工作。一是体现在以国家或政府名义设立

面向不同科技领域的科技奖励，世界上几乎所有的国家都设有政府科技奖励。二是关注科技奖励的评审。为保证科技奖励的权威性、公正性，各国政府采取积极措施，注重评委的选择、科技奖励评审和管理机构的建立。三是政府首脑和皇室成员出席颁奖仪式，提升了科技奖励权威和声望，引起全社会对科技的重视。例如，美国的总统科学奖和总统技术奖都由美国总统在白宫授奖，并发表贺词。韩国政府高度重视授奖活动，每年总统都要出席政府主办的科技奖励颁奖仪式，亲自向获奖人颁发奖章和奖金。四是建立科技奖励法，规范各种科技奖励。例如，巴西政府制定了奖励法，建立奖励的常设管理机构，规定不准随意设立科技奖励，必须经政府批准后方可。1994 年，俄罗斯联邦科技奖设立后，俄罗斯政府便及时下发了配套实施条例和细则。

二、重视学术团体等社会科技奖，奖励体系多元化

在国外，大部分国家政府对社会力量设立科学技术奖不加任何限制，为科技协会、学会、基金会等学术性组织和机构的设奖带来了很大的发展空间，使社会力量设奖出现了多学科、多层次、奖励对象分明的格局。

在国际性学术组织中，所设科技奖项奖励的对象面向全世界，在该学科领域具有最高层次之感，如数学领域的菲尔兹数学奖、信息技术领域的图灵奖、环境与地学领域的泰勒奖等著名的国际性科技奖，在全世界都有较高声望。一些国家的全国性学会、行会或协会不仅总会设奖，下面的各级分会也会设立奖项。例如，统一前的西德，科技奖励就达 509 种，覆盖了几乎所有的科技领域。其中科技团体的科技奖励达 370 种。美国是社会力量设立科技奖励最多的国家，仅一级学会的科技奖励就有 3000 多种。

目前，我国社会力量设奖已达 298 项，且发展态势正旺。应积极鼓励不同层次、不同学术机构设奖，以促进科技奖励的多元化，满足激励不同层次科技人员的需求，使广大的科技人员在创建创新型国家中做出更大贡献。

三、奖励对象以人为主、以项目为辅

纵观国外科技奖励，无论是政府奖还是社会力量设奖，90% 以上奖励的对象是人。以人为奖励对象，突出杰出科技人员的角色意识，展示他们个人的重大贡献和人格魅力，在科技界中树立了榜样的力量。同时也可避免

利用奖励项目带人，造成无贡献人员搭车现象，净化学术环境，防止学霸，提倡科学道德。同时，可以使奖励达到"少而精"的目的，真正起到积极的激励作用。例如，"澳大利亚科技奖"以科技人员为奖励对象，每年最多只评4名。该奖评选范围主要是物理科学、生物科学领域，每年在这两大领域轮换授奖专业。从1990年首颁到1997年的8年间，共奖励22位科技专家。此外，韩国科学技术奖，日本的蓝绶褒章、紫绶褒章、黄绶褒章及日本奖等奖励，美国的总统科学奖、总统技术奖等也都是奖人。这些奖的评审授予工作，是把科学家取得的显著科技成就和做出的重大科技贡献作为奖励评价的依据，这样对一个人所做的科学贡献能够较为明确地做出判断。宣传时，重点在获奖人的贡献而不是项目本身，强化了获奖人的荣誉感，从而增强了科技奖励的激励作用。

四、注重传统奖项的同时与时俱进设置新奖项

科技奖励的发展与科学技术的进步往往相伴而行。科技奖励方向必须随着科技自身的发展而调整，应重点奖励那些新兴的有前景的学科和旨在解决全球关注的科技热点难点问题的成果。例如，英国1993年设立了面向21世纪的鼓励创新和基础性研究的潜力奖、促进可持续发展的女王环境奖；1995年美国设立了世界生物多样性领导奖；德国1997年设立了未来创新奖。进入21世纪，世界范围内又设立了许多面向新领域的科技奖励，如旨在推动信息技术普及的世界信息峰会奖、芬兰设立的新千年技术奖等，这些奖励不仅面向新领域、面向国际，而且奖金额度大。

注重一些有影响奖项的延续性。国外绝大多数科技奖项一旦设立，便不会轻易改变其名称。这样易于不断强化该奖的声望而产生恒久的影响。英国的科普利奖、达尔文奖章，瑞典的诺贝尔奖，日本的蓝绶褒章、紫绶褒章，美国的诺尔曼奖章等，都有上百年的历史，但不轻易更名，仍在发展。例如，科普利奖至今已有290年历史，虽然捐赠人早已作古，奖励的内容也做了修改，但这"百年老店"的名称一直沿袭下来，变的只是内涵。

五、注重精神奖励与物质奖励并重的奖励方式

国外的科技奖励，可以说是精神奖励、物质奖励，以及精神奖励与物质奖励并重3种奖励方式并存。精神奖励与物质奖励并重是目前最多的一种

形式，也是最具有激励作用的一种模式。世界各国和国际性组织设立的面向国际或本国的科技奖励，不仅名气大，且奖金额度从数万美元到几十万美元不等。例如，日本奖的奖金高达 5000 万日元（约合 46.7 万美元），高出最初诺贝尔奖的奖金。韩国科学技术奖和韩国工程技术奖以培养民族精神和民族气节为目标，在本国荣誉极高，奖金也高达 5000 万韩元（约合 28.8 万人民币）。当然在国外政府科技奖中，以精神奖励为主、突出荣誉感的奖励也很多，如美国的总统科学奖、巴西的大十字勋章及骑士勋章、新西兰的卢瑟福奖章等，只授予奖章，没有奖金。西方学会设立的科技奖励，更是以精神奖励为主，奖金很低甚至没有，仅授予奖状和奖牌（当然有赞助的奖项例外）。澳大利亚最著名的学院奖和基金会奖中的弗兰德物理科学奖章、学院奖章等 80 余种奖励，只给予荣誉奖章和提供获奖者参会的经费。德国的科技奖励体系中，有 111 种奖不颁发奖金。

国外还有其他形式的奖励方式，如英国的女王奖没有奖金，只是精神鼓励，但规定获奖者可享有使用女王奖标志作为广告等特权。一些科技奖励虽不颁发奖金，却以资助科研经费的形式体现奖励。例如，德国莱布尼兹奖的获奖者在 5 年内会得到 300 万马克的科研资助；美国的总统青年科学家和青年工程师奖，奖励获奖者 50 万美元的科研经费。这样既肯定了获奖人的重要贡献，又为他们的未来研究提供了资金支持，这对增强科技发展的后劲具有积极作用。

六、政府奖坚持"少而精"的原则，并加强对获奖人员的宣传

国外政府的国家级奖励和大多数国际性科技奖励坚持"少而精"原则，每届奖励人员仅为数人，有的甚至在某一学科领域仅奖励 1~2 名科学家，以保持奖励的高水准和很高的荣誉度。重大科技奖励难以获得的"珍稀性"和获奖人的科学贡献，使这些奖励在科技界声誉高且影响大，真正使该奖奖励一人，便能获得激励众人的效果。

国外十分注重对获奖成果，特别是在国际上有重大影响的获奖成果的宣传。诺贝尔奖获奖者大多数的科技成果具有极强的创新性和鲜明的时代感。每年诺贝尔奖颁奖期间，颁奖仪式的隆重性和强大的宣传声势相得益彰，迅速在世界各国的多种媒体上传播，不仅让世界公众认识了那些科学巨匠，理解了获奖成果中的科学技术知识及其重大意义，同时强化了诺贝

尔奖在全球公众的声望。这对激励科学家的创新热情，激起民众对科学技术的关注和支持，都具有极其重要的意义。

目前我国国家科技奖励层面上已基本符合了"少而精"的原则，每年国家三大奖奖励项目在 300 项以内，国家最高科学技术奖每年奖励人数不超过 2 名，国际科学技术合作奖每年不超过 10 名，而我国近年来每年产出的科技成果都在 6.5 万项左右，获国家科技奖励的概率只有 4.6‰。

第八章
其他激励方式及科技奖励的发展态势

通过对我国和国外科技奖励发展和现状的分析，不难看出，我国科技奖励的形式和内容都是随着时代的发展而变化的。非制度化形式的科技奖励在历史演进长河中虽流淌很久，但毕竟运行方式简单、缺乏规范和严谨性。在制度化科技奖励形成后，随着其内涵和影响的急速扩大，对促进科学技术自身的发展乃至社会文明进步，都写下了光辉而精彩的一笔。同时，随着科技建制的日益完善，其他制度也承载着激励科技进步的功能，对现行的科技奖励制度不仅起到互补作用，而且深深地影响着未来科技奖励制度的发展。

第一节　科技奖励发展的主要阶段

纵观我国科技奖励发展的历程，大致可以分为 3 个大的阶段。

一、从中华文明曙光初现到明代末期

这一时期历时 4000 多年，科技奖励从萌芽状态进入非制度化时期，授奖的主体是皇帝和官员，奖励作为一种治国的手段被广泛应用，但缺乏一定的法律依据和社会规范，可以说是统治者随心所欲对科技创造者进行施舍的激励方式。春秋战国时期，在百家争鸣的开放环境中，出现了不少有关奖励的思想和理论，但这些奖励理论站在统治者的立场上，从心理学、管理学的角度出发，因此对其后以儒学为重点的封建社会时期的科技奖励方式产生了积极的影响。

封建社会时期的中国科技奖励一直呈独立发展状态，无论从奖励的形

式上还是奖励的对象上都形成了自己的特色。在奖励范围上较广，包括天文、医学、农学、军事技术等领域；在奖励形式上多样，有授以官职、金钱、田产、赐名赐姓等，授奖者是君王或达官贵人，获奖对象是科学家和能工巧匠等，奖励的对象较为单一。同时对科技奖励进行评价的是君王和官员，而不是同行。明代中晚期，中国虽然出现了资本主义的萌芽，近代西方科学在中国开始传播，但没有促进中国科学技术建制的产生，因此依然保持着非制度化科技奖励的格局。从另一方面看，明代末期为其后中国科学技术的起步发展及科技奖励制度的诞生奠定了基础。

二、清代至民国时期

清代是我国科技奖励发展的转折时期，特别是晚清的洋务运动，中国开始自觉地引入西方科学技术，并从引进开始到模仿，进而到独立进行科学技术创造的过程。科技奖励也不例外，同样是从学习模仿肇始。首先，是以专利为激励方式的科技奖励思想对我国产生了重要的影响，从而推动中国第一个专利性质的科技奖励制度——《振兴工艺给奖章程》的诞生。随着各种科技团体，即学会、协会在中国的诞生，面向不同领域的各种奖励应运而生。清代科技奖励的重要特点之一，是对专利制度与科技奖励制度在认识上存在模糊边界；其特点之二是重视对科技人员的奖励，尤其是对回国留学人员中做出重要贡献的理工科人员赐予"进士"等出身和授予官职的奖励，成为晚清科举制度中特殊的"科举考试"。

中华民国成立以后，开始在晚清的基础上改进和推动科技奖励制度的建立。特别是国民政府开始注重科技发展模式的移植和建构，逐步从早期的民间性、松散型的科学体制，转向以官办集中型为特征的科学体制，1928年正式成立的中央研究院就是一个重要标志。但由于日本帝国主义发动侵华战争，改变了中国科技发展的方向，科技奖励也明显打上了那一时期的烙印，如重视对实用技术和替代技术的奖励，这种奖励具有强烈的战时色彩。1944年，国民政府正式出台《专利法》，标志着科技奖励制度和专利制度的正式分家，也说明民国时期开始步入现代科技奖励制度的范畴，已具有多元化的特点。

三、新中国成立至今

从1949年新中国成立开始，中国科技奖励的发展进入了一个新的阶段。

但在新中国成立初期，科技奖励的设立明显受苏联体制的影响，在设置和奖励方式上基本相似。1966年前，科技奖励经历了一个曲折的发展历程，奖项比较单调，奖励方式以精神奖励为主，奖励时间也是不确定的。

随着改革开放的深入，我国科技奖励的法制化进程逐渐加快。《中华人民共和国宪法》《中华人民共和国科学技术进步法》《国家科学技术奖励条例》，以及地方政府颁发的科学技术奖励办法，使我国科技奖励制度有法可依。同时，根据我国国情和具体情况，科技奖励的奖项随时代不断改进，形成了目前独具中国特色的科技奖励制度，国家最高科学技术奖、国家自然科学奖、国家技术发明奖、国家科学技术进步奖和中华人民共和国国际科学技术合作奖五大奖项的奖励方向和内容明确，突出地反映了中国科技奖励的独特性和全面性。

新中国科技奖励制度，是中国有史以来最先进、最全面的奖励制度，是新中国社会主义建设和科技发展的写照，科技奖励政策的变化和获奖项目的水平折射出我国科技发展的轨迹。新中国科技奖励制度也是20世纪下半叶以来世界科学技术和科技奖励发展的反映。20世纪50年代以来，我国努力跟踪国外科学技术的发展，制定了各种科技奖励措施，极大地促进了科学技术的进步，一些获奖成果如"两弹一星""杂交水稻""人工合成牛胰岛素""载人航天""歼十飞机""探月工程""北斗导航""中国高速铁路"等，正是中国科技与社会进步的反映。这些重大成果，不仅促进了中国经济社会的发展，增强了国家安全，而且在国际上有重要影响，提高了中国的国际地位，提升了中华民族的自信心。

从我国科技奖励的发展历史中不难看出，我国科技奖励起源和发展在世界上具有重要地位。在清代以前，我国的科技奖励与西方相比在发展上是独立的，奖励形式也是多种多样的，奖励范围也更为广泛。虽然目前我国科技奖励系统在奖金额度、奖励知名度等方面不如一些发达国家的某些奖项，仍有待进一步完善，但随着经济发展和国力增强，我国的科技奖励制度必将在世界科技奖励体系中产生越来越重要的影响。

第二节　其他形式的激励方式

除了科技奖励的激励作用之外，知识产权保护、科学基金、科技计划项目也是激励科技人员不断创新的一种重要手段。从 1624 年世界上第一部专利法诞生起，迄今世界上建立起专利制度的国家和地区已经达到 170 多个，说明了专利制度等知识产权保护制度的强大生命力。科学基金制度起源于 18 世纪，它主要用于资助自然科学，即基础科学方面的研究。现已有 100 多个国家建立了科学基金或科学基金会，对激励和支持科学研究产生了积极的作用。科技计划项目主要是针对国家经济和科技发展的需要面向经济建设、科学前沿而设立的，其投入主体是国家，它的起源可追溯到 17 世纪英国的科学悬赏金。这三者对促进科技发展都起到了重要的激励作用。

一、知识产权保护制度的激励本质

科技奖励制度是一种独创性认知功能的强化制度，它的诞生和形成与科学的社会建制化过程是紧密联系在一起的。知识产权保护制度中最富有影响力的是专利制度，它的产生早于科技奖励制度，它作为一种潜在的经济权益保障制度，对科技奖励制度的产生具有重要的启迪作用。但在一段时间内，一些国家的专利制度和科技奖励制度长时期地融合在一起，其功能和作用混淆不清，在一定程度上影响了各自功能的发挥。由于知识产权包括"专利权""商标权""著作权"，而"专利权"特别是"发明专利"最具代表性。现在，分析一下知识产权保护制度的激励本质。

1. 国外的专利制度

国外的专利制度大约起源于中世纪末期，进入 15 世纪后，威尼斯将专利制度法律化，开始通过法律的方式确立技术发明的专利权。1474 年，威尼斯共和国曾授予意大利科学家伽利略发明的扬水灌溉机以 20 年的专利权。1624 年，英国制定了"垄断法"，这是世界上具有现代雏形的第一部专利法。这部专利法的某些基本原则和具体规定为后来许多国家制定专利法时所仿效。此后，美国、法国、俄国、印度、德国、日本分别于 1790 年、1791 年、1814 年、1859 年、1877 年和 1885 年相继建立起专利制度，专利制度逐渐从封建君主的恩赐转变为依法授予发明创造的一种合法权利。但专利制度的发展并不是一帆风顺的。1850—1875 年，专利制度受到了强烈攻击，焦点集中在专利的垄断性上。经济学家们认为，专利这种垄断制度不仅损害了消费者的利益，而且抑制了技术改进和后续发明。就在那时，作为激励创新的一种可选择方法——科技奖励制度得到了普遍的关注。一位名叫罗伯特·迈科菲（Robert·Macfie）的英国议会成员，甚至提议用科技奖励制度取代专利制度。荷兰 1869 年曾废除了专利制度，但欧洲国家最终还是接纳了专利制度。

专利制度是通过确认发明创造者的知识产权，从而赋予创造者用自己的成果去获得经济利益的权利。这种把物质利益和创造发明直接联系起来的制度，对于科学技术的发展起着巨大的推动作用。与奖励制度相比，专利制度的经济效益来自专利自身的市场效益，而奖励的效益（奖金）则来自政府出资或社会资助。因此，专利既不能取代科技奖励制度，也不能等同于科技奖励制度。两种制度的共同优点是专利持有人及科技奖励的获得者必须公开其智力成果，让其智力成果进入公有领域，使全社会的人得以分享。两者的共同缺点是都会造成激励不充分。在专利制度下，由于垄断利益小于社会剩余，所以激励总是不充分的。在科技奖励制度下，激励的效果有时由奖金额度这一因素决定，但如果激励未与实际效益相联系，技术持有者只愿付出与奖励相当的投入，就会造成激励不充分。

目前世界各国均摒弃单一的专利制或单一的科技奖励制（主要是技术发明奖），而是采取两者结合的方式，也被称为双轨制。双轨制又可分为双轨单选制和双轨双选制。双轨单选制是指技术发明者在申请专利和申请科技奖励之间任选其一；双轨双选制是指技术发明者两者皆选，在这种模式下，技术发明者有可能既获得专利又获得科技奖励。由于获奖需重大专利或若干重大专利集合的成果，因此获得专利授权是获得科技奖励的重要前提和条件。

2. 中国专利制度的产生与发展

前面谈到，中国专利制度思想起源于太平天国时期，到了晚清光绪颁布的第一个科技奖励法规，实质上是一个具有专利性质的科技奖励法规。直到 1944 年，国民政府颁发了中国第一部专利法后，专利制度和科技奖励制度才正式分开。新中国成立后，我国专利制度进入一个特殊的发展时期，大体可分为 3 个阶段：第一阶段是"发明"奖和"专利"并存的双轨制时期。新中国成立后，政务院财政经济委员会于 1950 年 8 月 17 日颁布了《保障发明权与专利权暂行条例》，10 月 9 日颁布了《保障发明权与专利权暂行条例实施细则》。暂行条例规定了发放"发明证书""专利证书"两种保护形式。暂行条例还规定，发明的采用权和处理权归国家所有，发明人有权领取奖金、奖章、奖状、勋章或荣誉学位，有权将发明作为遗产，有权在发明物上冠上本人姓名。到 1963 年年底，共批准了 4 项专利、6 项发明。第二阶段是废止了专利制度，仅实行发明奖励制度。这一阶段以国务院 1963 年 11 月 3 日颁发的《发明奖励条例》《技术改进奖励条例》及废止《保障发明权与专利权暂行条例》为标志，实行了单一的发明奖励制度。《发明奖励条例》规定，发明归国家所有，任何单位或个人都不得垄断，全国各单位都可以利用它，给予发明荣誉奖和物质奖。这反映了当时中国全民所有制的特点。由于"文化大革命"的影响，两个条例还未施行就搁置了 15 年之久。而 1950 年 8 月颁布的《保障发明权与专利权暂行条例》虽然 1963 年 11 月国务院明令废止，实际上 1957 年以后就没有再批准过发明权和专利权，该条例已名存实亡。第三阶段是我国专利制度重新启动并不断发展完善阶段。1979 年 3 月，国家科委组建了专利法起草小组。经 6 年的努力，第一部《中华人民共和国专利法》于 1985 年 4 月 1 日起实施，该法共 10 章 96 条。中国专利法正式实施这一天被誉为"发明人的节日"。航空航天工业部 207 所工程师胡国华，为领到第一份专利申请，在中国专利局受理处足足等候了 3 天 3 夜。同年 9 月 10 日，中国专利局首批公告了 150 件专利申请。1992 年和 2001 年，我国先后对专利法作了两次修改。修改后的专利法，完善了司法和行政执法，简化和完善了专利申请、审批和维权程序，加大了专利保护力度。

3. 专利制度与科技奖励制度在激励效果上的异同

按照专利法的规定，对发明人的奖励和回报，重点不是在技术发明完成后，而是在技术发明产业化以后，从其创造的效益中提取。这是专利制度区别于现行发明奖励制度的一大特点。

在我国，对技术发明的奖励和专利制度是鼓励发明创造的两项制度，具有不同的社会功能。发明奖与专利相呼应的是，获得发明专利授权是可能推荐发明奖的前提条件，但又不等同于专利，它要高于专利，评奖时注重技术的新颖性、先进性。同时，发明奖还应重点奖励那些已经实施应用、拥有我国自主知识产权，并取得突出效果的技术发明成果。最重要的一点是，发明奖项目可能是数个甚至更多专利的集合，可能还包括一些原始创新和集成创新。

专利制度除了激励作用之外，对技术进步也有重要影响。国家知识产权局袁德先生认为，专利制度对技术进步有以下几大作用：一是使技术的评鉴法制化。专利审查是科技成果分类评价的一种方式，成果若要获得专利权，必须经专利局依法进行审查。凡授予专利权的发明必须符合"三性"（新颖性、创造性、实用性）要求。因此，专利的审查实质是将技术的评价法制化了，而且这种方式又为国际所公认。二是使技术资产化。纯技术一旦被授予专利权就变成了工业产权，形成了无形资产，具有了价值。这种知识产权的资产化，构成了知识经济中的不同于传统意义上的资本——知识资本。技术发明只有申请专利，并经专利局审查后授予专利权，才能变成国内外公认的无形资产。三是它使技术权利化。一项技术申请专利，经审查，一旦授予专利权，就有权受到法律保护。这种权利表现为两个方面：一是对发明技术的自身保护；二是对市场的占领。一种产品只要授予专利权，就等于在市场上具有了独占权，强化了对专利在国内外的保护力度。四是它使技术信息化。利用现代信息技术，极大地促进了专利技术的共享，对启迪人们的创造思维、激励科技创新发挥了积极作用，等等。

但同时也看到，专利制度也存在不足之处，如支付专利申请的成本、专利配套机制不健全等。对专利申请人而言，专利申请的成本不仅包括专利申请费、待审期间交纳的维持费等，还包括因长时间等待专利授权而损失的机会成本。提高专利审批速度、降低专利申请成本是改进专利制度的重点之一。

通过以专利制度为例对其激励作用的分析，我们不难看出知识产权保护制度对激励科技人员作用是积极的、重大的。专利制度实施后，国内专利申请量和授权量增长很快。从 1985 年到 2019 年，申请量从 0.94 万件增长到了 419.5 万件，增长了 445.8 倍；授权量从 111 件增长到 247.44 万件，增长了 22 292 倍。其中热门技术，如人工智能技术，2019 年专利申请总量首次超过美国，成为全球申请数量最多的国家。尽管新冠肺炎疫情暴发，但我国人工智能技术创新却并未因此受阻，截至 2020 年 10 月，我国人工智能专利申请共计 69.4 万件，同比增长 56.3%。

国家通过施行《中华人民共和国专利法》《中华人民共和国商标法》《中华人民共和国著作权法》《中华人民共和国反不正当竞争法》《计算机软件保护条例》《中华人民共和国知识产权海关保护条例》等法规，有效地保护了科技人员的利益和激励了科技人员创新的积极性。

鉴于发明专利不仅体现科技的原创性，也对激励科技人员不断创新、勇于拼搏有积极作用，国家知识产权局于 1989 年设立了中国专利奖。中国专利奖设中国专利金奖、中国专利银奖、中国专利优秀奖、中国外观设计金奖、中国外观设计银奖、中国外观设计优秀奖六大类。其中，中国专利金奖、中国专利银奖、中国专利优秀奖从发明专利和实用新型专利中评选产生，金奖不超过 30 项，银奖不超过 60 项，优秀奖不超过 900 项；中国外观设计金奖、中国外观设计银奖、中国外观设计优秀奖从外观设计专利中评选产生，金奖不超过 10 项，银奖不超过 15 项。

2008 年以前，中国专利奖两年评选一次，2009 年以后改为每年评选一次。截至 2021 年，中国专利奖已评选了 22 届。评奖标准不仅强调项目的专利技术水平和创新高度，也注重其在市场转化过程中的运用情况，同时还对其保护状况和管理情况提出要求。

二、科学基金对科研的激励与促进作用

科学基金是支持科学研究的重要系统，它与科技奖励系统互相补充，激励科技人员在基础研究，即原始性创新方面做出新的重大发现。正如科技人员所说的那样，科学基金和科技计划项目是"雪中送炭"，而科技奖励是"锦上添花"。科学基金制度是一种无偿资助基础研究的行为，根据设定的资助范围和目标，择优资助科研项目和进行科研资源的管理，是面向未来进行的一种"预期性投资"。

1. 科学基金的诞生和发展

现代科学基金制可追溯到 19 世纪法国国家科学院的奖励基金出现的"蒙顿结余"（Montyon Surplus），逐渐演变成将"结余"的一部分用于对科学家的研究进行"鼓励支持"（Encouragements）。1860 年，德国洪堡基金会创立。其后，一些著名的民间基金会、政府基金会相继出现。民间性质的有著名的瑞典诺贝尔基金会，美国的洛克菲勒基金会、福特基金会等。政府基金会有美国的国家科学基金会、英国的联邦基金会、日本的学术振兴会、瑞士的国家科学基金会、比利时的科学研究基金会等。

我国在民国早期就出现了基金资助的形式。中国科学社曾利用美国"退还"的"庚子赔款"建立了清华基金。1924 年，中华教育文化基金董事会（中基会）成立，这是民国时期对科学研究最重要的资助。新中国成

立后，我国一段时间内对科学研究的资助都是以政府拨款进行的，如袁隆平院士在早期杂交水稻的研究中曾得到国家下拨的 600 元专款资助。1981年 5 月，中共中央国务院根据 89 位中国科学院学部委员的建议，批准由国家拨专项经费设立面向全国的自然科学基金——中国科学院科学基金。1982年，中国科学院科学基金正式成立并开展工作，开创了新中国科学基金制度的先河。1986 年 2 月，国务院决定正式成立国家自然科学基金委员会。

目前，我国已形成了以国家自然科学基金委员会、地方科学与技术发展基金会、行业或部门科技基金会等组成的科学基金资助体系和管理模式，构建起了重大项目、重点项目和面上项目 3 个层次及若干专项基金的资助格局。科学基金制已成为我国基础研究的可靠经费来源和推动我国原始创新的重要动力。

2. 科学基金的激励作用

科学基金制有别于行政拨款的地方是科研经费的分配和使用机制。科学基金制通过激励科技人才通过探索性基础研究，发现和生产满足社会经济发展需要的知识产品，推动学科发展，提高基础性研究的学术水平。我国国家自然科学基金项目的立项、遴选和管理工作遵循"依靠专家、发扬民主、择优支持、公正合理"的原则，执行"平等竞争、科学民主、激励创新"的运行机制，遵守回避和保密的有关规定，并接受科技界和社会的监督。这样，保证了科学基金系统的公平公正和高效运作，使科学基金制成为我国支持基础研究的主要方式，基础研究保持了持续快速发展和高效的状态，是科学研究的基本支持系统。

我国国家科学基金自设立以来，对国家的基础研究产生了重要影响，有效地推动了基础研究的稳定发展。获得资助的项目大部分创新性突出、研究起点着眼于世界科技前沿，对缩小一些学科领域与国际先进水平的差距起到了积极作用。同时通过科学基金项目的支持，发现、培养了大批科技人才，对于稳定一支高水平的基础研究队伍发挥了积极作用。近年来，青年人才获得国家科技奖、省部级科技奖等奖励的比例大幅上升就证明了这一点。此外，科学基金对推动国际科技合作与交流、提高我国基础研究水平、缩短与国外研究水平的差距，也无疑发挥了桥梁和纽带作用。同时，各部门和地方科学基金也在不断扩大，已成为支持我国科技事业发展的重要力量。科学基金的激励作用是通过下列方式来实现的：

一是承担了科研人员从事科研的风险。科学基金会在促进科技发展中具有特殊的地位和作用。由于研究者的资助资金来自基金或基金会，他们不必承担科研中的风险。对科学研究中的新问题、新事物、新亮点、争议、跨学科的合作，科学基金视其情况给予资助，为科研人员创造了更宽泛的研究环境，解除了他们的后顾之忧。同时，科学基金会一般由科学共同体自主管理，决策管理程序灵便，资助更具有针对性和灵活性。

二是引导科学研究的方向。基础研究优先资助领域选择的核心是基于本国的优势和特色、国际科学前沿、国家发展目标及科学资源投入能力等多种因素。同时，对大科学研究和交叉学科领域，科学基金在一定时期内予以重点支持，并以此带动自由探索式的小科学研究及一些传统学科的改造，实现科学资源的优化配置和学科布局的合理调整。在自然科学基金的资助结构上，大体上可以分为"研究项目""人才培养体系"两大资助板块。具体项目类型包括面上项目、重点项目、重大项目、重大研究计划项目、国际（地区）合作研究项目、青年科学基金项目、优秀青年科学基金项目、国家杰出青年科学基金项目、创新研究群体项目、海外及港澳学者合作研究基金项目、地区科学基金项目、联合基金项目、国家重大科研仪器研制项目、基础科学中心项目、应急管理项目、数学天元基金、外国青年学者研究基金项目、国际（地区）合作交流项目等 18 个方向。自然科学基金会根据需要对项目类型进行调整。

三是凝聚、培育和激励一批精干有效的人才。实行科学基金制是国际上支持科学研究的普遍做法，相对集中的经费渠道与规范的竞争，为科技工作者从事科学研究提供了公平、协调的环境。通过申请科学基金过程，优胜劣汰，使一批高水平的研究人员脱颖而出；同时也由于支持相对集中，易于集中力量攻关，从而产生重要研究成果。

此外，获得科学基金资助也含有承担任务的科学家在以往成功解决科技难题后获得科学共同体和政府科技管理部门信任的标志。

3. 科学基金与科技奖励制度间的异同

科学基金和科技奖励制度在推动自主创新、促进科技进步中都具有积极的作用，但两者之间既有共性也有个性。

两者的相同之处：从设立的机构性质看，科学基金与科技奖励是相同的。各级政府机构、社会团体等都设有科技奖励和科学基金。从目的来看，两者一致，都是为了促进科技进步。但科技奖励涉及所有科技领域，也包括基础研究、技术发明等，而科学基金主要面向基础研究领域。但由于奖励制度所具有的荣誉感、权威性和信誉度，产生的激励影响更为久远。

两者的差异之处：在激励范围方面，科技奖励范围涵盖了所有的科学技术成果，对重大科技成果的承认和激励；而科学基金是对基础科学、部分应用基础科学的资助。在引导效果方面，获奖项目反映我国科研工作的重点领域和方向，引导科技人员围绕全球性科技前沿问题和我国经济社会发展中急需解决的难点热点问题去创新攻关。科学基金则是采用选择优先资助领域的方式，确立未来发展的主攻方向与重点领域，予以重点支持，引导科学研究的目标。在资金使用方面，科学基金的经费只能用于科学研究，解决了科技人员的工作与发展问题，而不能用于个人目的；而科技奖励奖金的使用则很灵活，可用于科研，也可用于改善个人的生活条件等。

两者之间的互补性：科技奖励制度与科学基金制度具有极强的互补性，共同促进了科学研究和技术进步。科学基金在科学研究活动之前和进行当中给予资助，科技奖励则是对已完成的科学技术成果的承认和奖励，二者对科学研究活动的全过程给予必要和及时的支持，确保科学研究活动的正常开展。如两者对科研活动过程中发挥作用的时期不同，基金资助是一种预期行为，而科技奖励在承认取得重大成果之后。给予科学基金支持的前提除了项目本身的价值和创新外，先期工作是否获得科技奖励是争取科学基金成功的信任基础和一个重要因素，形成了科学研究活动的信用循环。

从国家自然科学基金来看，经费主要来源于中央财政拨款，同时接受国内外单位和个人的捐赠，由国家自然科学基金委员会管理。从 1986 年国家自然科学基金委员会建立以来，中央财政支持力度逐年加大。"十五"（2001—2005 年）期间累计超过 100 亿元。2010 年，国家资助项目的总经费为 96.5 亿元，而到 2019 年择优支持项目 4.52 万项，经费达 280 亿元以上，10 年间增长了近 3 倍。科学基金制是国家创新体系的重要组成部分，是推动知识生产、转移与传播的重要渠道，是推动我国基础研究的重要措施。

三、科技计划项目的激励作用

新中国成立以来，国家以科技计划项目的形式，对国民经济建设中亟待解决的重大科学技术工程进行资助，推动自主创新和集成创新。

国家科技计划项目是在科学家们充分酝酿和论证之后提出的顺应国际科技发展趋势和科学前沿、为解决国民经济建设和社会生活中重大热点和难点问题而向科技人员提供有计划有目的的研究。改革开放后，我国逐步形成了三大主体计划，即科技攻关计划（后改称为科技支撑计划）、863 计划、973 计划，以及研究开发条件建设计划（包括国家重点实验室建设计划、国家工程技术研究中心建设计划、国家科技基础条件平台建设计划、国家软科学研究计划等）和科技产业化环境建设计划（包括火炬计划、星火计划、国家科技成果重点推广计划等），并采用招投标或申报的形式来支持这些科技计划项目的研究。国家科技计划项目的实施，可以说是一种激励方式，通过竞争，一些有研究实力的单位和个人胜出，获得了计划项目的研发实施权。

1. 调整前我国的主要科技计划

（1）国家高技术研究发展计划（863 计划）

国家高技术研究发展计划（863 计划）是改革开放以来国家第一个重大的中长期高科技计划。从 1986 年实施以来，国家有组织有计划地在生物技术、航天技术、信息技术、激光技术、自动化技术、能源技术、新材料和海洋高技术等 8 个领域加大了跟踪和研究的力度，逐渐形成了适合中国国情的高技术研究开发的发展战略，完成了高技术研究和开发的总体布局，并为改造传统产业、培育新兴产业做出贡献，对国民经济和社会发展产生了重大影响。

（2）国家重点基础研究发展计划（973 计划）

国家重点基础研究发展计划（973 计划）的前身是国家基础研究重大项目计划，也称"攀登计划"。"攀登计划"于 1992 年 7 月 22 日正式实施，旨在加强国家对基础性研究的支持。"攀登计划"项目当时由国家科委会同国家教委、中科院、国家自然科学基金委员会和有关部委共同遴选，这些项目来源于数学、物理、天文、化学、生物、基础农学、基础医学、地学、技术科学等基础学科和应用基础学科。1997 年 6 月 4 日，国家科技领导小组第三次会议决定要制定和实施《国家重点基础研究发展规划》，随之科技部组织实施了国家重点基础研究发展计划（973 计划）。

（3）国家科技支撑计划

原为"国家重点科技攻关项目计划"，出台于 1982 年，2006 年改为

"科技支撑计划"，目的是通过解决国民经济和社会发展的中长期重大科技问题，促进传统产业的现代化和产业结构优化，支持发展高科技并促使其产业化。该计划实施30多年，结合不同时期国家的重点需求，坚持面向国民经济建设主战场，以促进产业技术升级和机构调整、解决社会公益性重大技术问题为主攻方向，通过重大关键技术的突破、引进技术的创新、高新技术的应用及产业化，为产业结构调整、社会可持续发展及提高人民生活质量提供技术支撑。

（4）星火计划

1985年，国家科委提出了关于实施"星火计划"的设想，1986年年初，党中央国务院下发1号文件，安排县以上"星火计划"项目4000项，按国家、省、市、县4个层次组织实施，其中国家级项目700多项，标志"星火计划"正式出台。该计划主要任务是依靠科技振兴农村经济，向农村推广先进适用的科技成果。"星火计划"借助科技把农村的资源优势变为经济优势，带动农村种养殖业和农副产品加工业的创新发展。通过实施"星火计划"，一大批新技术得到较好的应用，从田野走向市场，走向国内外，对发展现代农业产生了积极影响。

（5）火炬计划

"火炬计划"是一项高科技产业化计划。1988年8月8日，全国第一次火炬计划工作会议正式宣布"火炬计划"在全国范围内开始实施。"火炬计划"实施以来，国家高新技术产业开发区已成为中国高新技术产业发展的重要基地，成为振兴地方经济新的生长点，具有很强的国际竞争能力。2019年，21家国家自创区、169家国家高新区成为地方创新发展"领头雁"，营业收入达38.6万亿元。此外，我国实施的其他科技计划也产生了重要的激励作用。

2. 目前国家的主要科技计划项目

2017年，国家对原来的科技项目进行了整合，形成了国家自然科学基金、国家科技重大专项、国家重点研发计划、技术创新引导专项（基金）及基地和人才专项五大类。

国家自然科学基金：资助基础研究和科学前沿探索，支持人才和团队建设，增强源头创新能力。

国家科技重大专项：聚焦国家重大战略产品和产业化目标，解决"卡脖子"问题。

国家重点研发计划：针对事关国计民生的重大社会公益性研究，以及事关产业核心竞争力、整体自主创新能力和国家安全的重大科学技术问题，突破国民经济和社会发展主要领域的技术瓶颈。

技术创新引导专项（基金）：按照企业技术创新活动不同阶段的需求，对发展改革委、财政部管理的新兴产业创投基金，科技部管理的政策引导类计划、科技成果转化引导基金，财政部、科技部等四部委共同管理的中小企业发展专项资金中支持科技创新的部分，以及其他引导支持企业技术创新的专项资金（基金）进行分类整合。

基地和人才专项：对科技部管理的国家（重点）实验室、国家工程技术研究中心、科技基础条件平台、创新人才推进计划，发展改革委管理的国家工程实验室、国家工程研究中心、国家认定企业技术中心等合理归并，进一步优化布局，按功能定位分类整合。

除了科技部外，工业与信息化部、发展改革委、农业农村部、教育部等部委均有相应的科技项目支持。

3. 国家科技计划项目的激励方式和作用

科技计划项目所产生的激励作用和效果是明显的。面对高新技术发展中多学科、多技术综合集成化的趋势，调整科技与经济发展战略目标，集中国家科技资源，实施重大科技工程，开展广泛的协作，已成为许多国家采取的共同举措。世界各国为推动基础性研究和争夺高技术优势，曾经和正在实施各种科技计划项目来激励科技人员。如美国曾经实施的"阿波罗计划""信息高速公路计划""22 项国家关键技术"，以及特超音速飞机等大型科技工程，日本的自增殖型芯片、高效热泵、电视电话等 21 世纪百项重大科研项目等。这些计划和工程的实施，对激励科技人员创新解决了经费和选题上的后顾之忧，产生了重要作用。

我国国家重大科技计划的实施，对激励科技人员锐意创新产生了积极影响，有的科技计划不仅如期完成，而且产生了一些预想不到的重大成果。如改革开放后实施的 863 计划、973 计划、科技攻关计划这三大主体等，多年来在跟踪国外先进技术、缩短与发达国家科技差距、解决国民经济和社会发展中的热点和难点问题、形成新的经济增长点等方面发挥了重要的作用，为促进社会可持续发展奠定了坚强的科技基础。

（1）国家科技计划的激励方式

目前，国家科技计划采取的是招投标的方式。这种方式为那些具有科研能力的不同所有制性质的单位提供了获得参与国家科技计划项目的平等机会，这对任何一个部门来说都是一种激励。招投标的结果，即使对那些未中标的单位，也会激励它们查找自己的差距，奋起直追，为实现自己的目标努力。对那些中标的单位，会激励它们不辱使命，努力完成项目目标，同时会激励它们在研究中获得超过预期目标的成果。两种激励措施对科技成果产生和应用发挥了不同的作用。可以说，科技奖励制度和科技计划项目是激励系统的两大支柱，一个在上游，一个在下游，但如果科技计划项目完成后获得了科技奖励，对研究单位以后申请科技计划项目在科研实力和创新能力方面提供了有力的证明。

（2）科技计划项目的激励特点

科技计划项目和科技奖励具有两种截然不同的激励方式，科技计划项目激励的是未进行的项目，存在一定的风险；科技奖励鼓励的是已取得的重要创新成果，可靠性强，几乎无风险。科技计划项目的激励特点决定了它与科技奖励在激励时机、内容及强度上的差异性。

1）激励时机的不同

国家科技计划项目的激励是一种超前的、带有风险性的激励。由于科技计划项目具有导向性和目的，对国家来说，承担着投资研究的风险；对研究单位来说，承担着研究失败而带来信誉损失的风险。由于科技计划是带有超前性的研究，来自科学家们充分研讨后集体智慧的凝练，这种研究计划的方向明确，实施后成功的可能性也较大，因此所产生的激励是超前、预期的，而且项目涉及的领域广泛，参与的科技人员众多，所以其激励面较大，作用较明显。

而科技奖励是对已经做出来的重大成果的激励。前面提到，奖励制度实际上是一种荣誉制度，其作用可以简单归纳为：一是在科技界树立榜样，使其他人员学有方向、有目标；二是运用名誉的作用，肯定科技人员的贡献；三是传播优秀创新方法和成功的研究模式，激励后学秀出班行。因此可以说，奖励是对已有成绩的肯定和表彰，从时间上落后，奖励的是有形的"硬通货"，不存在风险问题。即使有风险，也可能是获奖成果评价中出现的偏差和失误，但可以通过取消其奖励来解决。

2）激励内容的不同

科技计划激励的内容往往是经过科学家讨论后所制定的，具有前瞻性和导向性。但其后的研究中是否成功具有不可确定性，但成功可能性是非常之高的。国家科技计划也可以说是带有悬赏式的奖励，它针对的是科技项目，希望科技人员按照提供的研究目标去努力探索，获得成功。与科技计划项目不同的是，科技奖励激励的内容和对象都具有灵活性。科技计划项目鼓励支持的是尚未进行或正在进行的工作，其潜力和前景有不确定性，因此是面向未来进行预期性投资的一种有效激励方法，它激励和资助的是科技人员未来的研究计划和实现该计划的潜力。科技奖励是鼓励已完成的重大成就，可以是做出贡献的科技人员，也可以是完成后的项目。

科技计划项目激励在先，科技奖励承认在后。给予科技计划项目支持的前提除了项目本身的创新性、潜在价值和前景外，更重要的是承担单位（人员）的能力是否胜任。而科技奖励的获奖成果绝大部分是科学基金资助或国家科技计划项目，二者互相倚重，形成了科学研究活动的有机循环。相比较而言，科技计划项目反映了国家的意志和目的，直接推动了科研活动的开展和顺利完成，其激励作用也是较大的。科技奖励虽然也有导向功能，但是没有科技计划直接。

3）激励强度的不同

奖励制度是荣誉分配制度，具有崇高性和庄严性。科技成果赢得社会或同行的承认可带来自我价值实现的满足感，强化科技人员的精神世界。此外，奖励产生的社会威望和崇高精神荣誉，提高了科技人员在科技界的地位，他们所获得的荣誉和声望被看作某种信用或信贷能力，对科学技术资源占有能力更强，将会获得更多的科学基金和国家科技计划的资助。同时奖金和荣誉带来的无形资本包含的经济实惠，可以满足科技人员的物质需求，从而增强了科技人员继续创新的热情。科技奖励的激励作用无论是在计划经济还是在市场经济条件下都十分显著。

从获得的经费来看，承担科技计划项目的单位和个人获得的研究经费一般高于科技奖励的奖金，同时获得的科技计划项目的数量也大大多于科技奖励获奖数，这也是能够吸引和激励科技人员为之努力的重要方面。

设立科学基金、国家科技计划项目是一种激励手段或前瞻性奖励。科学基金资助、国家科技计划项目是希望科研人员能够按照提供的研究方向去达到目的，因此是一种推动科技创新的前置式动力；而奖励是等待成果出来以后才给予肯定和承认，可以说是一种推动科技创新的后置式动力。在科学技术的社会运行中，获得科学基金资助和科技计划项目中标的单位或个人如果在完成课题后获得了相应的科学技术奖励，那么便形成了一种信用循环机制，这些单位或个人的科研能力信任度增强，为其后申请科学基金、科技计划项目打下了良好的基础。因此，发挥科技奖励制度和科学基金、科技计划项目在激励科技创新方面的互补作用，对促进我国的科技创新体系建设，促进知识产品的生产和应用，提高科技竞争力无疑具有重要的作用。

国家科学技术奖 2012—2018 年获奖项目近 7 年的统计数据显示，这些项目中得到国家科技攻关（支撑）计划支持的项目共占 23.4%，973 计划支持的项目共占 33.6%，863 计划支持的项目共占 25.0%，国家自然科学基金支持的项目所占比例为 58.3%。从趋势看，支持项目比例均有一定增加（图 8 - 1）。

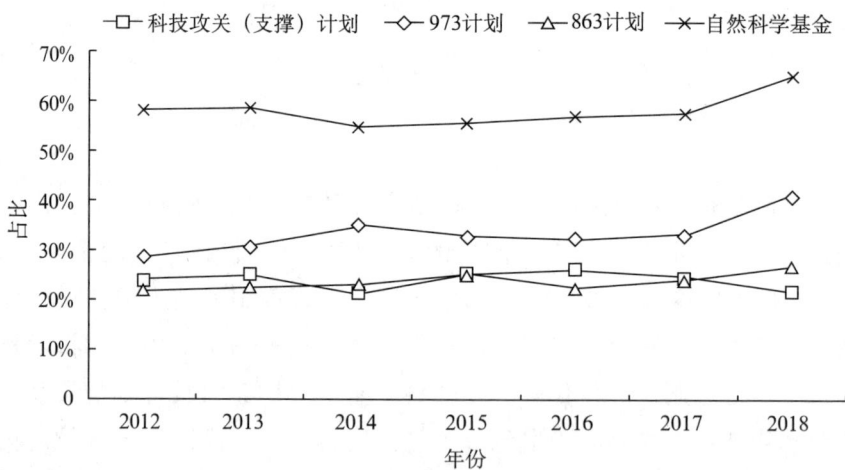

图 8 - 1　获奖项目获支持情况

第三节　科技奖励发展态势

现代科技奖励制度的建立已有近 300 年的历史，无论在理论还是在实践方面，都日趋成熟。从宏观上分析科技奖励未来发展的态势，对于进一步完善和发展我国科技奖励制度，具有积极的意义。

进入 21 世纪，随着新学科、交叉学科的出现，新的科技奖项也应运而生，科技奖励运行方向不仅体现了科技自身发展的客观规律，而且与社会进步渗透交织。国外科技奖励目前呈现的发展趋势是：一是面向新兴学科和高奖金额度的科技奖项不断增加。如 2004 年芬兰设立了奖金高达 100 万欧元的"千年技术奖"。二是科技奖励的理论研究普遍受到重视。目前科技奖励理论研究包括科研导向、奖励的社会影响和价值判断、后评估研究等，说明科技奖励的运行已成为管理科学、行为科学中一项重要内容。三是不断充实完善科技奖励的信息系统。对科技成果奖励信息的收集与利用，日益成为各国科技信息和情报的重要内容。获奖科技成果往往代表该国当时最高的科技水平，其最重要的特征是创新性，并反映出科研的方向。四是一些发展中国家的科技奖励将从无到有，出现较快的发展，影响着科学技术体制的变革。综合以上情况及我国实际，笔者肤浅地认为科技奖励大致有如下几个发展态势。

一、"揭榜挂帅"将成为常态化的激励机制

习近平总书记在 2021 年 1 月 11 日省部级主要领导干部学习贯彻党的十九届五中全会精神专题研讨班开班式上发表重要讲话，提出有力有序推进创新攻关的"揭榜挂帅"体制机制，加强创新链和产业链对接。2021 年 3 月 5 日，李克强总理在《政府工作报告》中也提到，改革科技重大专项实施方式，推广"揭榜挂帅"等机制。国家"十四五"规划纲要也提出，实行"揭榜挂帅""赛马"等制度，健全奖补结合的资金支持机制，优化科技奖励项目。

"揭榜挂帅"实质上是以重大需求为导向、以解决问题成效为衡量标准、用市场竞争来激发创新活力的一种科研课题分派机制和激励机制。提高我国的竞争力，科技必须自立自强，实现核心技术取得"从 0 到 1"的突破。因此，应在以往项目资助管理基础上再辟蹊径，真正使"能者上、智者上"。"揭榜挂帅"通俗地说就是"悬赏制"，在科研课题上采取"揭榜挂帅"，这不仅是理念上的一个重大革新，也是课题管理上的一种革命性措施。"揭榜挂帅"虽只是科研项目管理的一种新的形式，但对建立一个更开放的创新体系、强化科研经费的管理方式，让"好钢用在刀刃上"具有重要意义。

较以往科研课题资助方式，"揭榜挂帅"具有需求明确、导向清晰、参与面广、效率更高等优势，多年来，我国几乎所有的科研课题（经费）都是采用申报制的方法，人们形象地称之为"雪中送炭"；课题完成结题后，多数项目又去申报省部级科技奖和国家科技奖，获奖后人们形象地称之为"锦上添花"。值得肯定的是，项目申报制对科技进步产生了积极的推动作用，但同时也存在一些弊端：一是申报项目中的大部分内容是需要完成的"规定作业"，只需完成项目任务即可。二是项目申报过程、项目过程、完成各种汇报检查和评审过程中要花费大量时间和精力。三是申报制容易造成习惯性选人。四是在拟定的计划项目内，甲、乙、丙、丁任一方均符合申报条件，可能会导致项目管理方的"权力寻租"等。因此，在申报制下，除了完成课题的任务外，偶尔会有新理论、新技术或新产品的突破，但颠覆性的创新就很难说了。

采取"揭榜挂帅"，即悬赏制，在古今中外不乏相关的事例，如悬赏捉拿罪犯、治疗疑难杂症、解决工程中遇到的问题等。秦代的吕不韦写成《吕氏春秋》后，公布于咸阳的城门旁，并将千金悬挂于书的上面，广邀宾客贤达前来评阅。吕不韦许诺：谁能在书中增减一字，就奖赏他一千金。成语"一字千金"由此而来。国外在科技领域实施"悬赏制"最早也最有意义的例子是17世纪英国航海钟的发明。当时人们在大海上航行时，没有办法来准确定位所在位置的经度。英国政府为此悬赏2万英镑，希望能解决这个问题，此奖也被称为"经度奖"。那时的2万英镑是笔巨款，吸引了牛顿、哈雷等大批高水平的科学家参与研究。结果，首先获得成功的是名不见经传的钟表匠约翰·哈里森，并获得了2万英镑的奖金，1749年，他因此获得了英国皇家学会的"科普利奖"。近代科技革命以来，西方的其他发达国家已先后设立百余项科技悬赏奖。2014年，英国再度启动了悬赏性质的"经度奖"。近年来，我国的个别省市和部门在"揭榜挂帅"方面进行了有益的探索。例如，近年来工业和信息化部启动了人工智能产业创新重点任务揭牌工作；广东、湖北、上海、安徽等省市在应用研究和产品开发方面已开始运作揭榜制。

"揭榜挂帅"是从问题导向出发，突破核心技术是根本目的；但从管理上看，同时把课题申报和奖励这两个独立评审的问题合二为一，可以说是"一箭双雕"。在当今复杂的国际关系和激烈的科技竞争中，亟须更多的

"揭榜科技项目",解决制约我国国家安全、经济社会发展的重大科技问题及社会需要的技术热点和难点。"揭榜挂帅"机制的建设,应在如下几个方面发力:

一是聚焦亟待突破的重大科学问题与关键技术,设好悬赏项目榜单。项目要突出刚性目标,使揭榜者面对后,首先得"三思而后行",掂量自己有无"真本事",有没有"金刚钻"去揽"瓷器活"。二是选好领军的"帅"。在揭榜只有一两家(人)的情况下,选帅较为容易。如果揭榜者过多,必须打破常规的选帅机制。有关部门可组织召开由多学科专家组成的项目评审会,了解所有揭榜者的实力和可行性,最后决定取舍。三是前期的风险投入自己承担,这是"悬赏制"的重要特征之一。设榜部门标明完成揭榜项目的奖金,对于揭榜者,一般不给予前期投入,对顺利实现"榜单"目标的,才兑现"悬赏金"。对无前期投入能力的实力派,可考虑给予分阶段投入,观其后效。四是从管理角度来看,要避免原申报圈的人变成出题圈人,为自己出题,必须使真正"卡脖子"技术和急需技术能上榜单。同时要处理好悬赏制的知识产权归属问题。五是营造好"揭榜挂帅"的生态环境。从设榜选帅到研发过程的关注支持,再到最后"论功行赏",应有完整的系统设计和精细的机制保障。"英雄不问出处",打破对"有高招"的人才参与身份的限制,提升创新效率。

二、政府科技奖励向"少而精"发展,权威性增强

2020年新修订的《国家科学技术奖励条例》规定,科技奖励制度的目标是奖励在科学技术进步活动中做出突出贡献的个人、组织,调动科学技术工作者的积极性和创造性,建设创新型国家和世界科技强国。国家"十四五"规划纲要提出,要"优化科技奖励项目"。这表明,未来我国科技奖励发展趋势之一,是政府设立的科技奖励应以加强权威性和导向性为目标,坚持"少而精"的原则,合理控制授奖数量,奖励原创性、"卡脖子"技术等成果,主要引导和支持社会力量设奖。从理论上讲,政府科技奖励力求"少而精"是科学的。"少而精"可以减少运行成本,也适用经济学上边际效益递减的原理,政府设立的奖励问鼎者越少,权威性就越大,对创新者的激励效应越强,示范作用也越突出。近期,关于国家科技奖的授奖数量进一步突出"少而精"、提高质量及延长评审周期的问题又被提到议事日程。

三、社会力量设立科技奖的影响进一步提升

国外社会力量设奖是科技奖励的主体。2006 年发布的《国家中长期科学和技术发展规划纲要》中提出了鼓励和规范社会力量设奖。2017 年 7 月，科技部下发了《科技部关于进一步鼓励和规范社会力量设立科学技术奖的指导意见》，提出的总体目标是探索建立信息公开、行业自律、政府指导、第三方评价、社会监督、合作竞争的社会科技奖励发展新模式；规范社会科技奖励的运行，努力提高社会科技奖励的整体水平；鼓励若干具备一定资金实力和组织保障的奖励向国际化方向发展，培育若干在国际上具有较大影响力的知名奖励。2020 年，新修订的《条例》第三十七条规定，"国家鼓励社会力量设立科学技术奖"。随着人们对社会科技奖励的进一步关注和重视，将为社会科技奖励注入发展的新动力，对构建我国合理、健全的科技奖励体系具有积极的作用。

四、科技奖项设置更注重科技战略的需求和学科发展

世界科学技术奖励制度的形成和发展，是科学技术迅速进步直接推动的结果，也与国家的战略方针有很大的关系。作为一个国家来说，科技奖励的作用主要是激励科技人员为国家经济社会发展和科技发展战略服务，促进综合国力的提升。国家"十四五"规划纲要提出，"坚持创新在我国现代化建设全局中的核心地位，把科技自立自强作为国家发展的战略支撑，面向世界科技前沿、面向经济主战场、面向国家重大需求、面向人民生命健康，深入实施科教兴国战略、人才强国战略、创新驱动发展战略，完善国家创新体系，加快建设科技强国"。因此，不管是政府科技奖励，还是社会科技奖励，将以激励科技自立自强为主要目标，重视"从 0 到 1"的突破，加大对基础研究和技术发明原始创新的奖励力度，加强对一些新兴学科、边缘学科、交叉学科的奖励及对科学技术普及的奖励等。实现这些目标，一是要增设新的奖项；二是要增加这些领域的获奖比例和奖金额度。近年来，一些新设的社会科技奖项就反映了这一特点，如近几年设立的奖项有中国人工智能协会设立的吴文俊人工智能科学技术奖；北京怀柔未来论坛科技发展中心设立的未来科学大奖，其奖金为 100 万美元；腾讯公益慈善基金会设立的科学探索奖等。

五、从奖励科技项目为主转向奖励科技人才为主

国外科技奖励的主要对象是人，而我国目前的科技奖励体系仍是以奖励项目为主。近年来，关于加强对科技人才直接奖励的呼声也日益高涨。科技奖励对象直接面向科技人才，这不仅符合国际科技奖励发展的主流，也利于科技奖励的评审管理。2015 年 12 月 14 日，中共中央政治局会议审议通过了《关于建立健全党和国家功勋荣誉表彰制度的意见》。功勋荣誉表彰主要由勋章、荣誉称号、表彰奖励和纪念章等 4 个类别组成。近几年来，国家最高荣誉"共和国勋章"授予了 9 人，其中杰出科学家有 6 人。《国家中长期科学和技术发展规划纲要》提出，在对项目奖励的同时，注重对人才的奖励。奖励科技人才，强化了杰出科技人员的作用和贡献，有助于传播创新思路与方法，树立榜样的力量。

六、科技奖励管理趋向专业化

随着科学技术的迅速发展和科技管理越来越专业化，科技奖励的管理也将越来越专业化。科技奖励专业化，意味着把科技奖励的提名、评审作为一种专门职业，按照科技奖励管理的专业知识规范和职业规范来培养从业人员，使他们具有必要的科技专业知识、职业操守、道德诚信和管理能力，以保证科技奖励工作科学公正实施。目前，我国从事政府科技奖励和社会科技奖励的管理人员与兼职人员有 2000～3000 人，每年参与奖励评审的专家有 2 万～3 万人次。2020 年 10 月新修订的《国家科学技术奖励条例》，对完善科技奖励的评审职责、评审标准、评审程序等制度都有明确的规定，对奖励活动各主体，包括奖励工作组织和管理人员，要求加强科技奖励诚信体系建设，加大对科技奖励的监督惩戒力度等，并规定了相应的法律责任。随着依法行政、依法奖励的要求越来越高，对科技奖励管理人员的专业化要求也会越来越高。

总之，随着 21 世纪科学技术的迅猛发展，改进和完善科技奖励制度是时代发展的客观要求，也是科学技术发展的必然。科技奖励的作用不仅限于对做出贡献的科学家予以承认和肯定，将更为本质地关系到科学共同体的社会分层、权力的行使、科技资源的分配和科学技术的发展方向。未来，政府和全社会将更加关注科技奖励系统在社会运行和推动科技进步过程中的激励和调节作用，这是促进科学技术奖励系统日益完善的根本动力。

附录一
科技奖励中的趣闻与轶事

许多有影响力科技奖的获奖者中,他们的科研生涯中不仅有贡献和真知灼见,也不乏轶闻趣事。诺贝尔物理学奖获得者、著名物理学家劳厄就科技教育发表看法时说:"重要的不是获得知识,而是发展思维能力。教育无非是一切已经学过的东西都遗忘掉的时候所剩下来的东西。"1988年,在巴黎举行的世界各国诺贝尔奖得主的聚会上,有人问一位耄耋之年的诺贝尔科学奖得主:"您在哪所大学、哪个实验室学到了您认为最主要的东西呢?"这位德高望重的获奖者出乎意料地回答:"在幼儿园。"这位科学大师的一句令人惊讶的话,却道出了童年时期教育对一个人成长的重要性。而1978年华裔物理学家吴健雄收到获得以色列第一届沃尔夫物理奖的通知时,误将通知上的10万美元奖金看成100美元。她对同事和学生开玩笑地说,如果飞到以色列去领100美元奖金,会成为笑柄。后经秘书提醒才恍然大悟。2002年的诺贝尔经济学奖得主丹尼尔·卡尼曼,在得知自己获奖的消息后,激动之余,却把自己反锁到屋外,后来不得不破窗而入。

一、诺贝尔奖为什么不奖数学

百余年来,诺贝尔科学奖获奖成果已成为人类原始性创新的重要标志。诺贝尔科学奖的获奖范围几乎包括了20世纪中发生在这些相关领域的所有科学大事件。从相对论到量子力学理论,从胰岛素的发现到基因工程的研究,从原子弹爆炸到大爆炸理论,无不包括在内,无不纳入诺贝尔科学奖的视野。

众所周知,数学是其他自然科学的重要基础,物理学、化学、生理学或医学等学科的新发现、新进展,常常与数学上的新突破是分不开的,有时甚至是以数学上的新突破为先导而获得成功。但是，诺贝尔却没有在遗嘱中规定把科学奖授予出类拔萃的数学家。在诺贝尔科学奖设立100多年后的今天，诺贝尔基金会也没有增设诺贝尔数学奖，此中的奥妙引起了公众特别是年轻人的关注，他们在不同的场合中常常会提出诺贝尔奖不设数学奖这一问题，但专家和诺贝尔基金会给出了不同的解释。

第一种解释是一个迷人的故事。传说诺贝尔年轻时代曾与瑞典著名的数学家哥斯塔·米塔格－勒夫内竞相向一位摩登女郎求爱。后来，诺贝尔成了情场上的失意者。于是诺贝尔通过把数学家排斥在获奖者之外进行报复，使他的对手永远得不到他设置的任何一点奖金。这个故事是虚构的还是真有其事，现已无从查考。这些离奇情节，在目前很多资料中尚未发现有关事实的只言片语，即使是数学历史知识渊博的学者也难以表述这个故事的来龙去脉。

第二种解释是诺贝尔基金会做出的。他们认为："诺贝尔之所以把数学排斥在获奖的范围之外，是因为他指望以一种具体的而不是抽象的方式造福于人类。"大多数的数学家对于这样的解释是满意的，同时，国际数学联合会颁发的菲尔兹数学奖，其影响也可以与诺贝尔奖相媲美。该奖授予不论国籍、民族、人种和语言的青年数学家。因此对数学界来说，不设诺贝尔数学奖，他们也不会因此而耿耿于怀！

诺贝尔去世以后，诺贝尔奖委员会一直只从狭义上解释他们的使命，把诺贝尔科学奖局限于物理学、化学、生理学或医学这样3个科学领域。以至引起科学界越来越多的非议和指责。科学技术的飞速发展和来自各界的呼吁和批评，使诺贝尔奖委员会再也难以墨守成规。1969年，诺贝尔奖委员会设立了诺贝尔经济学奖，由瑞典皇家科学院诺贝尔经济学奖金评选委员会负责评奖工作。同时，1973年诺贝尔生理学或医学奖授予了有创见的人类学家荷兰人尼古拉斯·廷伯根，英国人康拉德·洛伦茨和奥地利人卡尔·冯·弗里斯，从而为生物学的研究敞开了大门。1974年诺贝尔物理学奖授予了英国天文学家安东尼·休伊什和马丁·赖尔，扩大和延伸了物理学的研究领域。此外，地质学、地理学、海洋学甚至数学上的杰出科学家对获得诺贝尔科学奖的愿望有与日俱增的趋势，诺贝尔科学奖之光正在向着新兴的科技领域延伸。

100多年来，颁发诺贝尔科学奖一直严格恪守着诺贝尔的最后遗嘱（据说诺贝尔临终前有过两次遗嘱）。为弥补诺贝尔奖没有数学奖的不足，1980年瑞典皇家科学院设立"格拉芙奖"，授予在数学、天文学、生物学（特别是生态学）、地球科学等研究中做出贡献的科技人员，每年授予其中一个领域，奖金为 50 万美元，弥补了诺贝尔奖中一些学科奖的不足。

二、获得诺贝尔奖的关键是什么

"具备怎样条件的人才能获得诺贝尔科学奖？""如何才能获得诺贝尔科学奖？"在听诺贝尔奖获得者讲座或与诺贝尔奖获得者交谈时，很多人往往会提出这样的问题，但回答这个问题却较为复杂。候选人除了要做出重大的科学贡献之外，还有其他因素。1970 年，美国经济学家保罗·塞缪尔森在颁奖仪式上说过这样的一句话，他说："我可以告诉你们怎样才能获得诺贝尔奖，诀窍之一就是要有名师指点。"他的话不无道理。在诺贝尔奖获得者中，此类事例并不鲜见。

美籍华人、著名物理学家杨振宁教授获得诺贝尔奖就是一个鲜明的例子。杨振宁教授家学渊博，父亲杨武之曾是西南联大数学教授。杨振宁 22 岁从西南联大毕业时，深得物理学大师吴大猷教授的赞赏，并推荐他到美国继续学习。1945 年，杨振宁从中国到达美国，想师从当时蜚声国际的物理学家费米和威格纳深造。他径自前往哥伦比亚大学寻找费米，由于第二次世界大战的影响，费米已到芝加哥从事研究原子弹的绝密工作，该大学教师无人知晓费米的下落。但杨振宁毫不灰心，又到普林斯顿大学寻找威格纳，结果威格纳也"下落不明"。实际上威格纳也参加了曼哈顿计划，先后在芝加哥和橡树岭工作。此时，杨振宁在普林斯顿听说费米将在芝加哥大学主持一个新的研究所，于是继续寻找，终于在 1946 年 1 月，在费米的讲座班上见到了费米。费米告诉他，因自己仍在从事高度机密的研究，不能指导他攻读博士学位，但高兴地把杨振宁介绍给了著名物理学家、氢弹之父爱德华·泰勒。在泰勒的指导下，杨振宁 26 岁便获得了博士学位。此后，杨振宁在费米的指导下，在基本粒子物理和统计力学方面做出了非凡成就。他 1948 年发现"杨氏角分布定理"，1950 年发现"杨氏介子衰变定理"，并和费米共同提出过"费米·杨模型"，解释了介子的性质。1954 年，杨振宁和米尔斯共同提出一种量子场——"杨·米尔斯场模型"；1956 年，他与美籍华人李政道共同发现"弱相互作用中宇称性不守恒原理"，这项成就使他于 1957 年和李政道共同获得诺贝尔物理学奖，成为名扬四海的著名科学家。显然，除了自己勤奋刻苦的努力、锲而不舍的钻研之外，重要的是在科学大师的指点下，他得以站在科学研究的前沿，从而做出重大的科学发现。

1994 年秋，杨振宁又获得了另一项科学奖——费城富兰克林学院颁发的鲍威尔（Bauer）科学成就奖。这次获奖的原因，是基于他"在规范场方面和其他方面的杰出贡献"。所谓规范场，即指杨振宁于 1954 年与米尔斯合作创立的杨－米尔斯规范场理论，授奖方认为其科研活动"已经排列在牛顿、麦克斯韦和爱因斯坦的工作行列中，并必将对未来几代有类似的影响"。

另一个例子是丹麦的哥本哈根学派。众所周知，20 世纪物理学两大革命性发现一是爱因斯坦创立的"相对论"，二是"量子力学"。量子力学是一代人集体努力的结果，但核心人物是丹麦的尼尔斯·玻尔。玻尔不仅在科学上取得非凡成就，而且还在造就人才方面贡献突出。他以自己的崇高威望及和蔼可亲吸引了大批青年才俊，形成了著名的哥本哈根学派，并做出了一系列重大的科学发现。20 世纪 20 年代在玻尔研究所工作 1 个月以上的共有 63 人，但他们来自 17 个国家。正是由于有玻尔这样的名师指点，其中的 10 人先后获得诺贝尔奖，产生了"矩阵力学""泡利不相容原理""测不准原理"等重大科学成就。

三、科技奖励中的遗误

虽然很多重大科技奖项在提名和评审中是非常科学严谨的，但也难免出现纰漏，甚至连诺贝尔科学奖也不例外。1918 年，诺贝尔化学奖颁给了弗里茨·哈伯，此人在第一次世界大战期间发明了毒气，战争中死于毒气的人不计其数。战后，哈伯感到罪孽深重，以至于怕被人认出来而故意蓄胡须，并到外国躲避了一段时间。因此，一些科学家对哈伯的获奖资格提出疑问。

导致诺贝尔奖评审委员会尴尬的另一事例是 1923 年将生理学或医学奖授给了苏格兰学者约翰·麦克劳德。他获奖的科学贡献被说是发现胰岛素，但实际上他当时是一个实验室的主任，而具体工作是班廷和贝斯特做的，他俩在这个实验室中成功分离了胰岛素，并研究了胰岛素在治疗人体糖尿病方面的作用机制。麦克劳德仅有可能促进过或帮助过他们的工作。甚至在班廷和贝斯特发现胰岛素时，他都没有在场。他之所以获得诺贝尔生理学或医学奖，虽是一场历史的误会，但更多的是评奖委员会的疏忽。但科技界人士对诺贝尔奖委员会的质疑和指责，更多的是没有给谁颁奖，而不是错授予了谁。

丹麦医生约翰内斯·菲比格因对恶性肿瘤扩散的研究（据称他发现了致癌寄生虫）而获得诺贝尔奖。这一研究结果是一个完全的错误，科学家们认为他是最不应该获得诺贝尔奖的。这个不幸的插曲使诺贝尔基金会瑞典皇家卡罗林斯卡医学院非常难堪，以至在做出含糊其辞的解释和决定之后，40 年内不再授奖给癌症研究成就，这对从事肿瘤和癌症研究方面的科学家确是一件不幸的事。直至 1966 年，美国科学家弗朗西斯·佩顿·劳斯和查尔斯·B. 哈金斯分别发现一种致癌的病毒和利用荷尔蒙治疗癌症而获得诺贝尔奖，才扭转了这种难堪的局面。

此外，诺贝尔奖评审中的一些疏漏也造成很多著名科学家与诺贝尔奖无缘，这些疏漏包括选错奖励项目、选错获奖对象等。甚至还有一些科学家虽然拥有公认的重大发现，却也与诺贝尔科学奖擦肩而过。例如，爱因斯坦提出相对论，很多著名科学家提名他为诺贝尔物理学奖候选人，但诺贝尔奖评审委员会认为相对论应接受时间的考验，致使爱因斯坦连年落选。直到 1921 年，爱因斯坦因发现了光电效应而获得诺贝尔物理学奖。许多科学家认为，光电效应的科学意义无法和相对论相提并论，诺贝尔奖委员会选错了奖励项目。特别让人遗憾的是，在诺贝尔奖首次颁奖的 32 年前，俄国科学家门捷列夫发现了元素的周期排列规律，元素周期表成为后来世界上所有科学课堂都要讲授的重要内容，其科学发现是巨大的。可是，诺贝尔奖委员会始终没有授予他任何荣誉。这位 1905 年诺贝尔奖的候选人，在1906 年又以一票之差无缘诺贝尔奖。1907 年，他告别人世，给诺贝尔奖留下了无法弥补的遗憾。

四、滞后多年的奖赏

在做出重大科技成就后很快就得到奖励固然很好，这对科学家和颁奖方来说都是件高兴的事。但在现实中，不乏因各种因素导致科学家在做出重大贡献若干年后才获得奖励的事例。

1983 年，美国芝加哥大学费米研究所物理学教授、73 岁的钱德拉塞卡尔在自己家中收到了一份特殊而丰厚的生日礼物，即获得诺贝尔物理学奖的通知。获奖的原因是他在星体结构和演化重要物理过程的理论性研究方面所取得的成就，他的获奖填补了天体物理学方面获得诺贝尔奖的空白，但这一成就是他在半个世纪以前就已做出的，此时获奖，看来实在是太晚了。

钱德拉塞卡尔 1901 年生于现在巴基斯坦境内的拉合尔市，1930 年进入英国剑桥大学三一学院学习，1933 年获理论物理学博士。1935 年年初，他在英国皇家天体物理学会的一次学术会议上，提出了独到的关于星体演化物理过程的理论。星体有其诞生、衰老和死亡的过程。衰老期的星体由于本身引力的挤压而持续不断地崩坍，这又导致星体内部的热核爆炸，其能量反过来对星体本身的引力又起着抵消的作用。这种自身矛盾的平衡状态，一直保持到星体内的核燃料耗尽为止。根据当时流行的理论，到这个时候，任何星体不管其最后质量如何，都以白矮星为其归宿。而这个理论恰恰是由钱德拉塞卡尔的导师艾丁登和其他著名学者创立的，钱德拉塞卡尔根据爱因斯坦的狭义相对论认为这种理论有明显的缺陷，因为它忽视了崩坍着的星体内的电子以光的速度运动着的现象，而这种现象是受狭义相对论定理制约的。他认为，不是所有的崩坍体都会变成白矮星，只有在其质量不超过太阳质量的 1.44 倍的条件下，其内部的电子压力才能抵消引力的力量。也就是说，只有低于这个临界质量的星体才会成为白矮星。他的理论一经提出，便招来一片冷嘲热讽，甚至他的导师艾丁登教授都批评他的临界质量是"怪诞的"。由于艾丁登在当时国际上的声望和影响，即使有人赞同钱德拉塞卡尔的理论，也只能保持沉默。后来，他受聘去美国芝加哥大学执教。随着现代科学技术的迅速发展，钱德拉塞卡尔所论述的关于星体演化的理论逐步被证实了。到了 20 世纪 50 年代初，他所创立的科学理论终于被全世界的天体物理学家所接受，他提出的 1.44 倍于太阳质量的"临界质量"在教科书里被称为"钱德拉塞卡尔极限"。现在，他的理论已被广泛地应用于空间研究、遥感技术和现代天文学等许多科技领域中。他获奖后说："我的目标不在于解决单个问题，而是要在整个领域里开辟前景。"

戴维·格罗斯 1941 年出生于美国首都华盛顿，1966 年获加州大学伯克利分校物理学博士学位，曾在哈佛大学和普林斯顿大学工作，曾获得美国国家科学院、美国物理学会、美国科学促进会等颁发的科学大奖。1973 年，格罗斯提出了著名的"夸克渐进自由"理论，揭示了粒子物理强相互作用理论中的渐近自由现象，并获得承认而被写进了物理学教科书。直到 2004 年，他才获得诺贝尔奖。有记者问他，在论文发表 30 年之后才获得诺贝尔奖，是否等得太久？格罗斯却坦诚地说："诺贝尔奖不会轻易颁给一个人，尤其在基础科学研究领域，需要时间来验证，短则 10 年，多则几十年。更重要的是，我做研究不是为了获奖，爱因斯坦没有因为他最伟大的贡献——相对论而获得诺贝尔奖，但他依然是公认的世界最伟大的物理学家之一。"

其他的例子也不少。1901 年，33 岁的兰德斯坦发现了人类的 ABO 血型。但直到 1930 年，即 29 年后，诺贝尔奖委员会才将生理学或医学奖授予兰德斯坦，那时他已经 62 岁。1911 年，劳斯就公布了肿瘤是由病毒引起的重大发现，但一直没有引起诺贝尔奖委员会的关注，结果劳斯直到 85 岁才获奖。1919 年，科学家佛里斯就发现了蜜蜂跳圆圈舞，1925 年发现蜜蜂跳摇尾舞，直到 1973 年才获得诺贝尔奖。"热力学第四定理"的发现者拉路斯在 1931 年就发表了论文，但几十年后他的理论才被人认同和接受，直到 1968 年诺贝尔奖委员会才授予他化学奖。我国医药学家屠呦呦 1971 年发现青蒿素，随之成功应用于治疗疟疾病，挽救了数百万人的生命，直到 44 年后的 2015 年才获得诺贝尔生理学或医学奖。

这些事例表明，是金子不会永远埋在土中，总有一天会闪现出灿烂的光芒。

五、早慧和大器晚成的获奖者

在重要的科技奖励的获奖者中，很多人是少年聪颖、早结硕果；而有些人则是早年平平、大器晚成。这表明，在科学研究的道路上，一个人取得成功的因素是多方面的。

美籍匈牙利裔学者约翰·冯·诺依曼（John Von Neumann，1903—1957年）就是一位早慧的杰出的全才科学大师。他虽然只生活了 54 个春秋，但却获得了无数的奖项，包括两次获得美国总统奖，1994 年还被追授美国国家基础科学奖，他是计算机发展史上最有影响的科学家之一。冯·诺依曼 3 岁就能背诵父亲账本上的所有数字，6 岁能够心算 8 位数除 8 位数的复杂算术题，8 岁学会了微积分，其天赋令曾经教过他的教师惊叹不已。1914 年，他的父亲在报纸上刊登启事，要为 11 岁的冯·诺依曼招聘家庭教师，聘金是普通价格的 10 倍。可没有人前往应聘，因为他们耳闻过冯·诺依曼的聪慧。执教的数学老师于是把冯·诺依曼推荐给一位数学教授。但几年后，冯·诺依曼的能力开始超出这位教授，居然学习了当时最新的数学分支——集合论和泛函分析，期间还阅读了大量历史和文学方面的书籍，学会了 7 种外语。毕业前，当时还不满 17 岁的他与教授联名发表了他的第一篇数学论文。22 岁时，他获瑞士苏黎世联邦工业大学化学工程师文凭。一年之后，又轻而易举摘取布达佩斯大学数学博士学位。之后他转攻物理学，为量子力学研究数学模型，在理论物理学领域声名鹊起，很快成为横跨"数、理、化"各门学科的超级全才。1933 年，他又与爱因斯坦一起，被聘为普林斯顿高等研究院第一批终身教授，而且是 6 名大师中最年轻的一名。

冯·诺依曼可谓是科技上的多面手，获得了众多的美誉。在计算机科学方面，他在 EDVAC 计算机的研制中明确规定出计算机的五大部件：运算器 CA、逻辑控制器 CC、存储器 M、输入装置 I 和输出装置 O，并描述了五大部件的功能和相互关系。他明确提出计算机必须采用二进制数制，以充分发挥电子器件的工作特点，使结构紧凑且更通用化。自冯·诺依曼设计的 EDVAC 计算机始，一代代的电脑大师制造的不断升级的计算机，都没能够跳出"诺依曼机"的掌心。冯·诺依曼为现代计算机的发展指明了方向，因而被誉为"电子计算机之父"。但数学界却认为，冯·诺依曼是 20 世纪最伟大的数学家之一，他在遍历理论、拓扑群理论等方面做出了开创性的工作，算子代数甚至被命名为"冯·诺依曼代数"；物理学家们也说，冯·诺依曼在 20 世纪 30 年代撰写的《量子力学的数学基础》已经被证明对原子物理学的发展有极其重要的价值；经济学家们则反复强调，冯·诺依曼建立的经济增长横向体系，特别是 20 世纪 40 年代出版的著作《博弈论和经济行为》，使他在经济学和决策科学领域竖起了一块丰碑。

中外历史上青少年成才和获奖的例子不少，如德国科学家海森堡、英国科学家狄拉克、华裔科学家李政道，他们在 31 岁时便获得了诺贝尔物理学奖。

当然，在人生的道路上，有些人青少年时代在学业上表现并不突出甚至很差，但后来却一举成名。2001 年获得诺贝尔生理学或医学奖的蒂姆·

汉特（Tim Hunt）在小学时是班里的垫底生，他因 1982 年发现控制基因"赛克林"而获得该奖。他自己家中保存的当年曾就读小学的校志记载，他在小学毕业时的分数很低，排名都是倒数几名，拉丁语、数学、法语都是 3 分。当年他的老师和同学无论如何想不到这个曾经垫底的学生却摘取了诺贝尔奖的桂冠。汉特自诩地说："小时候分数差不必自卑，它不能决定一个人的一生。"大器晚成之人在社会上也不少。2002 年诺贝尔物理学奖获得者、日本科学家小柴昌俊等人"在天体物理学领域做出的先驱性贡献"打开了人类观测宇宙的两个新"窗口"。让大家感到不可思议的倒不是奖项的本身，而是获奖者小柴昌俊在大学学习生涯中，曾有过物理考试分数倒数第一的情况。而这个倒数第一，却激励他在日后的研究中登上了天体物理学的真正的第一。小柴昌俊在得奖后说："我是以倒数第一的成绩毕业的，但东京大学却接受我当了讲师、教授，我非常感谢东京大学的知遇之恩。"小柴昌俊的获奖使东京大学的知遇之恩得到了最好的回报。东京大学不拘一格的用人机制，为一位顶级科学家成功走向世界科技奖励的最高圣殿铺垫了道路。物理学上重大贡献和物理考试的倒数第一，似乎看来很不协调。在我国，如果学生的考试分数老是不及格，人们一定会认为他长大后是难成大器的！

显然，科学研究贵在创新和发现，人才选用贵在不拘一格。在以考试分数为指挥棒的生存环境，是难以出现大师级科学家的。分数不等于一个人的最终成就，考试不等于发掘人才的灵丹妙药。当然，不是说考试成绩不重要，成绩的好坏在某种程度上测试了一个人的知识和技能掌握的水平，但只是这个人在已知领域内获得知识的基本尺度，不能够完全地反映出他潜在的创新能力和未来成就。

六、善于独辟蹊径的获奖者

一些大科学家不受束缚的思维往往令他们峰回路转、柳暗花明。瓦尔特·科恩（Walter Kohn）就是一例。科恩常说："不要轻易相信别人的观点。"他因创立并发展了电子云理论于 1998 年获诺贝尔化学奖。

当人们按照前人的既定思路依赖每一个电子的 3 个坐标去求解电子的运动时，绞尽脑汁想的是如何用爱因斯坦的相对论去不厌其烦地验证其精确性。而科恩却彻头彻尾革新了描述电子运动的方法，完全摒弃了众多电子的纷繁的坐标，而改用电子的密度去描述电子的运动，使得计算一下子简化了。这就好比在世人的心中，永远有一条通向目的地的路，而在科学家的心中却一马平川，对既定路视而不见，他们是能够自由地搜寻任何一个能够到达目的地的方向。

科恩谦虚地说，自己的生命中没有丝毫能够成为诺贝尔奖得主的迹象。幼年的科恩是一个活泼调皮的孩子，7 岁时，在孩子们的聚会上，他带着黑色的礼帽，鼻梁上夹着一副玻璃眼镜，胳膊下夹着一块写着"无知教授"（professor knowing nothing）的牌子。少年时他的理想是成为一个农场主，务农为生，对数学还非常讨厌。长大后跟别人找寻过金矿，还在一家公司研究制造过军用飞机的一种部件。由于战争的影响，他接受的教育断断续续，德国人的身份不仅使英国警方怀疑他是间谍，而且在他想做化学试验的时候，无法进入正在进行军事科研的化学楼。这位小时候装扮过"无知教授"的人在获得诺贝尔奖这一殊荣后，又给自己戴了一顶名字相似的帽子："不可知论者"。

我国国家最高科学技术奖获得者袁隆平院士在确立研究三系杂交水稻前，国际遗传学权威、美国著名遗传学家辛洛特和邓恩曾在 20 世纪 30 年代撰写的《细胞遗传学》中明确指出了水稻等自花授粉作物没有杂交优势。他们的定论，成了横亘在研究者面前的"教条"，很多人因之望而止步。但袁隆平从稻田中发现了一株"与众不同"的"天然优质稻"，从中得到启迪：这株优质稻表明是因杂交造成的遗传变异，显然与传统遗传学理论背道而驰。袁隆平以大无畏的精神闯进了"杂交水稻"这块过去的禁区，开始了他破天荒的科研尝试。终于打开了水稻杂种优势利用的大门，1973 年，以他为首的科技攻关组完成了三系配套并培育成功杂交水稻，开创了人类利用水稻杂种优势的先河。

另一位国家最高科学技术奖获得者王永志在科研中也善于创新，独辟蹊径。他在参加我国第一个自行设计的中近程火箭的首次试射时，因发射场气温太高，火箭的推进剂受热膨胀不能按原定重量加注。按照科学常理和习惯思维，装载的推进剂越多则火箭飞得越远，推进剂减少将导致火箭飞不到预定的区域。如按原总量加注，则要增加火箭推进剂箱的容积，导致火箭发射试验不能按预定时间进行。如何解决这一问题，在几次专家会议讨论未果的情况下，王永志独辟蹊径，从"逆命题"出发，提出"减少推进剂的重量可达到试验效果"这一独到见解。经过周密地分析计算，他指出如果将燃烧剂泄出 600 千克，不仅解决了液体燃料受热膨胀无法按原重量装载进火箭燃油箱的问题，同时燃料减少使推进剂处于最佳配比，降低了火箭自重并节省了成本，轻装后的火箭反而可以增大射程。他的这一逆向思维得到了钱学森的肯定，随后按王永志的办法进行了 3 次试验，均获成功。王永志的逆向思维为中国首次成功发射自行设计的中近程火箭立下功绩，对其他研究人员起到很好的启迪作用。

但在科学的发展道路上，有许多研究人员因被禁锢在权威理论的阴影下，墨守成规，在自己无所成就的同时，还会嘲笑那些独辟蹊径的行为。如哥白尼的日心说受到了嘲笑，伽利略相信不同重量的物体会以相同速度下降的理论受到了嘲笑，认为甲醇可以代替氯气用于燃料电池的殴拉受到了嘲笑，认为半导体异质结构大有用途的克勒默受到了嘲笑，认为塑料可以导电的黑格使中小学课本里"塑料是绝缘的"这句话成为错误，等等。

七、善待逆境的获奖者

获奖者中，很多人不仅在科研上艰辛备至，在生活中也历经磨难，但他们永不言弃，艰难前行，最终硕果累累。德国物理学家 J. R. 迈尔和美国数学家 J. F. 纳什的坎坷人生就证明了这一点。

J. R. 迈尔（1814—1878 年）的父亲是个药店主，1832 年迈尔进入蒂宾根大学医学系，1839 年获得医学博士学位。1840 年，迈尔随船队到达爪哇，在给患者做放血治疗的时候发现，患者静脉中的血液不寻常地呈鲜红色。这个现象促使他对整个生物热的问题开始做系统的研究。当时大家公认的拉瓦锡（1743—1794 年）理论认为，生物体通过吸进氧气的缓慢氧化，产生维持生命的热量。人肺的功能就是通过呼吸，吸进新鲜空气，流经肺叶的血液从中吸收氧气后变成鲜红色。迈尔想到，爪哇地处热带，体热的维持一定比较容易，因此维持体热所需要消耗的氧气也比较少。这样，血液自然比较红，即使是静脉中的血液也是这样。迈尔从爪哇回国后，在 1842 年 5 月写了一篇题为《论热的量和质的测定》的论文，于同年 6 月 16 日寄给由 J. C. 波根多夫主编的《物理学与化学杂志》，由于缺乏严密的科学论证，论文没有发表。迈尔很快发现这篇论文的缺陷，在进一步论证和修改后，于 1842 年写出《论无机界的力》，在 J. von. 李比希主编的《化学与药学杂志》上发表。

迈尔的能量守恒思想当时没有被世人承认。传说迈尔《论无机界的力》发表不久，著名物理学家约利在海德尔堡和迈尔相遇，约利带着嘲讽的口吻对迈尔说："如果你的理论是正确的话，水就能够被晃动而加热。"迈尔听后没有在权威的压力下退缩。过了几个星期，迈尔专程前往约利住处，一进门就对约利说："正是那样！正是那样！"约利感到不解。胸有成竹的迈尔详细地向约利说明了自己的理论，终于使约利从摇头开始变为点头。

在能量守恒思想被压抑的同时，迈尔的家庭也处于多灾多难的状态。1846年至1848年3年间，他的3个孩子不幸相继夭折。无情现实使他在1850年5月的一个夜晚跳楼自杀，幸未致死，此后患了精神错乱症，长期在哥廷根的精神病院中疗养，几乎与世隔绝，以致李比希在一次演讲中宣称迈尔已经因病早亡，在一本手册中还正式记载了迈尔已经"去世"。8年之后，迈尔逐渐恢复了健康，他的科学成就也逐渐为社会所承认。1858年，瑞士巴塞尔自然科学院授予他为荣誉院士。他在1860年左右开始出席各种科学会议。由于英国物理学家J.廷德耳的力争，迈尔的科学成就在英国也得到了承认。1871年，在焦耳获奖之后一年，迈尔获得了英国皇家学会的科普利奖。随之他获得了蒂宾根大学荣誉哲学博士、德国巴伐利亚科学院和意大利都灵科学院院士的称号。由于迈尔做出了开创性的研究，他被后人公认是科学史上第一个提出能量守恒原理的科学家，成为热力学与生物物理学的先驱。

纳什（生于1928年6月13日）是普林斯顿有名的数学天才，1958年纳什曾特别想获得数学界的最高奖菲尔兹奖，但当年的奖项却颁给了研究突变论的托姆和研究代数的罗斯。由于菲尔兹奖只授予年龄在40岁以下的数学家，这意味着纳什与菲尔兹奖已经无缘。更不幸的是，这位数学天才却在风华正茂、创造力最佳之际患上精神分裂症，在随后的30年中几乎成为一个废人，但他没有沉沦，始终与命运顽强地抗争。1988年左右，他竟然奇迹般地康复了。其后几年，纳什在对博弈论的研究中取得了重大成果，1994年他因博弈论的成就而荣获诺贝尔经济学奖。在诺贝尔奖揭晓之际，他毫无保留地谈了自己的想法和希望的事：一是希望得奖能够改变自己的信用评级；二是认为自己的博弈论研究是与超弦理论类似的高度智力课题，其实用性也许是次要的或可疑的。

人的一生都富有创造力。一个人遭遇不幸而影响一时创造力的发挥时，一定要有坚强的意志，保持豁达、快乐和善待自己的胸怀，领悟有"舍"才有"得"的道理，学会用"减法"来完美处理问题。这两位科学家的坎坷人生表明，面对逆境或不顺的事情，害怕挫折和痛苦而一味沉沦是不可取的。面对变局仍能冷静以对，这才是大智大勇者；当一个人的成长过程并不如外界或自己期待的顺利，但对于喜欢和擅长的领域，如果义无反顾走下去，最终会有所收获。

八、转行的获奖者

2003 年诺贝尔物理学奖获得者之一安东尼·莱格特说，在他的学术道路上他最先感兴趣的是古典文学，当时的他并无意从事物理这个给他带来荣誉的学科。

莱格特出生在英国，他说："在我少儿和青年时代，脑子里最不愿想的事就是物理。""我父亲是中学物理老师，但是我取得的第一个学士学位是古典文学。"他说大学快结束时发生的两件事使他对物理产生了兴趣：一是苏联 1957 年发射了第一颗人造卫星斯普特尼克 1 号；二是在曾当过数学教师的退休牧师的指导下，他有了学数学的信心，拿到了第二个学位——物理学学士。当有人问到学习古典文学对他在科学研究上有无帮助时，莱格特说："哲学让我对世界有了新的看法。"当得知获奖的消息后，他说自己感到非常意外。

无独有偶，英国物理学家曼斯菲尔德也是从另一个学科转行却意外地获得了诺贝尔生理学或医学奖。他与劳特布尔因在用核磁共振技术拍摄不同结构的图像上获得了关键性发现，这些发现导致了在临床诊断和医学研究上获得突破的核磁共振成像仪的出现。15 岁那年，曼斯菲尔德中学没有毕业就辍学打工，先是干书籍装订工，然后又当了印刷学徒工。第二次世界大战期间，曼斯菲尔德第一次看到火箭，便对此产生了浓厚的兴趣。战后他上了大学，学习物理，在 1962 年获得了伦敦大学的物理博士学位。20世纪 70 年代中期，曼斯菲尔德开始利用磁场研究晶体。接着他开始痴迷于观察固体的纵切面影像，"那确实就是我后来将研究方向转向医学的开始。"此后，曼斯菲尔德及其研究小组便将观察对象转向动物组织的切片影像。20世纪 80 年代核磁共振技术才起步，全世界也只有为数不多的设备在为患者服务。而 20 多年后，全球共有 6000 万人接受了核磁共振检查。核磁共振技术早已让曼斯菲尔德誉满全球，也获得了很高的经济效益。尽管曼斯菲尔德本人表示没有想过要去争取诺贝尔奖，但与他共事近 30 年的彼特·摩利斯却认为曼斯菲尔德早该获得这一殊荣。"核磁共振在医学上的影响力是少有的。"曼斯菲尔德及他的同事更为高兴的是，很多人都认为核磁共振技术是在美国研制开发的，而获得诺贝尔奖，就确认了英国物理学家在这个领域上的功绩，这比个人荣誉与金钱更重要。

九、出生卑微的获奖者

获奖人的身份不是影响获奖的因素。很多科学大师家境贫寒，没有背景，但因其在科学上的贡献而获得了科技大奖。

美国的科学家、发明家、政治家和社会活动家富兰克林（Benjamin Franlin，1706—1790 年）就是一个最典型的例子。富兰克林 1706 年生于波士顿一个工人家庭，父亲是英国移民，从事肥皂和蜡烛制造。由于家境贫寒，他只上了两年学就辍学当了学徒。12 岁时他到大哥的印刷所里当学徒，以后长期从事印刷工作。但他刻苦自学，把"读书当作唯一的娱乐"。后来，富兰克林不仅在科学上有所建树，在政治上也很有作为。

富兰克林在电学上有许多重要贡献。通过实验，他对当时许多混乱的电学知识（如电的产生、转移、感应、存储、充放电等）做了比较系统的梳理。他还初步提出了"摩擦起电只是使电荷转移而不是创生，所生电荷的正负必须严格相等"——这个思想后来发展为电学的基本定律之一——电荷守恒定律。富兰克林的第二项重大贡献是统一了天电和地电，特别是风筝实验的报告轰动了欧洲，使人们看到电学是一门有广大前景的科学，避雷针也成了人类破除迷信、改造自然的一项重要技术成果，推动了电学和电工学的发展。富兰克林一生中获得过许多荣誉。1753 年，英国皇家学会把科普利奖颁发给了富兰克林，奖励他的《关于电学的奇异的实验与观测》论文对电学的贡献。同年，他获得哈佛大学和耶鲁大学的荣誉学位。1756 年当选为英国皇家学会会员，1772 年当选为法国国家科学院的外国院士，1789 年当选为彼得堡科学院的外国院士。但他在自己的墓志铭上却谦逊地写下了"印刷工富兰克林"。法国经济学家杜尔哥（Ann-Robert Jacques Turaot）却为他写下了这样的赞语："从苍天那里取得了雷电，从暴君那里取得了民权。"

同样，欧姆也是一位出身贫寒的获奖科学家。欧姆的家境十分困难，但父亲是个技术熟练的锁匠，也爱好数学和哲学。在父亲的影响下，欧姆养成了动手的好习惯。他心灵手巧，做什么像什么。物理是一门实验学科，如果只会动脑不会动手，那么就像用一条腿走路，难成气候。正因为欧姆善于动脑，又勤于动手，因而在后来取得了许多重大的科技成就。

欧姆利用电流的磁效应，自己动手制成了电流扭秤，以进行电流随电压变化的实验，测量出电流强度。不久，欧姆又在自己制作的实验装置上，论证了欧姆定律，并发表了论文《伽伐尼电路的数学论述》，因他是个中学教师，教授们瞧不上他而招来不少讽刺和诋毁。有人攻击他说："以虔诚的眼光看待世界的人不要去读这本书，因为它纯然是不可置信的欺骗，它的唯一目的是要亵渎自然的尊严。"这使欧姆十分伤心，他在给朋友的信中写道："伽伐尼电路的诞生已经给我带来了巨大的痛苦，我真抱怨它生不逢时……"8 年后，随着研究电路工作的进展，人们逐渐认识到欧姆定律的重要性，欧姆本人的声誉也大大提高。1841 年英国皇家学会授予他科普利奖，1842 年被聘为国外会员，1845 年被接纳为德国巴伐利亚科学院院士。为纪念他，电阻的单位命名为"欧姆"。

十、获奖者的有趣感言和举动

很多科学家在获奖时发表的感言和举动往往是妙趣横生。

美籍华人林同炎（T. Y. Lin）先生 1912 年生于福建福州，1931 年毕业于交通大学唐山学院，1933 年获得美国加州大学伯克利分校土木工程硕士学位，后获中、美 4 所大学的名誉博士学位。1954 年他创办了"林同炎国际公司"（T. Y. Lin International）。在世界各地设计和建造了百余座风格各异、美轮美奂的桥梁及建筑。在从事土木工程的 60 余年间，他获得了百余种奖励，被同行誉为"预应力混凝土先生"（Mr. Prestressed Concrete）和"桥梁专家"，在国际桥梁界享有盛誉。

1986 年，林同炎获得美国国家科学奖（National Medal of Science），美国总统里根在白宫亲自为他颁奖。当时美国与苏联仍处于冷战时期。在他的奖状上写道："他是工程师、教师和作家。他的科学分析、技术创新和丰富想象力的设计，不仅跨越了科学与技术的壕沟，还打破了技术与社会的隔膜。"在隆重的颁奖仪式上，林同炎却做出了一个出乎意料的举动：当里根总统向他颁奖时，他一手接过奖状，一手呈上他所撰写的《美俄和平桥建议书》。建议书中说："造桥的目的是连接阿拉斯加和西伯利亚两岸，贯通世界各大洲。两个半球的连通不仅只是实质的连接，它还将成为东方与西方之间的政治、文化联系的枢纽。"林同炎还意味深长地对里根说："从经济支出看，造桥约需 40 亿美元，但比起两国每年 6000 亿美元的国防预算费用，简直是太微不足道了。"说得里根总统忍俊不禁，也赢得了与会人员的阵阵喝彩。

2006 年 11 月 30 日，英国皇家学会向本国著名理论物理学家、数学家斯蒂芬·霍金颁发科普利奖。皇家学会会长马丁·里斯说，这枚奖章是对霍金 40 余年来令人惊叹的研究成就的认可。"继阿尔伯特·爱因斯坦之后，斯蒂芬·霍金对我们认识万有引力所做的贡献可与任何人媲美。"佩戴在霍金胸前的科普利奖章是一枚不凡的奖章，这枚奖章曾跟随英国宇航员皮尔斯·塞勒斯于 2006 年 7 月一同在国际空间站执行任务时遨游太空。霍金在获奖后深情地说："科普利奖曾授予达尔文、爱因斯坦等大科学家，能加入他们的行列，我感到荣幸。"他还表达了对人类未来面临问题的担心，他说："只要被限制在一个星球上，人类的生存就面临着风险……一次小行星撞击或一场核战争可能迟早把人类毁灭"，"但理论的革新可能使太空旅行的速度获得革命性进展，继而使开拓外星殖民地成为可能。一旦我们分散于太空，并在那里建立独立的殖民地，我们的未来应该是安全的。"

十一、搞笑诺贝尔奖

一年一度的世界诺贝尔奖评选是为人们所熟知的，但是不少人恐怕不太了解诺贝尔奖还有一个"姐妹奖"——伊格诺贝尔奖（Ig Nobel Prize），又称搞笑诺贝尔奖。

搞笑诺贝尔奖由马克·亚伯拉罕于 1991 年在美国创立，他曾创办科学幽默杂志《不可思议研究年报》，专门介绍那些稀奇古怪的科学研究，被称为科学界中的"疯狂"杂志。亚伯拉罕说："也许是世上唯一不但科学家自己会看，就连他们的亲友也会看的科学杂志。里面刊载的有趣研究，是从逾万本严肃乏味的科学和医学杂志中挑选出来的。"他设立搞笑诺贝尔奖的宗旨是"表彰那些不能也不应该被重复的科学研究"，让人们"先是大笑，然后开始思考"。

在英文中，"Ig"有"卑贱"的意思，也有人猜测是"ignoble"（不光彩的）和"ignorant"（无知的）。因此也有人把它翻译成"难登大雅之堂之诺贝尔奖"或"最无聊滑稽诺贝尔奖"。这个奖项看似另类，但它的来头不小，设立机构为著名的哈佛大学和《不可思议研究年报》，并与真正的诺贝尔奖几乎同期颁奖，获奖者的贡献"不寻常、幽默、有想象力"。入选搞笑诺贝尔奖的科学成果必须不同寻常，能够激发人们对科学、医学和技术的兴趣。该奖每年由科学家和公众提名，设立机构从5000个候选成果中选出10个最终获奖者。30年来，搞笑诺贝尔奖奖励了一批确实能搞笑的所谓项目或成果。对不少人来说，搞笑诺贝尔奖不过是一大堆笑料，但策划人亚伯拉罕说，引人大笑的背后，其实是激发思考和创意。

在生物学奖方面，搞笑诺贝尔奖曾授予阿兰克利格曼推出的防放屁药"Beano"等奖项。宣布防放屁药"Beano"获奖时，阿兰克利格曼成了媒体的笑柄。但事实证明，他的发明不仅为无数可怜人及他们的亲友解除了窘境，更为自己赚来超过1000万美元。现在，在美国的每家药店都可以买到"Beano"。英国科学家发现的"当人类在鸵鸟附近时，鸵鸟会变得好色，甚至会向人求欢"。澳大利亚科学家本杰明·史密斯分析了131个种类的青蛙在压力下发出的各种不同气味，认为一些青蛙的气味像腰果味，还有一些青蛙的气味像甘草味、薄荷味及烂鱼味。

在医学奖方面，搞笑诺贝尔奖曾授予"人造狗睾丸"等项目。美国男子格雷格·米勒给阉割的狗发明了一种"人造狗睾丸"。他在给一只洛特维勒犬装上第一对"人造狗睾丸"后，就开办了"人造狗睾丸"邮购公司，并根据狗的情况，研制不同大小、形状、重量及坚固度的"狗睾丸"。他在网站上宣称，"人造狗睾丸"可让受阉割的宠物狗重获自然的外表及自尊感。如今全球已经有超过10万只宠物接受了这项手术，而至今无一出现并发症。这项人造睾丸手术被证明是安全可靠的，而且费用便宜，被称赞为以一种有效而可行的方式阻止了宠物的过量繁殖。

在物理奖方面，曾奖给"5秒钟定律"等。一个名叫吉里安·克拉克的女中学生提出了"5秒钟定律"。这一定律认为，如果食物在落地5秒钟之内把它捡起来，就可以继续放入嘴中吃。她在伊利诺伊大学擦地时无意中发现，学校的地面相当干净，连细菌都很少，所以她想出了这一"定律"。为了验证这个"定律"的可行性，克拉克进行了调查，结果发现76%的女性和 56% 的男性认同她的"定律"。

在化学奖方面，曾授予达萨尼牌矿泉水、在糖浆中游泳是否比在水中游得快等研究。美国明尼苏达州大学的爱德华·卡斯勒和布赖恩·盖蒂尔芬格两人计划向游泳池中先后倒入相当于 20 节车厢的玉米糖浆和水的混合物，却被明尼阿波利斯市政府制止，并被要求征收 2 万美元的额外清洁费用。于是，两人只好将 310 千克重的瓜尔豆树胶粉倒入游泳池中，代替糖浆进行研究。第二天早晨，游泳池中的液体看上去就像是稀释的鼻涕，不过 16 名志愿游泳者仍然自告奋勇地跳进去游了起来。测试表明，稠密的液体可以增加游泳者双手的击打力，但同时也会增加身体的阻力，因此在水中和在糖浆中游泳的速度没有明显区别。

在和平奖方面，曾颁给新加坡前总理李光耀、日本的玩具生产商 Takara 等。李光耀获搞笑诺贝尔和平奖，是因为做了长达 30 年的"心理实验"，"研究"惩罚国民随地吐痰、嚼口香糖或喂白鸽的效果。李光耀的获奖，可见搞笑诺贝尔奖的得主并非只是被人取笑的"傻人"。美国阿拉巴马大学的社会学学者吉姆·冈德拉施的"听乡村音乐可能导致自杀"研究也获得了搞笑诺贝尔和平奖，虽然当时还有人写信指责他胡言乱语。

搞笑诺贝尔奖除了有颁奖典礼外，还设有免费的公开讲座，让获奖者讲解自己的研究。3 名研究"马桶如何会被使用者坐塌"的苏格兰科学家，来美国领奖时满怀感激地说道："我们发表了 70 多篇论文，只有这么一次可以出名。"澳大利亚专家克鲁斯泽尔尼基自费研究了 5000 人肚脐中的垢物，发现垢物主要是衣服纤维及死去的皮肤细胞，结果得了跨科研究奖。他获奖后称这是个巨大的荣耀，因为这"显示科学研究充满了乐趣"。

为了与正式的诺贝尔奖"呼应"，搞笑诺贝尔奖的颁奖典礼常提前诺贝尔奖一周举行。获奖者自费到场领奖，奖品是由廉价材料制成的手工艺品，虽然在"4 个星期内就会土崩瓦解"，但颁奖者却是货真价实的诺贝尔获奖者。此外，每年 3 月和 8 月，获奖者还有机会参加"搞笑诺贝尔奖巡回展"。虽然不少获奖课题都被视为"滑稽可笑"，但不少研究成果其实也具有实用或科研意义。此外，搞笑诺贝尔奖获奖者获得的奖金为 10 万亿津巴布韦元，看似一笔"巨款"，但 10 万亿津巴布韦元只约合 0.25 元人民币。

很有意思的是，多年来坚持不懈打扫会场者是来自美国哈佛大学著名的物理学家罗伊·格劳伯（1925—2018 年），他用行动来支持搞笑诺贝尔奖。这位白发苍苍的老科学家头戴一顶斗笠，拿着扫帚清除颁奖会场的纸屑等垃圾，数十年如一日，勤勤恳恳，令人肃然起敬。也许是巧合，或许是感动了上苍吧，罗伊·格劳伯获得了 2005 年度诺贝尔物理学奖，被人们誉为"量子光学之父"。从支持搞笑诺贝尔奖，到真正获得诺贝尔科学奖，罗伊·格劳伯的故事一时成为美谈。这年，他走上了诺贝尔奖的领奖台，而打扫搞笑诺贝尔奖会场的工作只好放弃了。

十二、科技奖励的内在魅力

1988 年夏，某一发达国家的"大款"找到诺贝尔医学奖评审委员会的主管人员，表示"愿出 5 亿美元送你们搞科研"，条件是"要让我得一个诺贝尔奖"，但他得到的是一个"硬钉子"。诺贝尔奖评审委员会的回答是："诺贝尔奖是无价之奖。"这句话表明，重大科技成果的价值是无量的。

为什么很多人，甚至是一些国家都把获诺贝尔奖作为本国追求的目标呢？一般人可能会认为是因为诺贝尔奖的荣誉声望，有的人认为是那笔可观的奖金。当然，诺贝尔奖的奖金最初为 3 万多美金，到 1992 年奖金金额高达 60 万美元，而目前诺贝尔奖奖金已到了 100 万美元。也许，对普通人来说，诺贝尔奖的奖金足以花费一生。但在科学家眼里，争取诺贝尔奖并不是因为其奖金高，而关键是其代表科技界的最高成就，以及誉满全球的荣誉。

诺贝尔奖还有一个独特的魅力，那便是她那古朴、隆重、别出心裁的颁奖仪式。诺贝尔科学奖的授奖仪式于每年的诺贝尔逝世纪念日——12 月10 日下午 4 点半在瑞典的斯德哥尔摩举行。举行授奖典礼前，获奖人就要提前来到这里。他们到瑞典后都被视为诺贝尔基金会的贵宾，居住在斯德哥尔摩豪华的宾馆里，享受着最高级的生活待遇。因每年出席人数限于1500 人至 1800 人之间，所以得到一张请帖是不易的。

更令人感兴趣的是，领奖日清晨，会有 8 名年轻女郎，身着洁白长裙，头戴插着蜡烛的冠冕，走进获奖者的卧室，伫立床头咏唱颂歌，唤醒这位幸运的人。这个"待遇"经历一次，一生难忘。看来，刻意创造颁奖之氛围，比单一发个奖章（杯）、一个"红包"更能激起获奖者的幸运和幸福之感，这也许是诺贝尔奖比其他奖更引人瞩目之处。

诺贝尔科学奖的授奖典礼更是隆重。颁奖典礼似乎尚存有 19 世纪的味道，瑞典的国王和皇后一直扮演主要的角色，场面壮观隆重，给人留下古色古香而难忘的记忆。颁奖大厅灯火通明，松柏放在规定的位置，白花和黄花从圣雷英空运而来。出席仪式和参加宴会的人，男士要穿燕尾服或民族服装，女士要穿严肃的晚礼服。仪式进行中，大家都自觉不说话或不走动，甚至强制不咳嗽。诺贝尔基金会的一位工作人员说，这是对知识的尊重，对为人类做出巨大贡献的人的尊重。得奖人由诺贝尔基金会的成员陪同进入斯德哥尔摩音乐厅。授奖开始，基金会主席以瑞典语将得奖人的伟大贡献做简要介绍，随后，邀请每位得奖人以其本国语言发表演说，接着步下台阶，在瑞典国王面前接受奖章和荣誉状，并接受国王和皇后的祝福。授奖后的第二天，得奖人即可取得诺贝尔基金会所颁赠奖金的支票。参加一次仪式或宴会，可以说是加深了对人类文明的理解。

探究诺贝尔奖的魅力所在，除了体现对世界著名科技大师所做贡献的肯定、尊敬和崇尚之外，更重要的是营造一种尊重知识、尊重人才、尊重劳动、尊重创新和尊重创造的良好社会氛围。

附录二
获得国家重大奖项的科技专家和项目

一、获得国家勋章和国家荣誉称号的科技专家

附表 2-1 获得国家勋章和国家荣誉称号的科技专家

获奖时间	获得者	获奖名称	从事研究领域
2019 年	袁隆平	共和国勋章	杂交水稻
2019 年	孙家栋	共和国勋章	航天技术
2019 年	黄旭华	共和国勋章	潜艇技术
2019 年	于敏	共和国勋章	核弹研究
2019 年	屠呦呦	共和国勋章	药物研究
2020 年	钟南山	共和国勋章	医学
2019 年	叶培建	人民科学家	航天技术
2019 年	吴文俊	人民科学家	数学
2019 年	南仁东	人民科学家	天文望远镜
2019 年	顾方舟	人民科学家	医学
2019 年	程开甲	人民科学家	核弹研究
2020 年	张伯礼	人民英雄	中医药
2020 年	张定宇	人民英雄	生物安全
2020 年	陈薇	人民英雄	医学

二、国家科学技术奖特等奖、一等奖项目（公开部分）

（一）国家自然科学奖一等奖

附表 2-2 国家自然科学奖一等奖

获奖时间	获奖项目名称	第一完成人	学科
1956 年	典型域上的多元复变函数论	华罗庚	数学
1956 年	示性类及示嵌类的研究	吴文俊	数学
1956 年	工程控制论	钱学森	力学

续表

获奖时间	获奖项目名称	第一完成人	学科
1982 年	人工全合成牛胰岛素研究	钮经义	生物学
1982 年	大庆油田发现过程中的地球科学工作	李四光	地球科学
1982 年	配位场理论研究	唐敖庆	化学
1982 年	哥德巴赫猜想研究	陈景润	数学
1982 年	反西格马负超子的发现	王淦昌	物理学
1982 年	中国地质图类及亚洲地质图	王晓青	地质
1982 年	《中国科学技术史》	李约瑟	科技史
1987 年	中国古代建筑理论及文物建筑保护的研究	梁思成	建筑学
1987 年	中国高等植物图鉴及中国高等植物科属检索表	王文采	生物学
1987 年	五次对称性及 T1-Ni 准晶相的发现与研究	郭可信	物理学
1987 年	中国层控矿床地球化学	涂光炽	地球科学
1987 年	关于不相交 STEINER 三无系大集的研究	陆家羲	数学
1987 年	东亚大气环流	叶笃正	气象学
1987 年	微分动力系统稳定性研究	廖山涛	数学
1987 年	青藏高原隆起及其对自然环境与人类活动影响的综合研究	刘东生	环境科学
1987 年	酵母丙氨酸转移核糖核酸的人工全合成	王德宝	生物学
1987 年	分子轨道图形理论方法及其应用	唐敖庆	化学
1987 年	蛋白质功能基团的修饰与其生物活性之间的定量关系	邹承鲁	生物学
1989 年	液氮温区氧化物超导体的发现	赵忠贤	物理学
1989 年	基于时序逻辑的软件工程环境的理论与设计	唐稚松	计算机科学
1993 年	中国蕨类植物科属的系统排列和历史来源	秦仁昌	生物学
1997 年	哈密尔顿系统的辛几何算法	冯 康	数学
2003 年	澄江动物群与寒武纪大爆发	陈均远 侯先光 舒德干	古生物学
2006 年	介电体超晶格材料的设计、制备、性能和应用	闵乃本 朱永元	物理学

获奖时间	获奖项目名称	第一完成人	学科
2006 年	金属配合物中多重键的反应性研究	支志明	化学
2009 年	《中国植物志》的编研	吴征镒	植物学
2013 年	40K 以上铁基高温超导体的发现及若干基本物理性质研究	赵忠贤	物理学
2014 年	网络计算的模式及基础理论研究	张尧学	计算机科学
2015 年	多光子纠缠及干涉度量	潘建伟	物理学
2016 年	大亚湾反应堆中微子实验发现的中微子震荡新模式	王贻芳	高能物理
2017 年	水稻高产优质性状形成的分子机理及品种设计	李家洋	植物学
2017 年	聚集诱导发光	唐本忠	高分子化学
2018 年	量子反常霍尔效应的实验发现	薛其坤	物理学
2019 年	高效手性螺环催化剂的发现	周其林	有机化学
2020 年	纳米限域催化	包信和	化学
2020 年	有序介孔高分子和碳材料的创制和应用	赵东元	化学

（二）国家技术发明奖特等奖、一等奖（公开部分）

附表2-3　国家技术发明奖特等奖、一等奖（公开部分）

获奖时间	获奖项目名称	第一完成单位	第一完成人
1979 年	高钛型钒钛磁铁的高炉冶炼新技术	冶金部攀枝花钒钛磁铁矿高炉冶炼试验组	—
1981 年	籼型杂交水稻（特等奖）	全国杂交水稻科研协作组	袁隆平
1981 年	高产稳产棉花新品种"鲁棉一号"	山东省棉花研究所	庞居勤
1982 年	高产抗病甘薯品种"徐薯18"	江苏省徐州地区农业科学研究所	盛家廉
1982 年	橡胶树在北纬 18～24 度大面积种植技术	全国橡胶科研协作组	—
1982 年	优良玉米自交系"330"	丹东市农业科学研究所	景奉文

获奖时间	获奖项目名称	第一完成单位	第一完成人
1982 年	二辊斜轧穿孔机斜轧曲线和复合线轧辊	太原重型机器厂	陈惠波
1983 年	优良大豆品种铁丰 18 号	辽宁省铁岭地区农业科学研究所	王国栋
1983 年	利用原子能辐射引变育成水稻新品种"原丰早"	浙江省农科院原子能利用研究所	王汀华
1983 年	棉花高抗枯萎病的抗原品种 52 – 128、57 – 681	辐射育种研究组、四川省农科院植保所等	戴铭杰
1983 年	马传染性贫血病驴白细胞弱毒疫苗	中国农科院哈尔滨兽医研究所	沈荣显
1983 年	猪瘟兔化弱毒疫苗	中国兽药监察所	方时杰
1984 年	新型 MIG 焊接电弧控制法（QH – ARC 法）	清华大学	潘际銮
1984 年	多抗性丰产玉米杂交种"中单二号"	中国农科院作物所	李竞雄
1984 年	河蟹繁殖的人工半咸水及其工业化育苗工艺	安徽省农牧渔业厅	赵乃刚
1984 年	甲种分离膜的制造技术	中国科学院冶金所	吴自良
1984 年	自适应和数字电可控非相参频率捷变雷达系统	清华大学	茅于海
1984 年	沙丘驻涡（BD）火焰稳定器设计原理及方法	北京航空学院	高 歌
1984 年	高产优质小麦品种"绵阳 11 号"	四川省绵阳地区农科所	冯达仕
1985 年	手或全手指缺失的再造技术	上海市第六人民医院	于仲嘉
1985 年	火药模锻锤	320 厂	李有泉
1985 年	乙种分离膜的制造技术	冶金部钢铁研究总院	葛昌纯
1985 年	远缘杂交小麦新品种"小堰六号"	西北植物研究所	李振声
1985 年	甘蓝自交不亲和系的选育及其配制的七个系列新品种	中国农科院蔬菜所	贾翠莹

续表

获奖时间	获奖项目名称	第一完成单位	第一完成人
1985 年	钨铈电极	上海灯泡厂	王菊珍
1987 年	坩埚下降法工业生产锗酸铋（BGO）大单晶方法	中国科学院上海硅酸盐研究所	何崇藩
1988 年	一种新型的非线性光学材料——I 精氨酸磷酸盐（LAP）晶体	山东大学晶体材料研究所	许　东
1988 年	白云鄂博中贫氧化矿浮选—选择性团聚选矿工艺	冶金部浮选—选择性团聚选矿试验组	罗家珂
1988 年	籼亚种内品种间杂交培育雄性不育系及冈、D 型杂交稻	四川农业大学	周开达
1988 年	疟疾治疗新药本芴醇及其亚油酸胶丸制剂	军事医学科学院微生物流行病研究所	邓蓉仙
1990 年	小麦高产、抗锈的优良种质资源"繁六"及其姊妹系	四川农业大学小麦研究所	颜　济
1990 年	抗病高产优质棉花新品种中棉 12	中国农科院棉花所	谭联望
1991 年	新型非线性光学晶体——三硼酸锂（LiB_3O_5）	中国科学院福建物质结构研究所	陈创天
1995 年	石油重质组分催化裂解（Ⅰ型）制取低碳烯烃工艺及催化剂	中国石油化工总公司、石油化工科学研究院	李再婷
1997 年	冬小麦矮秆、多抗、高产新种质"矮孟牛"的创造及利用	山东农业大学	李晴祺
2004 年	高性能炭/炭航空制动材料的制备技术	中南大学	黄伯云等
2005 年	非晶态合金催化剂和磁稳定床反应工艺的创新与集成	中国石化集团公司	宗保宁、闵恩泽等
2008 年	硬脆材料复杂曲面零件精密制造技术与装备	大连理工大学等	郭东明等
2008 年	小型高精度天体敏感器	北京航空航天大学	张广军等
2009 年	海洋特征寡糖的制备技术（糖库构建）与应用开发	中国海洋大学	管华诗等

续表

获奖时间	获奖项目名称	第一完成单位	第一完成人
2009 年	空地协同的民航空域监视新技术及装备	北京航空航天大学	张军等
2011 年	宽带移动通信容量逼近传输技术及产业化应用	东南大学等	尤肖虎等
2011 年	有机发光显示材料、器件与工艺集成技术和应用	清华大学等	邱勇等
2012 年	立体视频重建与显示技术及装置	清华大学等	戴琼海等
2012 年	大跨建筑钢－混凝土组合结构新技术及其应用	清华大学等	聂建国等
2013 年	大型结构与土体接触面力学试验系统研制及应用	清华大学等	张建民等
2014 年	甲醇制取低碳烯烃（DMTO）技术	中国科学院大连化学物理研究所等	刘中民等
2015 年	硅衬底高光效 GaN 基蓝色发光二极管	南昌大学等	江风益等
2017 年	燃煤机组超低排放关键技术研发及应用	浙江大学等	高翔等
2017 年	高性能碳纤维复合材料构件高质高效加工技术与装备	大连理工大学等	贾振元等
2018 年	云－端融合系统的资源反射机制及高效互操作系统技术	北京大学等	梅宏等
2018 年	大深度高精度广域电磁勘探技术与装备	中南大学等	何继善等
2019 年	复杂机场高精度飞行校验技术及装备	北京航空航天大学等	张军等
2020 年	超高清视频多态基元编解码关键技术	北京大学等	高文等

注：除 1981 年的籼型杂交水稻获得特等奖外，其余均为一等奖。

（三）国家科学技术进步奖特等奖（公开部分）

附表2-4　国家科学技术进步奖特等奖（公开部分）

获奖时间	获奖项目名称	完成单位及主要完成人
1985 年	大庆油田长期高产稳产的注水开发技术	大庆石油管理局，李虞庚等
1985 年	南京长江大桥建桥新技术	铁道部大桥工程局，王序森等
1985 年	渤海湾盆地复式油气聚集（区）带勘探理论及实践——以济阳等坳陷复杂断块油田的勘探开发为例	石油科研开发科研局等，王涛等
1985 年	焦家式新类型金矿的发现及其突出的找矿效果	山东地矿局第六地质队，崔春池等
1985 年	在复杂地质、险峻山区修建成昆铁路新技术	铁道部第二设计院等，谭葆宪等
1985 年	葛洲坝二、三江工程及其水电机组	水电部葛洲坝工程局等，杨贤溢等
1985 年	顺丁橡胶工业生产新技术	中科院兰州化物所等，周望岳等
1985 年	导弹、卫星无线电测控系统	电子部等，郭志刚等
1985 年	"远望号"综合测量船	中船总公司等，许学彦等
1985 年	"向阳红 10 号"船	中船总公司等，卢在等
1985 年	"长征三号"运载火箭	航天部等，谢光选等
1985 年	试验通讯卫星及微波测控系统	航天部等，孙家栋等
1985 年	现代国防试验中的动态光学观测及测量技术	中科院长春光机所等，王大珩等
1987 年	长江中下游铜硫金银资源重大发现与个旧—大厂锡矿成矿条件、找矿方法及远景	江西省地质矿产局等，黄恩邦等
1988 年	包兰线沙波头地段铁路治沙防护体系的建立	铁道部兰州铁路局等，李鸣冈等
1988 年	宝钢一期工程施工新技术	上海宝钢钢铁总公司等，陆兆琦等
1989 年	一千万吨级大型露天矿成套设备研制	太原重型机器厂等，李昆元等

获奖时间	获奖项目名称	完成单位及主要完成人
1989 年	金川资源综合利用	金川资源综合利用技术开发中心等
1990 年	武钢一米七轧机系统新技术开发与创新	武汉钢铁公司等，张寿荣等
1990 年	北京正负电子对撞机和北京谱仪	中国科学院高能物理研究所等，谢家麟等
1992 年	兖州矿区工程建设技术	中国统配煤矿总公司，杜铭山等
1992 年	大瑶山长大铁路隧道修建新技术	铁道部，钱焕奎等
1993 年	黄淮海平原中低产地区治理的研究与开发	中国农业大学等，石元春等
1995 年	宝钢生产系统优化技术	宝山钢铁（集团）公司等，黎明等
1996 年	大庆油田高含水期"稳油控水"系统工程	大庆石油管理局，王志武等
1996 年	ABT 生根粉系列的推广	中国林业科学院，王涛等
1997 年	秦山三十万千瓦核电厂设计与建造	中国核电研究院
2003 年	中国载人航天工程	中国人民解放军总装备部等
2006 年	歼十飞机工程	中国航空工业第一集团公司等
2008 年	青藏铁路工程	铁道部等
2010 年	大庆油田高含水后期 4000 万吨以上持续稳产高效勘探开发技术	大庆油田有限责任公司等
2011 年	青藏高原地质理论创新与找矿重大突破	中国地质调查局等
2012 年	特高压交流输电关键技术、成套设备及工程应用	国家电网公司等
2012 年	特大型超深高含硫气田安全高效开发技术及工业化应用	中国石油化工股份有限公司等
2013 年	两系法杂交水稻技术研究与应用	湖南杂交水稻研究中心等
2014 年	天河一号高效能计算机系统	国防科学技术大学等
2014 年	超深水半潜式钻井平台研发与应用	中海石油（中国）有限公司等

获奖时间	获奖项目名称	完成单位及主要完成人
2015 年	京沪高速铁路工程	中国铁路工程总公司等
2015 年	高效环保芳烃成套技术开发及应用	中国石油化工股份有限公司研究院等
2016 年	第四代移动通信系统（TD－LTE）关键技术与应用	中国移动通信集团公司等
2017 年	特高压 ±800 kV 直流输电工程	国家电网公司等
2017 年	以防控人感染 H7N9 禽流感为代表的新发传染病防治体系重大创新和技术突破	浙江大学医学院附属第一医院等
2019 年	海上大型绞吸疏浚装备的自主研发与产业化	上海交通大学等
2019 年	长江三峡枢纽工程	中国长江三峡集团有限公司等

附录三
部分国家政府和社会力量设立的重要科技奖项

一、政府设立的科技奖项

附表 3-1 政府设立的科技奖项

序号	国别	奖励名称	设奖时间	奖励范围及对象	奖励周期及数量	评选机构	奖励形式
1	美国	总统科学奖	1962年	授予在物理、化学、生物学、数学、工程科学、社会科学及行为科学方面做出卓越贡献的科学家	每年奖励不超过20人	一个由总统任命的、由12名科学家组成的独立评选委员会	总统亲自颁奖。该奖是美国最高的科学荣誉
2	美国	总统技术奖	1985年	授予在技术创新、商业化和管理方面做出突出贡献的个人、小组或公司	每年奖励不超过10人（个）	美国商务部生产效率技术创新与技术项目奖励办公室	总统亲自颁奖。该奖是美国优秀技术创新者的最高荣誉
3	美国	费米奖	1956年	奖励在能源科学技术研究方面取得杰出成就的科学家、工程师与科学政策制定者	每年奖励1~3人	美国能源部	获奖者将得到一个由美国总统和美国能源部部长共同签署的奖状、一枚印有费米像的金质奖章及10万美元的奖金

序号	国别	奖励名称	设奖时间	奖励范围及对象	奖励周期及数量	评选机构	奖励形式
4	美国	总统杰出青年学者奖	1996年	奖励在科学技术研究方面取得杰出成就的青年科学家工程师	每次奖励不超过60人	美国国家科学技术委员会负责协调相关部门实施该奖的评审	获奖者获得5年内50万美元的研究资助
5	美国	沃特曼奖	1975年	奖励在美国各学科前沿做出杰出成绩的青年科学家（通常在35岁以下）	每年被推荐者达150人左右	美国国家科学基金会	获奖者在2～3年内得到50万美元的科研资助和深造经费
6	美国	费姆国家发明者大厅奖	1973年	奖励已获美国专利并做出重大科技贡献的发明人		美国商务部	
7	美国	总统绿色化学奖	1995年	奖励在创建"更清洁、更便宜、更敏捷"的化学工业中获重大突破的个人、团体和组织	每年对5个人和组织进行奖励	EPA的评审小组	资助额达1200万美元。每个项目的资助额在50 000～150 000美元，资助期限一般为2～3年
8	加拿大	加拿大科学与工程金奖	—	奖励在自然科学与工程研究领域做出杰出贡献的人员	每年评选1次	加拿大科学与工程研究理事会	不详
9	加拿大	STEACIE纪念奖	—	奖励40岁以下优秀的青年科学家和工程师	每年奖励不超过4人	由跨学科人员组成评选委员会	获奖者可获得1.6～3.2万加元奖金
10	加拿大	NSERC博士奖	—	奖励在大学里从事科学和工程研究并获得公认的高水平研究成果的博士生	每年奖励不超过4人	加拿大科学与工程研究理事会	颁发证书、银质奖牌和5000加元奖金

续表

序号	国别	奖励名称	设奖时间	奖励范围及对象	奖励周期及数量	评选机构	奖励形式
11	德国	未来创新奖	1997年	奖励做出杰出科技创新成果的个人或小组	每年奖励1项	未来创新奖管理委员会	总统亲自颁发奖杯、证书及50万马克的现金支票
12	德国	德国科学家促进奖（莱布尼茨奖）	1986年	奖励和资助特别有成就的科学家或非常有前途的年轻科学家	每年奖励10名左右的科学家或科学家小组	德意志研究联合会	联邦总理颁奖，获奖者在5年内可得到300万马克的奖金
13	英国	女王技术成就奖	1975年	奖励在英国工业技术进步方面取得显著成就的机构和组织	未规定	女王奖励办公室	女王批准，经费由政府提供
14	英国	女王环境成就奖	1992年	奖励在环境技术方面取得显著成就的机构和组织	未规定	女王奖励办公室	女王批准，无奖金
15	芬兰	总统发明奖	1992年	奖励取得高水平、有竞争力并能促进就业和产业发展的重大发明的个人或集体、单位	3年评选1次，每次最多5项	由国家专利事务局、芬兰发明基金会、技术发展中心等9个组办单位的负责人或有关专家组成评审委员会	不详
16	芬兰	芬兰科学奖	1997年	奖励取得国际高水平并赋有特殊意义的科研成果的科研人员或集体	两年评选1次	芬兰科学院	芬兰教育部颁发奖状

序号	国别	奖励名称	设奖时间	奖励范围及对象	奖励周期及数量	评选机构	奖励形式
17	韩国	韩国科学技术奖	1968年	表彰在科研、技术开发、新产品开发和科技管理等方面取得突出业绩的人员	每年奖励1次	韩国科学技术团体总联合会	总统颁奖，每项奖金1000万韩元
18	韩国	韩国科学奖	1987年	表彰在基础科学研究领域取得国际领先水平或接近国际水平科研成果的韩国科学家	两年奖励1次	韩国科学财团	总统颁奖，每项奖金5000万韩元
19	韩国	韩国工程技术奖	1995年	表彰在工程技术领域取得国际水平科研成果、对国家科学技术和产业经济发展做出突出贡献的科学技术人员	每年奖励1次	韩国科学财团	总统颁奖，每项奖金5000万韩元
20	俄罗斯	国家科技奖	1986年	奖励在自然科学、技术科学、人文科学领域取得重大成果的科学技术人员	每年奖励1次，奖励30项左右	国家科技奖励委员会	每项奖金额度为最低月平均工资标准的1500倍
21	俄罗斯	青年学者国家科技奖	1994年	奖励33岁以下优秀青年科技工作者	每年奖励1次，奖励20项左右	国家科技奖励委员会	每项奖金额度为最低月平均工资标准的350倍
22	俄罗斯	俄联邦政府科技奖	1994年	奖励在科学技术和各产业领域取得重大成果的科学技术人员	每年奖励1次，50项奖励，每个奖励项目不超过15人	国家科技奖励委员会	每项奖金额度为最低月平均工资标准的2250倍
23	日本	国家褒章制度	1881年	奖励舍己救人、贞洁烈妇、精于业者、公益捐赠者、学术创作业绩优良者	每年奖励2次，奖励750人左右	总理府赏勋局	该奖是日本政府最高荣誉的奖励之一

序号	国别	奖励名称	设奖时间	奖励范围及对象	奖励周期及数量	评选机构	奖励形式
24	日本	学士院奖	1911年	奖励在人文科学和自然科学领域做出突出贡献的人士	每年奖励不超过9项	学士院	日本学术界最高奖励，天皇亲自授奖，包括奖状、奖牌、奖金50万日元
25	日本	科学技术功劳者表彰	1959年	奖励在科技工作方面做出突出贡献者	每年奖励1次，30人左右	文部科学省	授予奖章和奖状，没有奖金
26	法国	国家科研中心年度奖	1937年	授予在各个学科中充满活力并取得重大成果的科学家	每年奖励1次，奖励1人	科研中心领导委员会	颁发奖金和奖章
27	法国	法兰西科学院年度奖	不详	奖励在科研工作中做出优异成绩的科学家	每年奖励1次	科学院临时评选委员会	奖金5万法郎
28	白俄罗斯	国家科学技术奖金	1996年	奖励在科学技术方面做出突出贡献的人员	两年奖励1次，每次12项	国家奖励委员会	总统批准授奖，奖金额由总统确定
29	乌克兰	国家科学技术奖金	1969年	奖励推动社会进步并被证明在世界范围内居领先地位的卓越科技成果	每年奖励1次，每年发放20份奖金	乌克兰国家科学技术奖金委员会	2万格里夫纳。年底举行奖金、证书、徽章颁发仪式，总统、总理和有关官员出席
30	哈萨克斯坦	哈萨克斯坦共和国国家奖金	1998年	奖励基础研究和应用研究领域使该国经济和社会发展大为加速、使其科学和技术达到世界先进成就水平的优秀成果	每年奖励1次，奖励5项	哈萨克斯坦共和国国家奖金委员会	不详

序号	国别	奖励名称	设奖时间	奖励范围及对象	奖励周期及数量	评选机构	奖励形式
31	南非	研究发展基金会主席奖	1984年	奖励年龄小于35岁、获得博士学位的时间不超过5年并有特别突出成果的研究人员	每年评奖	执行评审委员会、评估委员会、评估中心	每年4月21日公布上年度获奖名单，并在伦敦政府公报上发布获奖单位名单。授奖仪式由伦敦市长代表女王主持
32	泰国	国家发明奖	1978年	国家发明奖按学科领域划分为科技和工业类、农业与农工业类、医药卫生类、社会和文化发展类	每年奖励1次，一等奖1个，二等奖2个，三等奖3个，安慰奖8个	不详	每年2月2日，由泰国总理以国家研究理事会主席的身份，向获奖者颁发奖金、奖章和证书
33	泰国	国家杰出人员奖	1984年	奖励在物理学和数学、医学、化学和药物学等12个学术领域做出突出贡献的科研人员	每年每个领域各评出1名获奖者	不详	每位获奖者可得到奖金20万泰铢
34	埃及	穆巴拉克奖	1946年	奖励在科研方面做出杰出贡献、解决了一些全国性的重大课题、完成了具有科学和创造价值的特别项目的科学家	每年奖励1次	特别评审委员会	不详

续表

序号	国别	奖励名称	设奖时间	奖励范围及对象	奖励周期及数量	评选机构	奖励形式
35	埃及	国家表彰奖	1946年	奖励努力工作的埃及优秀科学家	每年奖励1次，科技领域9个名额	国家表彰奖评审委员会	奖励金额2500埃镑，授予金制奖章和徽章及相应的科学地位和奖状
36	法国	国家科研中心年度金奖	1937年	授予在各个学科中充满活力并取得重大成果的科学家	每年奖励1次，每次1人	科研中心领导委员会	奖金和奖章

二、社会力量设立的科技奖项

附表3-2 社会力量设立的科技奖项

序号	国别	奖励名称	设奖时间	奖励范围及对象	奖励周期及数量	评选机构	奖励形式
1	加拿大	大学—工业界研究和开发伙伴协作奖	1994年	鼓励大学—工业界的合作研究和开发工作，表彰优秀协作范例	每年奖励1次	评选委员会	提供大学与工业界长期的合作情况，提供明确的商业化成果实例，提供大学与工业界长期合作的文档等
2	加拿大	ROYAL BANK奖	1967年	奖励对加拿大做出杰出贡献的人员	不详	评选委员会	奖金额达12.5万加元并有一面金质奖牌。另外还对获奖人员选择的一所慈善机构同时赞助12.5万加元

序号	国别	奖励名称	设奖时间	奖励范围及对象	奖励周期及数量	评选机构	奖励形式
3	加拿大	IZAAK WALTON KILLAM 奖	1965年	对科学、工程和医学界进行奖励，以纪念那些在加拿大工业界、政府机构、大学等做出杰出贡献的人士。只有加拿大公民才有资格获奖	每年奖励多至3人。一般在自然科学、工程、医学研究3个领域各奖励1人	由加拿大艺术委员会提名的、由杰出学者组成的评奖委员会	奖金额为5万加元，不上税，奖金可以由获奖人自由支配
4	加拿大	KILLAM 研究奖	1965年	奖励以下领域的杰出科研人员：社会科学、自然科学、医学、工程学等。只有加拿大公民和拥有永久住房的市民才有资格获奖	每年评奖，每年不超过15人获得该奖	由加拿大艺术委员会提名的、由杰出学者组成的评奖委员会	奖金额达5.3万加元，获奖人还可以申请得到连续两年的资助
5	加拿大	曼宁奖	不详	奖励构思并创造出新的概念、新的程序、新的过程核心的创新产品，对加拿大社会做出贡献，并拥有杰出才智的个人	不详	曼宁奖评选委员会	曼宁大奖：奖金为10万加元；曼宁突出奖：奖金为2.5万加元；曼宁创新奖：奖金各为5000加元
6	韩国	IR52 蒋英实奖	1991年	对企业新技术产品进行表彰，并从授奖的产品中选出两个产品分别授予"总统奖"和"国务院总理奖"	每年评选52个产品	"IR52 蒋英实奖"审查委员会，审查委员会由产业、大学、研究所、管理机关及舆论界的30名权威人士组成	由科技部长官向获奖企业和研究开发人员颁发奖牌

续表

序号	国别	奖励名称	设奖时间	奖励范围及对象	奖励周期及数量	评选机构	奖励形式
7	韩国	茶山技术奖	1992年	奖励通过新技术和应用技术的开发研究，对国家产业发展做出显著贡献的科技人员和团体	每年奖励1次，下设茶山技术大奖1项、茶山技术奖2项、鼓励奖1项	由科技界权威人士组成的审查委员会	大奖奖金500万韩元（约5500美元），技术奖奖金100万韩元（约1100美元），鼓励奖奖金50万韩元（约550美元）
8	韩国	胡岩奖	1990年	旨在奖励在科学和艺术等领域获得突出成就、对社会发展做出卓越贡献的人	下设基础科学奖、工程奖、医学奖、艺术奖、社会服务奖、特别奖	胡岩奖委员会，委员会下设由30多名各领域专家组成的审查委员会	每年3月22日颁奖，胡岩奖每个单项奖包括奖状、奖章和1亿韩元（约11万美元）奖金
9	韩国	大宇技术奖	1992年	奖励集团内部机器制造业和建筑业中对大宇集团的技术发展做出贡献的技术开发团体	每年评选4次，分大奖和技术奖两种	审查委员会	对获奖单位授予奖匾和奖金，对单位及个人授予奖牌
10	韩国	大宇人奖	1992年	奖励入社5年以上的在职人员和大宇退职人员	下设个人奖和集体奖	不详	奖金500万韩元（约5500美元），并根据贡献大小晋升工资或职务，为获奖者夫妇提供一次欧洲旅行的机会

序号	国别	奖励名称	设奖时间	奖励范围及对象	奖励周期及数量	评选机构	奖励形式
11	韩国	大宇发明王奖	1991年	奖励本年在集团技术发明活动中成绩突出的人	3个单项奖，每个单项每次奖励1人	高技术研究院	为获奖人颁发奖牌和奖金
12	韩国	韩国科学技术研究院优秀职员奖	不详	奖励韩国科学技术研究院优秀职员、隶属本院的科研人员和职员	研究开发奖6名，模范职员奖20名	部门审查委员会，奖励委员会	不详
13	西班牙	Iberdrola科学技术奖	不详	主要奖励西班牙科技工作者，学科领域有数学、物理、化学和工程学	每年颁发1次	评审委员会由7人组成，其中2名西班牙人，5名外国人	每年3月颁奖，奖金为1200万比塞塔，另有200万比塞塔授给由获奖者指定的个人
14	西班牙	Garcia Cabrerizo基金会促进革新荣誉金牌奖	不详	奖励在科研工作中有突出或重大贡献的西班牙或其他国家科研人员	不详	科技委员会，一般由10人组成	没有现金奖励或为得奖的项目或团体提供少量的资助
15	西班牙	阿斯图里亚斯王子奖	1981年	为了推动和促进西班牙文化、社会和经济活动。分为艺术、体育、通信、通信和人文、国际合作、协和、文学、科学研究和社会科学	不详	每项奖都有专门的评审委员会，委员会成员由基金会指定，每个评审委员会成员一般为8～15人，每年更换40%～50%的评审委员会成员	每年秋季，西班牙王子阿斯图里亚斯亲自到场参加颁奖仪式。每个单项奖包括证书、用米罗雕塑品制作的识别或代表性盘标、有基金会徽标的证章和500万比塞塔

序号	国别	奖励名称	设奖时间	奖励范围及对象	奖励周期及数量	评选机构	奖励形式
16	西班牙	科学技术研究奖	1981年	奖励西班牙科学家。该奖只面对一个完整的研究课题	4个单项奖	评审委员会	奖金为1200万比塞塔
17	西班牙	胡安·卡洛斯一世科技新人国家奖	不详	奖励年轻有为的科技新人	不详	评审委员会	奖金为300万比塞塔
18	南非	国家标准局设计研究所奖	1969年	旨在表彰南非工业工程设计人员的杰出设计成果	每年评选1次	国家标准局	工业设计和工程设计为荣誉奖，原型设计为物质奖，可得到6000兰特（约1100美元）奖金
19	南非	国家标准局设计获得者奖	1987年	旨在奖励有企业家精神的年轻杰出人员。分3个种类：手工艺设计、概念答案设计、设计新思想	每年约15人	由上届获奖者担任评选委员会委员参加评审工作	每年的前两名获奖者有特殊待遇。获奖者可以免费出席南非小企业发展公司举办的各种培训班
20	南非	国家标准局开发设计奖	1997年	奖励为解决新兴城乡社区面临的各种各样问题做出重大贡献的设计者	每年评奖	不详	不详
21	南非	ETA奖	不详	奖励分为5种：农业、商业、工业、住宅业、供应开发	每年分别评选3~4人	不详	每种奖授予证书和奖品，每种奖的第一名获奖者可以得到奖金2万兰特（约4000美元）

序号	国别	奖励名称	设奖时间	奖励范围及对象	奖励周期及数量	评选机构	奖励形式
22	南非	施耐德电器设计奖	1981年	奖励适用于发电、分配或控制电力的电工程产品、元器件或系统	每年从两种类别中各选出1名获奖者	专门评审专家组	除证书和奖章外，每人奖励7500兰特（约1500美元）
23	南非	ARC理事会奖	1990年	颁发给对农业科研有突出贡献的农业专家，特别是经实践证明对国家、人民和农业部门都有意义的科研成果	不详	ARC评审委员会指定从事同一专业研究的专家进行评审	以ARC理事会主席名义颁发奖章和证书，获奖人还可得到2万兰特（约4000美元）奖金
24	南非	ARC总裁奖	1990年	旨在表扬和开发ARC研究人才，强调研究构想复杂性、创造性、标准性、实用性、持续性和研究项目的广泛性，成果必须已经发表和付诸实施，并要求已获得成功获取的经济效益	不详	评审委员会包括ARC理事会主席、总裁、副总裁等主要负责人和由理事会提名及任命的有关专家组成	以ARC总裁名义颁发奖章和证书，获奖者还可得到1万兰特（约2000美元）奖金
25	南非	ARC多学科执行管理委员会奖	1990年	对为多学科研究项目征聘必要人员和执行项目取得突出成果的管理小组授奖	不详	ARC评审委员会	以ARC总裁名义颁发证书，除对整个管理小组记集体功以外，每人可以得到5000兰特奖金

续表

序号	国别	奖励名称	设奖时间	奖励范围及对象	奖励周期及数量	评选机构	奖励形式
26	南非	ARC所长奖	1990年	面对 ARC 系统全体员工的个人和集体奖，对完成指定或分配任务有实质性贡献的人员或集体实施奖励	每月评审1次	研究管理委员会会议	以各研究所所长名义颁发证书，依据每个获奖者工作成绩大小发给500~2000兰特的奖金。集体奖可达3000兰特，每人奖金不超过1000兰特。若获奖者不需要现金，可选择休假或免费培训
27	泰国	杰出科学家奖	1982年	奖励在基础科学研究方面做出杰出贡献的科学家	每年只评1~2人	评审委员会	每年8月18日颁奖，由枢密院大臣代表国王授奖，奖品包括40万泰铢、御赐纪念盾和荣誉证书
28	泰国	第三世界科学院（TWAS）青年科学家奖	1997年	奖励在生物、化学、数学和物理等4个领域做出突出科研成果和贡献的泰国青年科学家	每年只奖励其中一个领域的1名科学家	由国家研究理事会具体负责，组成一个6人评审委员会	受奖时间通常为每年3月，由国家研究理事会秘书长向获奖者颁发获奖证书和2000美元奖金
29	泰国	青年科学家奖	1991年	奖励在研究领域年轻有为的泰国科学家	每年评奖，每年获奖人数不超过4人	科技促进基金会指定的评委	每位获奖者获得奖金10万泰铢和一个荣誉证书

序号	国别	奖励名称	设奖时间	奖励范围及对象	奖励周期及数量	评选机构	奖励形式
30	泰国	学生发明奖	不详	奖励有特别发明成果的学生	一等奖1人、二等奖1人、三等奖3人、安慰奖8人	国家研究理事会	奖金、奖章和证书
31	法国	法兰西科学院大奖	1954年	奖项众多，分为32项	每年奖励1次，人数不定	科学院临时评选委员会	5万法郎以上的奖金
32	法国	法兰西科学院学科专业大奖	1954年	奖项众多，分为14项	每年奖励1次，人数不定	科学院临时评选委员会	5万法郎以下的奖金
33	日本	创意工夫育成功劳学校表彰	1959年	奖励培育中小学生创造意识有显著成果的学校	每年奖励1次，每次少于40个学校	聘请著名专家	授予奖章、奖状，没有奖章
34	日本	职域创意工夫功劳者表彰	1960年	奖励各工作岗位上为科学技术改进做出贡献者	每年约850人	聘请著名专家	授予奖章、奖状，没有奖金
35	日本	研究功绩者表彰	1975年	奖励现从事研究开发且研究成果对社会经济有贡献的可能性者	每年约40人	聘请著名专家	授予奖章、奖状，没有奖金

附录四
国际性科技奖励

一、联合国等国际组织设立的重要国际性科技奖励

附表 4-1　联合国等国际组织设立的重要国际性科技奖励

序号	奖励名称	设奖时间	奖励范围及对象	奖励周期及数量	评选机构	奖励形式
1	联合国教科文组织"人工大河"国际水奖	2001年	奖励在地下水开发和地上水使用研究方面有所作为的个人和团体	每两年颁发1次	联合国教科文组织	奖金为2万美元
2	联合国教科文组织贾夫德·胡塞因青年科学家奖金	1984年	奖励在基础研究或应用研究领域有杰出成就的36岁以下的科学家	每两年颁发1次	评奖委员会	奖金为8500美元
3	联合国教科文组织卡布斯苏丹环境保护奖	不详	奖励为保护环境做出贡献的协会	每两年颁发1次	联合国教科文组织	奖金为2万美元
4	联合国教科文组织卡林加奖金	1951年	奖励在向大众普及科学知识方面做出突出成绩的人	每年颁发1次	联合国教科文组织	获奖者可获奖金1000英镑、一枚爱因斯坦奖章和一张奖状

序号	奖励名称	设奖时间	奖励范围及对象	奖励周期及数量	评选机构	奖励形式
5	联合国教科文组织卡洛斯 J. 芬利奖	不详	奖励在微生物领域做出杰出贡献的科学家	每年颁发1次	联合国教科文组织	奖金为5000美元
6	联合国教科文组织科学奖	1967年	奖励在科学研究和技术发明方面做出重大贡献的科技专家	每两年颁发1次	联合国教科文组织	不详
7	联合国粮农组织布尔马奖	1975年	鼓励报道与论述世界粮食问题的优秀文章与著作,授奖人主要为新闻记者和作家	每两年颁发1次	联合国粮农组织	1万美元奖金和一张奖状
8	世界杰出女生物学家奖	不详	奖励从事生命科学研究的女科学家	每年评选1名	评选委员会由来自15个国家的著名专家组成	获奖者可获得证书和2万美元的奖金支票
9	世界卫生组织肖沙基金奖	1966年	奖励有关卫生问题的重大贡献,但范围只限于肖沙医生为世界卫生组织服务过的地区	每年颁发1次	世界卫生组织	获奖者可获得一枚铜质奖章和一笔奖金,奖金数额取决于基金会的利息
10	世界卫生组织达林基金奖	1966年	奖励在病理学、病原学、流行病学、治疗学、预防医学或疟疾控制等方面取得的杰出成就	不定期颁发	世界卫生组织	奖品包括1000瑞士法郎的奖金和一枚铜质奖章,不定期颁发,也就是当基金利息达到1000瑞士法郎就颁奖

续表

序号	奖励名称	设奖时间	奖励范围及对象	奖励周期及数量	评选机构	奖励形式
11	世界卫生组织利昂·伯纳德基金奖	不详	奖励社会医学领域的贡献突出者	不定期颁发	世界卫生组织	获奖者可获得1000瑞士法郎的奖金和一枚铜质奖章
12	世界粮食奖	1987年	授予为人类提供营养丰富、数量充足的粮食做出突出贡献的个人	到2004年已有23位农业科学家获此殊荣	不详	不详
13	国际气象组织奖	1955年	奖励气象学领域的杰出研究成果	每年颁发1次	世界气象组织执行委员会	获奖者可得到奖金1200美元,此外还有一枚金质奖章和一张奖状
14	国际航空联合会林塔尔奖章	1938年	表彰在飞机滑翔运动中具有突出成绩的飞行员	每年颁发1次	国际航空联合会	不详
15	国际航空联合会奖航空金质奖章	1925年	授予致力于航空事业,通过自己的活动、工作对航空发展做出杰出贡献的人士	每年颁发1次	国际航空联合会	金质奖章
16	第三世界科学院科学奖	1985年	奖励在基础科学方面取得杰出成就的发展中国家科学家,设有物理、化学、数学、生物学和基础医学5项奖	每年颁发1次	第三世界科学院	不详

序号	奖励名称	设奖时间	奖励范围及对象	奖励周期及数量	评选机构	奖励形式
17	海涅曼数学物理奖	1959年	授予数学物理学领域优秀出版物的作者，出版物类型包括单篇论文、论文集、专著等	每年颁发1次	美国物理学学会和美国物理协会	奖品包括5000美元奖金和一份记载获奖成果的证书
18	阿尔伯特·爱因斯坦世界科学奖	不详	授予为造福人类做出贡献的杰出科学家	每年颁发1次	世界文化理事会	一枚纪念奖章和1万美元的奖金
19	布鲁塞尔尤里卡世界发明博览会奖	1950年	主要奖励民用工业技术发明	每年颁发1次	博览会评委会	博览会设评委会大奖、首相奖、奥斯卡奖、大臣奖、金奖、银奖、铜奖、军官勋章、骑士勋章
20	罗尔夫·内万林纳奖	1981年	表彰信息科学数学方面具有杰出成就的青年数学家	每4年颁发1次，1位获奖者	国际数学家联合会	获奖者可获一枚奖章和一笔奖金
21	第三世界科技组织网奖	不详	奖励为第三世界人民生活幸福，取得了科技发明成果，在解决社会经济问题方面发挥了重要作用的个人和组织	在应用科学领域每年设立2个奖	理论物理国际中心（意大利）科技组织网	奖励金额为1万美元，并颁发奖章
22	国际摄影测量和遥控学会布罗克金奖章	1956年	表彰在摄影测量领域工具应用及实践方面获得重大成就的革新	每4年颁发1次	国际摄影测量和遥控学会	奖品为一枚金质奖章

序号	奖励名称	设奖时间	奖励范围及对象	奖励周期及数量	评选机构	奖励形式
23	国际热分析联合会青年科学奖	1985年	奖励热分析领域取得重要成就的35岁以下的科学家	每3年颁发1次	国际热分析联合会	获奖者可得到参加国际热分析联合会大会的差旅费
24	欧金尼奥·巴尔赞奖金	1961年	奖励全世界的人道主义与文化工作	每年颁发3项	不详	每项10万美元奖金
25	国际验光与光学联合会奖章	1963年	奖励验光与眼科光学领域的杰出成就	不定期颁发	国际验光与光学联合会	授奖时，邀请获奖人就获奖主题发表演讲
26	马可尼国际研究基金奖	1974年	奖励对通信事业做出贡献的杰出科学家	每年颁发1次	马可尼基金委员会	获奖者可获得研究员资格，同时奖给2.5万美元奖金和马可尼雕像的复制品一件
27	国际自动控制联合会乔治·夸扎奖章	1981年	授予获得杰出成就的自动控制工程师	每3年颁奖1次	国际自动控制联合会理事会	2000瑞士法郎的奖金和一枚奖章
28	国际自动控制联合会自动装置论文奖	1981年	表彰在《自动控制》杂志上刊载的优秀论文	每3年评选1次	不详	不详
29	国际无线电科学协会巴尔塔扎尔·范德尔·玻尔金质奖章	1963年	授予在无线电科学领域做出卓越成就的人士，获奖成果必须是在颁奖年的前六年所做的	每3年颁发1次	国际无线电科学协会	纪念章

序号	奖励名称	设奖时间	奖励范围及对象	奖励周期及数量	评选机构	奖励形式
30	国际桥梁与结构工程协会国际结构工程功勋奖	不详	奖励结构工程领域对社会有特殊重要意义和用途的杰出成就	每年颁发1次	国际桥梁与结构工程协会	奖品包括奖章与证书
31	联合国教科文组织建筑奖金	1968年	授予在国际建筑师联合会举行的评奖竞赛中取得优胜者	每3年颁发1次	联合国教科文组织总委员会	奖品包括3000美元奖金和一张证书
32	国际民用航空组织爱德华·沃纳奖	1958年	授予为实现该组织的宗旨而做出杰出贡献的个人或机构	每年颁发1次	国际民用航空组织的一个专门委员会	奖品包括一枚金质奖章和一张证书
33	世界信息峰会奖(WSIS-WSA)	不详	奖励联合国成员国在科技、文化、卫生、政务、商务等八大领域应用信息技术、推进信息化方面具有创造性和卓有成效的工作	每3年评奖1次	不详	不详
34	菲尔兹数学奖	1932年	数学界的最高荣誉	每4年颁发1次	不详	奖章、证书和奖金(1500加元)
35	图灵奖	1982年	奖励为计算机社会做出重大技术性贡献的个人	每年授予1~2人	世界计算机协会(ACM)	奖金2.5万美元
36	国际理论物理学中心奖-卡斯特勒奖	1982年	授予在固态物理学、原子与分子物理学研究中取得创造性贡献的人士	每2年颁发1次	国际理论物理学中心	奖品是一笔数额为1000美元的奖金

二、部分国家政府和社团设立的国际性科技奖励

附表4-2　部分国家政府和社团设立的国际性科技奖励

序号	国别	奖励名称	设奖时间	奖励范围及对象	奖励周期及数量	评选机构	奖励形式
1	瑞典	诺贝尔自然科学奖	1901年	授予世界各国在物理、化学、生理学或医学、文学及和平领域对人类做出重大贡献的学者	每年颁发1次	物理奖和化学奖由瑞典皇家科学院评定，生理学或医学奖由瑞典皇家卡罗林斯卡医学院评定	金质奖章、证书和奖金
2	瑞典	格拉芙奖	1980年	授予从事数学、天文学、生物学（特别是生态学）、地球科学和多发性关节炎研究的科学家	每年授予其中一个领域的科学家	瑞典皇家科学院	奖金为50万美元
3	日本	本田奖	1980年	奖励取得显著业绩的个人或团体	每年奖励1名	不详	授予奖状、奖章、1000万日元奖金
4	日本	日本国际奖金	1982年	奖励为人类做出杰出贡献的科学发明家；奖励在工业、农业、建筑等技术领域取得的杰出成就	每年颁发1次，每次评出2位获奖人	评选委员会	除一笔数目巨大的奖金外，还颁发奖牌与奖状
5	日本	日本国际奖	1983年	授予在科学技术领域被公认取得独创性、跨越式成果，为科学技术的进步做出重大贡献，为人类的和平和繁荣做出显著贡献的人们	每年指定2~3个领域作为颁奖对象领域。原则上针对每个领域的1件事、1个人进行奖励	不详	授予奖状、金质奖章和5000万日元奖金

序号	国别	奖励名称	设奖时间	奖励范围及对象	奖励周期及数量	评选机构	奖励形式
6	日本	京都奖	1983年	奖励涉及基础科学、尖端技术、思想与艺术3个领域，每年在3个领域各设1项奖励，原则上授予个人	授予不同领域1人	不详	授予奖状、金质奖章和5000万日元奖金
7	日本	国际生物学奖	1985年	奖励国际上在生物学研究方面取得优秀业绩、为世界学术进步做出巨大贡献的研究人员	每年授予在生物学特定领域做出杰出贡献的1位科学家	日本学术振兴会	授予奖状、奖牌、1000万日元奖金
8	日本	蓝行星奖	1991年	奖励为解决地球环境问题在科学技术方面做出显著贡献的个人或组织	每年奖励2名	不详	授予银杯和5000万日元奖金
9	日本	"秋樱国际奖"（Cosmos大奖）	1993年	以授予个人为主，奖励世界著名科学家、社会活动家	不详	不详	除奖状和金质奖牌以外，获奖者还能获得4000万日元的奖金
10	美国	鲁斯卡奖	1945年	奖励在基础医学、临床医学及公众服务领域做出重大贡献的科学家	不详	不详	奖章、证书和奖金
11	美国	费米奖	1956年	奖励核能，原子、分子与粒子的相互作用与影响领域的科技成就	每年奖励1次，每年奖励1~3人	美国能源部	一枚带有费米像的金质奖章及10万美元的奖金。若同一年获奖者多于1人时，所有获奖者将分享20万美元的奖金

序号	国别	奖励名称	设奖时间	奖励范围及对象	奖励周期及数量	评选机构	奖励形式
12	美国	泰勒环境奖	1973年	授予对发现和解决世界范围的环境问题做出重大贡献的科学家	每年颁发1次	美国南加州大学	奖金金额为20万美元，另有金制奖牌
13	美国	美国物理协会奖－新材料国际奖	1985年	表彰在新材料科学及其应用领域做出突出贡献的人士	每年颁发1次，可以授予1人，也可以由几人分享，最多不超过3人	美国物理协会	一份记载有获奖者贡献的证书、一笔金额为5000美元的奖金，此外还为获奖者参加颁奖会议提供差旅费
14	美国	世界生物多样性领导奖	1995年	表彰在世界生物多样性这一新兴学科领域取得的成就	每3年1届，该奖项面向个人	美国贝基金会和约瑟芬－贝－保罗－迈克尔－保罗基金会	奖励每位获奖者18万美元
15	美国	美国化学学会奖	不详	美国化学学会34项科技奖中不限国籍的国际性奖项为18项，占52.94%，要求报奖者居住在美国和加拿大的有3项，占8.82%，两类合计21项，占61.76%	不详	美国化学学会	不详
16	美国	美国科学促进会国际科学合作奖	不详	奖励在加强科学与工程合作中做出特别贡献的个人	不详	美国科学促进会	获奖者可获得2500美元奖金及一枚纪念奖牌

序号	国别	奖励名称	设奖时间	奖励范围及对象	奖励周期及数量	评选机构	奖励形式
17	英国	巴克奖	1882年	授予在科学地理学方面获得杰出成就者和发现者，也用来资助积极从事发现与探险活动的人士	一般情况，每年颁发；如无候选人，也可不定期颁发	英国皇家地理学会	有时授予奖金，有时授予测量仪器、书籍等
18	英国	英国达尔文奖	1890年	奖励生物学领域及达尔文本人研究过的其他一些领域的杰出成就	每两年颁发1次	英国皇家学会	一枚银质奖章和200英镑的奖金
19	英国	国际大地测量协会盖伊·邦福德奖	1975年	授予在大地测量学领域取得杰出成就的人士	每4年颁发1次	英国皇家学会的英国大地测量学与地球物理全国委员会和国际大地测量协会	颁发奖金
20	英国	国际K. J. BUTTON奖	不详	表彰远红外物理科学领域的杰出贡献	每年表彰1位	英国皇家科学研究院物理研究所	获奖者除可获得一枚铜牌外，还可获得1000英镑奖金和400英镑差旅费
21	德国	德国霍夫曼奖章	1902年	奖励在化学领域做出突出贡献的科学家	不定期颁发	德国化学协会	一枚金质奖章

续表

序号	国别	奖励名称	设奖时间	奖励范围及对象	奖励周期及数量	评选机构	奖励形式
22	德国	为人类创造美好生活奖	1980年	一切为了"切实可行地解决人类面临的实际问题"而进行的努力，包括食品、住房、环境、人类精神教育及地球保护等方面，都属于这项奖励的授奖范围	每年颁发1次	不详	每年奖金总额10万美元以上
23	菲律宾	马赛赛奖	不详	设有政府服务奖、公共服务奖，新进领导奖，社会领导奖，和平及国际了解奖，新闻、文学和创新通讯艺术奖等多个奖项	不详	不详	不详
24	丹麦	波尔国际金质奖章	1955年	奖励在和平利用原子能方面做出突出贡献的工程师和物理学家	每3年颁发1次	丹麦工程学会	金质奖章
25	法国	达诺纳国际营养奖	1997年	表彰对全球公共卫生做出巨大贡献的研究人员或集体	每隔2年评选1次	不详	奖章和奖金
26	比利时	索尔维科学奖	不详	授给在人类科学领域取得杰出成就的科学家	每5年颁发1次	比利时科学研究基金会	奖金数额为75万比利时法郎
27	以色列	沃尔夫奖	1976年	促进全世界科学、艺术的发展，造福于人类	通常每年颁发1次	沃尔夫科学基金会	每个奖的奖金数额为沃尔夫基金的年息，即10万美元，可以由几人分得

序号	国别	奖励名称	设奖时间	奖励范围及对象	奖励周期及数量	评选机构	奖励形式
28	加拿大	加德纳奖	1959年	奖励医学领域成就显著的个人	每年颁发1次	独立的医学顾问委员会	奖章、证书和奖金
29	澳大利亚	澳大利亚国际奖	1990—1999年	奖励在科学技术领域有高水平科学成就的个人和团体	每年奖励1次	不详	奖励金额为30万美元
30	意大利	帕内蒂奖金	不详	授予过去10年间在应用机械学领域取得杰出成就的科学技术人员	每2或3年颁发1次	意大利都灵科学院	一枚金质奖章和一笔100万~300万里拉的奖金
31	比利时	国际建筑奖	1957年	奖励在住宅设计领域取得卓越贡献者	两项奖每年颁发1次	比利时全国住宅学会	每项奖奖品均包括一笔奖金与一份证书。奖金数额为25万比利时法郎，两项奖各得一半

附录五
中国科技奖励历史沿革

第一部分　上古至民国时期（约公元前2200—1949年）

约公元前2200年：大禹治水成功，舜帝赐予"玄圭"，后来又禅位于大禹。这可能是最早的科技奖励记载。

商代：

甲骨卜辞中记载了"庚戌□贞旸（赐）多女（汝）有贝朋"等有关赏赐的内容。

西周：

《诗经·周颂》（公元前1000—公元前600年）中有诗词名"赉"，"赉"即为赏赐之意。

《周礼》记载，周代有官职"职岁"，其任务之一是掌管天子赏赐的记录和发放奖品，"掌邦之赋出，以贰官府都鄙之财出赐之数，以待会计而考之"。

《管子》（管仲，公元前725—公元前645年）一书中提出"有功必赏，有过必诛""功多为上、禄赏为下"的奖励思想。

《左传·僖公二十八年》（左丘明，公元前556—公元前451年）中最先出现了"奖"字，即"皆奖王室"。

战国：

文子可能最先提出了以精神奖励为主、物质奖励为辅的奖励思想。他说："善赏者费少而劝多，故圣人赏一人而天下趋之。"

孙膑（生卒年不详）提出"赏不踰日，罚不还面"，即及时奖励的思想。

韩非子（公元前295—公元前233年）主张在经济上抑制豪强、奖励耕战、轻徭薄赋、崇尚节俭。他认为"赏罚者，利器也"，认为赏罚是执政的重要工具。

汉代：

《汉书·哀帝纪》（公元前7—公元前1年）中记载："立楚孝王孙景为定陶王，奉恭敬王祀，所以奖励太子，专为后之谊。"这可能是奖励一词的最早出现。

杨泉认为"黄金累千，不如一贤"，提出了对贤才的重视。

刘昼提出"立法施教，莫大于赏罚。赏罚者，国之利器，而制人之柄也"。

许慎《说文》中解释了赏的含义："赏，赐有功也，从贝。"

儒家代表人物董仲舒提出"有功者赏，有罪者罚，功盛者赏显，罪多者罚重"的赏罚思想。

南北朝：

祖冲之因在天文学、数学方面巧思过人，"宋孝武时使直华林学省，赐宅宇车服"。

唐代：

和尚一行（张遂），精通天文历象，多次得到唐玄宗的赏赐。一行死后，赐谥号"大慧禅师"。

李筌提出了赏功的奖励思想："按功而设赏。赏一功而千万人悦，刑一罪而千万人慎。"

后周：

953年（广顺三年），田敏"献印板九经书五经文字"，得到太祖郭威的嘉奖，"赐衣缯彩银器，又赐司业赵铢袭衣缯彩"。

五代十国：

制刀能手綦母怀文造宿铁刀，锋利无比，受到朝廷的嘉奖，后位至信州刺史。

宋代：

司马光提出"夫安危之本，在于任人。治乱之机，在于赏罚"。

元代：

回族天文学家扎马鲁丁因 1291 年（至元八年）建天文台有功，贵从五品。

明代：

周洪谟造璇玑玉衡（天文仪器），"旬日间，乃制成以进"，皇帝"赐赉有加"。

高拱提出"欲兴治道，必振纪纲。欲振纪纲，必明赏罚。欲明赏罚，必辨是非"。

蒯祥因设计、督造皇宫宫殿（今故宫）有功，1420 年（永乐十八年）被提升为工部营膳所丞。1456 年（景泰七年），又从太仆寺少卿升为工部侍郎。被皇上称为"蒯鲁班"。

清代：

顺治皇帝对擅长天文学的传教士汤若望赏赐隆厚，诰封汤氏祖先三代，赐地建筑教堂，又提升汤若望的品级为正一品，可以说是中国最早的国际科技合作奖。

康熙皇帝多次提到人才和激励人才的重要性。他提出"致治之道，首重人才。储养之源，由于学校"。

刑部尚书魏象枢（1617—1687 年）提出"举一真才，而天下之才皆劝；擢一廉吏，而天下之吏皆服用"的奖励思想。

太平天国后期领导人之一洪仁玕（1822—1864 年）在其《资政新篇》中提出了专利主张，并将"大专利"（发明创造）和"小专利"（实用新型）分开，在保护期限和奖赏方面做了不同的规定，反映出中国专利萌芽初期的科技立法思想。

1882 年 8 月，光绪皇帝批准了我国近代史上第一件专利——郑观应等人创造的机器织布工艺，保护期 10 年。

光绪皇帝明确提出赏罚是掌管天下的权柄。他说："自古帝王斡运天下之大权，不过赏罚二端而已。赏一人而天下劝，罚一人而天下惩，虽尧舜不能舍此以为治。"

1898 年 7 月 12 日，清政府制定中国第一个制度化科技奖励法规——《振兴工艺给奖章程》。

上海强学会在章程中提出"入会诸君，原为学问起见，……倘发中西未得之新理，加酬奖赏，标其姓名，以收切磋之益"。可谓中国最早的社会力量科技奖。

1906 年 10 月，清政府农工商部颁布了《奖励商勋章程》8 条。

1907 年，清政府商部颁布了《改定奖励华商章程》。同年，清政府商部还颁布了《华商办理农工商实业爵赏章程》。

1907 年（光绪三十三年）直隶总督袁世凯奏请免试授予回国 10 年以上、政绩突出的留学生（主要是留美）詹天佑、吴仰曾、屈永秋、邝荣光四人进士出身，得到清政府批准。这是中国最早的制度化科技人物奖。

中华民国时期：

1912 年 12 月，国民政府成立以后颁布了第一个科技奖励法令《暂行工艺品奖励章程》。该章程包括 13 条款，奖励对象分别为发明新产品和经过改良的新产品。《暂行工艺品奖励章程》实行了 11 年之久。

1928 年 6 月，国民政府农工商部公布了《奖励工艺品暂行条例》（1930年 4 月 19 日废止），规定了对新产品或其新的制造方法分别授予 15 年、10 年、5 年和 3 年的专利权；对仿造外国产品有显著成绩的，给予褒奖。

1934 年 4 月 20 日，国民政府正式颁布《工业奖励法》。

1935 年，中国工程师学会首次颁发工程荣誉金牌，首枚金牌获得者为侯德榜先生，表彰他对我国制碱工程的贡献和他所著的《制碱工业》一书。

1937 年 2 月，国民党中央执委会仿照诺贝尔奖，决定设立"总理纪念奖金"，分为文艺、社会科学、自然科学、教育、社会服务等 5 个类别，每类设 5 个等级。

1943 年 4 月 15 日，国民政府经济部公布了《奖励仿造工业原材料器材及代用品办法》。

国民政府水利部公布了《兴办水利事业奖励条例》。

国民政府军令部在拟定的《军令部技术研究奖励办法草案》中设立了技术研究奖励。

国民政府航空委员会发布了《航空工业提倡奖励办法》。

国民政府农林部发布了《农业研究奖助办法》。

1944 年 8 月 29 日，国民政府经济部起草的中国有史以来第一部《专利法》，经立法院审议后，由国民政府正式公布。

中国共产党领导的边区科技奖励：

1938 年 1 月，延安举办了首届"延安工人制造品竞赛展览会"，兵工厂的正副厂长获得了特别荣誉奖状，同时有 100 多人得了奖。

1939 年 4 月，边区政府颁布了《陕甘宁边区人民生产奖励条例》。

1940 年，延安举办了工农业展览会，会上举行了盛况空前的颁奖会。

1941 年 7 月 20 日，晋察冀边区行政委员会颁布《晋察冀边区奖励生产技术条例》。奖励内容包括：①生产技术的新发明；②现有技术的改良；③外货代用品的制造；④矿产的发现。奖励方式为两种：荣誉奖和奖金。

1941 年 7 月 23 日，陕甘宁边区建设厅对改进工业技术进行了奖励。

1941 年 9 月 19 日，陕甘宁边区政府核准公布《优待国医条例》。

1942 年 10 月，晋冀鲁豫边区政府颁发了《奖励生产技术办法》。

1945 年 11 月 1 日，晋察冀边区行政委员会公布了《晋察冀边区奖励技术发明暂行条例》。

1948 年 12 月 20 日，华北人民政府为发展生产、奖励科学发明及技术改进，颁布了《华北区奖励科学发明及技术改进暂行条例》，同时颁布了《华北区奖励科学发明及技术改进暂行条例执行办法》。

第二部分　中华人民共和国科技奖励（1949—2020 年）

1949 年：

9 月，中国人民政治协商会议第一次全体会议通过了《共同纲领》，其中第四十三条明确规定："努力发展自然科学，以服务于工业、农业和国防建设，奖励科学的发现和发明，普及科学知识。"

1950 年：

8 月 11 日，中央人民政府政务院第 45 次会议批准公布《政务院关于奖励有关生产的发明、技术改进及合理化建议的决定》《保障发明权与专利暂行条例》。这是新中国成立后国家发布的有关科技奖励的首批法规性文件。

1954 年：

8 月 27 日，国务院发布了《有关生产的发明、技术改进及合理化建议的奖励暂行条例》。这一面向基层单位，主要是企业的科技奖，促进了生产发展和企业的技术改造。

1955 年：

9 月 1 日，国务院发布了《中国科学院科学奖金暂行条例》（共 11 条）。10 月，成立了以郭沫若为主任委员的"中国科学院奖金委员会"。

1957 年：

1 月 24 日，中国科学院首次颁发 1956 年度科学奖金，34 项成果获奖。其中一等奖 3 项，二等奖 5 项，三等奖 26 项。

1963 年：

8 月 13 日，为表彰上海第六医院钱允庆、陈中伟断手再植成功，卫生部在上海举行了奖励大会。

11 月 3 日，国务院发布了《发明奖励条例》《技术改进奖励条例》。1950 年 8 月 11 日发布的《保障发明权与专利暂行条例》和 1954 年 8 月 27 日公布的《有关生产的发明、技术改进及合理化建议的奖励暂行条例》同时废止。

1964 年：

6 月 16 日，国家计委、国家经委、国家科委在北京联合举行授奖大会，给 1400 多项工业新产品授奖。

1978 年：

3 月 31 日，在具有重大历史意义的全国科学大会闭幕式上，开展了新中国成立以来规模最大的科技奖励活动，会上奖励了 7657 项科技成果，标志着科技奖励制度的恢复。

12 月 28 日，国务院修订发布了《中华人民共和国发明奖励条例》，1979 年年初成立了发明奖评选委员会。

1979 年：

11 月 21 日，国务院修订发布了《中华人民共和国自然科学奖励条例》。废止 1955 年发布的《中国科学院科学奖金暂行条例》。

1980 年：

5 月 12 日，自然科学奖励委员会成立并召开了第一次会议。会议通过了《自然科学奖励委员会暂行章程》。

1981 年：

3 月 7 日，轻工业部举行授奖仪式，有 671 项轻工业新成果获得奖励。

6 月 6 日，国家科委、国家农委在北京召开授奖大会，授予袁隆平等人发明的"籼型杂交水稻"国家发明奖特等奖，并颁发奖状、奖章和 10 万元奖金。这是迄今为止唯一获得发明奖特等奖的项目。

1982 年：

2 月 17 日，1977—1981 年全国优秀科技图书颁奖大会在首都民族文化宫举行，有 73 种科技图书获奖。这是改革开放后第一次颁发全国优秀科技图书奖。

3 月 16 日，国务院修订颁布《中华人民共和国合理化建议和技术改进奖励条例》。废止 1963 年发布的《技术改进奖励条例》。

10 月 23—24 日，全国科学技术奖励大会在北京召开。大会给 428 项国家发明奖和 124 项国家自然科学奖获奖项目授奖。国务院在会上明确提出了"经济建设必须依靠科学技术，科学技术必须面向经济建设"的科技方针。此后，由国家科委牵头，着手制定科学技术进步奖条例。

1983 年：

11 月 29 日，国家科委授予英国学者李约瑟国家自然科学奖一等奖，表彰他撰写《中国科学技术史》一书的贡献。李约瑟为第一位获中国政府科学技术奖的外国人。

1984 年：

4 月 5 日，国务院对 1979 年 11 月发布的《中华人民共和国自然科学奖励条例》和 1978 年 12 月发布的《中华人民共和国发明奖励条例》进行了修订，主要提高了奖金额度。

9 月 12 日，国务院发布了《中华人民共和国科学技术进步奖励条例》。条例规定，科学技术进步奖分国家级和省部级两级。

1985 年：

5 月 22 日，为贯彻执行国务院 1984 年 9 月 12 日发布的《中华人民共和国科学技术进步奖励条例》，推动国家科学技术奖励工作的有序运行，国务院批准国家科委设立国家科学技术奖励工作办公室，集中统一管理国家科学技术奖励工作。

8 月 17—23 日，国家科学技术进步奖评审委员会首次对国家科学技术进步奖申报项目进行评审。

1986 年：

5 月 15 日，全国科学技术奖励大会在北京举行，大会奖励荣获首次国家级科学技术进步奖项目 1761 项，其中特等奖 23 项。

11 月，《科技奖励工作》（内刊）创刊，方毅副总理为该刊题写了刊名。

12 月，《中华人民共和国科学技术进步奖励条例实施细则（试行）》出台。

1987 年：

2 月 16 日，钱学森写信给《科技奖励工作》编辑部，提出要"研究并创立'科技奖励学'"。

7 月 2 日，经国务院批准同意在国家科学技术进步奖中增列"国家星火奖"，国家科委于当月正式公布了《国家星火奖励办法》。

9 月，国家科委发布了《国家星火奖励办法实施细则（试行）》。

12 月 7 日，在北京总参西山礼堂召开 1987 年度国家发明奖颁奖大会。

1988 年：

11 月，国家自然科学奖的授奖范围扩大到港、澳地区。香港京港学术中心开始推荐国家自然科学奖。

12 月 13 日，首次国家星火奖励颁奖大会在人民大会堂举行。有 138 个项目获奖。4 名星火计划的实施决策者获得了特别荣誉奖。

1989 年：

8 月 20 日，国家科委发布《中华人民共和国发明奖励条例实施细则》。

12 月 18 日，国家科学技术奖励大会在北京隆重举行。

1990 年：

4 月 25 日，国家科委发文（〔1990〕国科发人字 296 号），批准国家科学技术奖励工作办公室三定方案，核定国家科学技术奖励工作办公室的政府职能。

12 月 7 日，1990 年度国家科学技术奖励大会在北京举行。

1991 年：

4 月 15—18 日，国家科委在南昌召开"第二次全国科技奖励工作研讨会"，宋健出席会议并发表讲话。会上，与会代表交流总结了科技奖励工作经验，同时以国家科委名义表彰了 123 名科技奖励管理先进工作者。

5 月，国家科委和外交部联合发出《关于设立中华人民共和国国家科学技术委员会国际科技合作奖的通知》。

10月16日，国务院、中央军委颁布命令授予钱学森同志"国家杰出贡献科学家"荣誉称号。这是中华人民共和国成立以来首次以国家名义授予科学家的最高荣誉。

12月12日，1991年度国家科学技术奖励大会在北京召开，同时举办了优秀获奖项目展览会。

1992年：

3月9日，广东珠海市隆重召开"珠海市科技进步突出贡献奖励大会"，对在促进经济发展有突出贡献的科技人员给予重奖，在全国产生了强烈的反响。

4月，"王丹萍科学奖金"设立。

12月8—12日，中共中央组织部、中共中央宣传部、国家科委、人事部、国防科工委在北京联合主办1992年度国家科技奖励庆功活动，召开了获奖代表座谈会。

1993年：

1月，《中国科技奖励》杂志正式创刊，著名科学家卢嘉锡题写了刊名。著名科学家朱光亚等为刊物题词。

6月28日，国务院第二次修订发布《中华人民共和国自然科学奖励条例》《中华人民共和国技术发明奖励条例》，修订发布《中华人民共和国科学技术进步奖励条例》。

7月2日，中华人民共和国第八届全国人民代表大会常务委员会通过了《中华人民共和国科学技术进步法》。其中第八章对国家科学技术奖励作了规定。推动了国家科技奖励制度的法制化建设。根据该法规定，为奖励对中国科学技术事业做出重要贡献的公民和组织，同年设立了中华人民共和国国际科学技术合作奖。

9月15日，国家科委、财政部联合发布《关于调整国家科学技术奖励奖金额的通知》〔（93）国科发奖字511号〕，决定从1993年起对获国家级奖励项目的奖金数额调整为：国家自然科学奖、国家发明奖一等奖奖金6万元，二等奖奖金3万元，三等奖奖金1.5万元，四等奖奖金0.6万元。国家科学技术进步奖一等奖奖金4.5万元，二等奖奖金3万元，三等奖奖金1.5万元。

1994年：

1月10日，人事部发文（人法函〔1994〕1号）对"关于国家科学技术奖励工作办公室是否列入实行公务员制度范围"回复国家科委，同意国家科学技术奖励工作办公室实行公务员制度。

2月17日，国家科委、国家体改委发出《适应社会主义市场经济发展，深化科技体制改革实施要点》的通知。其中第28条提出"完善科技奖励制度，进一步激发和调动科技人员的积极性。要在自然科学奖、技术发明奖、科技进步奖、国际科技合作奖的基础上，设置农村科技奖，完善国家科技奖励体系。鼓励国内外组织和个人设置科技奖励基金，奖励和资助做出重要成就的科技人员"。

3月18日，1993年度国家科学技术奖励大会在北京召开。

3月30日，"何梁何利基金"成立。该基金是由香港人何善衡、梁求琚、何添、利国伟4人各捐资1亿元在香港注册成立的科技奖励基金。决定设立何梁何利基金科学与技术成就奖和何梁何利基金科学与技术进步奖，每年颁发一次，奖金分别为100万港币和10万港币。

1995年：

1月12日，首届何梁何利基金颁奖。钱学森、黄汲清、王淦昌、王大珩等4位著名科学家获何梁何利基金科学与技术成就奖；20人获何梁何利基金科学与技术进步奖。

5月10日，中华人民共和国国际科学技术合作奖评审委员会通过实行《中华人民共和国国际科学技术合作奖评审工作暂行规定（试行）》。

1996年：

1月30日，党和国家领导人接见1995年度国家科技奖励获奖代表并与代表合影留念。

5月14日，首届中华人民共和国国际科学技术合作奖颁奖，李约瑟（英国）、豪依塞尔（德国）、原正市（日本）、杨振宁（美国）、李政道（美国）、陈省身（美国）等6名外籍专家获奖。

10月3日，新华社全文刊发《国务院关于"九五"期间深化科学技术体制改革的决定》，提出"改革科技奖励制度，设立国家科技成果推广奖，建立科技工作评价体系和知识产权管理体系，形成新的科技工作激励机制"。

同日，国务院办公厅发布《国务院办公厅转发新闻出版署、国家科委关于加强科技出版工作若干意见的通知》（国办发〔1996〕41号）。经国务院同意，将优秀的科技专著、科技教材、科普读物纳入国家科学技术进步奖的奖励范围。

12月18—19日，1996年度国家科学技术奖励大会在北京隆重举行。

1997年：

4月16日，国家科委发布《国家科技进步奖科技著作评审工作暂行规定》。

7月30日，国家科委发布《国家科学技术奖励推荐和评审工作的补充规定》。

6月5日，1996年度"中华人民共和国国际科学技术合作奖"颁奖仪式在北京钓鱼台国宾馆举行，国务委员、国家科委主任宋健向获奖者美籍物理学家丁肇中，俄罗斯航空专家格·比施根斯颁奖。

12月26日，国家科学技术奖励大会在北京隆重举行。

1998年：

2月10日，国家科委发布《国家科技成果推广项目奖励暂行规定》。

9月，国务院向国家科委提出有关国家科技奖励改革的动议。国家科委调研和起草《国家科学技术奖励条例》及其实施细则。

1999年：

1月8日，国家科学技术奖励大会在北京隆重举行。

4月28日，国务院第16次常务会议原则通过了《国家科学技术奖励条例》。

5月23日，国务院发布施行《国家科学技术奖励条例》，对原有国家科技奖励制度进行了重大改革，新设立国家最高科学技术奖。

7月23日，国务院办公厅转发科技部《科学技术奖励制度改革方案》。

8月20日，《中共中央 国务院关于加强技术创新，发展高科技，实现产业化的决定》发布，其中第12条就正确评价科技成果和进行科技奖励作了相应规定。

9月10日，国家科学技术奖励工作办公室与天津市人民政府在天津市向国际科技合作奖获奖人新加坡眼科专家林少明颁发证书和奖杯。

9月18日，中共中央、国务院、中央军委在人民大会堂召开大会，隆重表彰在研制"两弹一星"中做出重大贡献的23位科学家，并授予金质奖章。

12月8日，国家科学技术奖励委员会成立并举行第一次会议。科技部部长朱丽兰任国家科学技术奖励委员会主任委员。

12月26日，科技部部长朱丽兰签署科技部1号令、2号令、3号令，发布施行《国家科学技术奖励条例实施细则》《省、部级科学技术奖励管理办法》《社会力量设立科学技术奖管理办法》。

2000年：

1月1日，《科技日报》公布1999年国内十大科技新闻，其中"《科学技术奖励制度改革方案》出台，设立国家最高科学技术奖"列为第五。

2月1日，国家科学技术奖励委员会举行第二次会议，审议通过国家科学技术奖励委员会各评审委员会的组成人选。

2月22—24日，国家科学技术奖励工作会议在北京召开。会议主要内容是学习贯彻新颁布的《国家科学技术奖励条例》《科学技术奖励制度改革方案》和科技部发布的第1、2、3号部长令，研究部署2000年国家科技奖励的推荐和评审工作等。

这年，首次施行新颁发的《国家科学技术奖励条例》，审定通过授予吴文俊院士、袁隆平院士国家最高科学技术奖；审定授予国家自然科学奖15项、国家技术发明奖23项、国家科学技术进步奖250项；审定授予美国加速器专家潘诺夫斯基、印度水稻专家库西中华人民共和国国际科学技术合作奖。

2001年：

2月19日，中共中央、国务院召开国家科学技术奖励大会。吴文俊、袁隆平获得首届国家最高科学技术奖。

3月8日，科技部召开首批准予登记的社会力量设奖新闻发布会，公布26家准予登记的社会力量设奖名单。

2002年：

2月1日，中共中央、国务院召开国家科学技术奖励大会。黄昆、王选获得2001年度国家最高科学技术奖。

9月19日，中国驻日本大使武大伟代表中国政府向2001年度中华人民共和国国际科学技术合作奖获奖人黑田吉益颁奖。

10月17日，中国驻法国大使吴建民代表中国政府向2001年度中华人民共和国国际科学技术合作奖获奖人瓦加斯颁发获奖证书。

10月18日，中国驻德国大使马灿荣代表中国政府向2001年度中华人民共和国国际科学技术合作奖获奖人佩策特颁发获奖证书。

10月23日，中国驻瑞典大使邹明榕代表中国政府向2001年度中华人民共和国国际科学技术合作奖获奖人诺登斯强姆颁发获奖证书。

这年，共有两批55项社会力量科技奖向社会公布。

2003年：

2月28日，中共中央、国务院召开国家科学技术奖励大会。金怡濂获得2002年度国家最高科学技术奖。

12月20日，国务院公布《国务院关于修改〈国家科学技术奖励条例〉的决定》，决定将《国家科学技术奖励条例》第十三条第二款修改为："国家自然科学奖、国家技术发明奖、国家科学技术进步奖分为一等奖、二等奖2个等级，对做出特别重大科学发现或者技术发明的公民，对完成具有特别重大意义的科学技术工程、计划、项目等做出突出贡献的公民、组织，可以授予特等奖"。

2004年：

2月20日，中共中央、国务院召开国家科学技术奖励大会。刘东生、王永志获得2003年度国家最高科学技术奖，"中国载人航天工程项目"获得国家科学技术进步奖特等奖。

3月，国家自然科学奖初评中开始在部分学科组引入外国专家评审。

11月28日，国家科学技术奖励工作办公室在北京召开国家科学技术奖励工作会议，科技部副部长程津培部署了2005年度的工作，决定从2005年起，在国家科学技术进步奖中增设科普奖，同时对工人、农民技术革新和创造进行奖励。

12月10日，科技部部长徐冠华应邀出席在瑞典斯德哥尔摩举行的2004年诺贝尔奖颁奖仪式。

2005年：

1月，国家科学技术奖励工作办公室质量管理体系筹备工作正式启动。

3月28日，中共中央、国务院召开国家科学技术奖励大会。中南大学黄伯云等完成的"炭炭复合材料"和张立同院士完成的"耐高温长寿命抗氧化陶瓷基复合材料应用技术"获得国家技术发明奖一等奖，结束了国家技术发明奖一等奖空缺6年的局面。农民企业家王衡发明的"地下工程水害防治新技术"获得国家技术发明奖二等奖，在社会上引起了积极反响。

5月25—27日，在西安召开全国社会力量设奖工作研讨会，全国70余家社会力量设奖单位的代表出席了会议。

9月7日，在上海科技馆举行2004年度中华人民共和国国际科学技术合作奖颁奖仪式。科技部副部长程津培、上海市副市长严隽琪代表中国政府向获此殊荣的3位外国专家肯·金特博士、张汝京博士和荣久庵宪司博士颁发了获奖证书和奖牌。

2006年：

1月9日，中共中央、国务院召开国家科学技术奖励大会。叶笃正、吴孟超获得2005年度国家最高科学技术奖。

2月5日，科技部部长徐冠华签署科技部第10号令，发布《关于修改〈社会力量设立科学技术奖励管理办法〉的决定》。

3月，在国家科学技术进步奖科普奖评审组中增设声像类奖励，增设面向工人、农民的科技奖励。

5月16—17日，在湖南长沙召开了省部级科技奖励和地方社会力量设立科学技术奖工作座谈会。

11月29日，第三届国家科学技术奖励委员会第一次会议召开，会议表决通过了2006年度国家科学技术奖励的候选项目和人选，并研讨了有关问题。

11月30日，国家科学技术奖励工作办公室通过国际ISO 9001认证，并获得由中国质量认证中心颁发的认证书。

2007年：

2月28日，中共中央、国务院召开国家科学技术奖励大会。李振声院士获得2006年度国家最高科学技术奖，"歼十飞机工程"项目获得国家科学技术进步奖特等奖。新设的工人农民科技创新组评出上海宝钢工人韩明明、一汽大众工人王洪军和河南滑县农民企业家李官奇三人为国家科学技术进步奖二等奖。

4月2日，首届国家科技奖励获奖项目巡展在清华大学正式启动。

这年，进一步完善评审系统，开发了专家遴选算法和回避算法，实现了"随机双盲""封闭管理"的评审制度。开始在评审期间对工作人员实行"封闭管理"，断绝了评审工作人员、评委与外界的所有接触；封闭了评委与工作人员的住宿区和餐厅，切断了获奖候选人与评委、工作人员的一切联系。由于公开透明,评审过程只接到过 4 起异议举报,且全部为项目完成人排序方面的非实质性异议,未接到一件实质性异议。为历年来最少。

2008 年:

1 月 8 日上午,中共中央、国务院召开国家科学技术奖励大会。中国石油化工股份有限公司石油化工科学研究院闵恩泽院士、中国科学院昆明植物研究所名誉所长吴征镒院士获得 2007 年度国家最高科学技术奖。

1 月 8 日下午,由国家科学技术奖励工作办公室主编、新华出版社出版的《国家最高科学技术奖获奖人丛书》(第二辑)出版发行。国家最高科学技术奖获得者金怡濂院士、王永志院士,以及科技部、中宣部、新华社、中国科学院和国家新闻出版总署有关负责人出席发布会。科技部副部长程津培出席发布会并讲话。该丛书包括金怡濂、刘东生、王永志、叶笃正和吴孟超 5 位获奖人的传记,记述了 5 位国家最高科学技术奖获奖者的成长奋斗历程。

1 月 9 日,科技部在人民大会堂举办国家科技奖励大会专场音乐会。

4 月 17—19 日,国家科学技术奖励工作办公室组织获奖项目首次参加重庆高交会暨军博会。

10 月 12—17 日,国家科学技术奖励工作办公室组织获奖项目首次参加第十届中国国际高新技术成果交易会(深圳)。

12 月 23 日,科技部发布《关于修改〈国家科学技术奖励条例实施细则〉的决定》的第 13 号令。

12 月 31 日,《关于国家最高科学技术奖获奖者小行星命名工作协议书》在北京签署。

这年,国家技术发明奖、国家科学技术进步奖初评会议评审及国家技术发明奖评审委员会的会议评审均采取电话答辩方式。项目报奖者会前提交内容介绍的电子光盘,登记固定电话并按规定的时间等候电话答辩。项目内容介绍完毕后,评委会通过会场专设的扩音电话向项目候选人提问。会议评审中实行异地远程答辩,实现了评审的背靠背,减少了评审的开支成本和评审过程中的人为干扰。

2009 年:

1 月 9 日,中共中央、国务院召开国家科学技术奖励大会。中国工程院院士、北京天坛医院名誉院长王忠诚,中国科学院院士、北京大学教授徐光宪获得 2008 年度国家最高科学技术奖。"小型高精度天体敏感器技术"等 3 项成果被授予国家技术发明奖一等奖,"青藏铁路工程"等 3 项成果被授予国家科学技术进步奖特等奖。

2 月 11 日,科技部部委会决定,在全国开展科技成果评价试点工作。

10 月 14 日,科技成果评价试点启动会议在北京召开。经科技部批准,选择农业部科技司等 9 个部门的 12 个机构作为首批试点单位。

12 月 23 日,科技部第 13 号令发布了《关于修订〈国家科学技术奖励条例实施细则〉的决定》。

2010 年:

1 月 11 日,中共中央、国务院召开国家科学技术奖励大会。中国科学院院士谷超豪、中国科学院院士孙家栋获得 2009 年度国家最高科学技术奖。

5 月 4 日,国家最高科学技术奖获奖者吴文俊、金怡濂、王永志和叶笃正小行星命名仪式在北京举行。

2011 年:

1 月 14 日,中共中央、国务院召开国家科学技术奖励大会。师昌绪院士、王振义院士获得 2010 年度国家最高科学技术奖。

1 月 30 日,经国家科学技术奖励委员会审核同意,并经国务院批准,科技部决定撤销"涡旋压缩机设计制造关键技术研究及系列产品开发"项目所获 2005 年度国家科学技术进步奖二等奖。

2 月 28 日,国家科技奖励推荐项目报送截止,各单位推荐的三大奖项目合计突破 1000 项,达到 1150 余项。

5 月 3 日,著名科学家、国家最高科学技术奖获奖者黄昆、吴孟超、李振声和闵恩泽小行星命名仪式在北京举行,科技部部长万钢向科学家们颁发了小行星命名证书和小行星运行轨道图。

5 月 18—22 日,国家科学技术奖励工作办公室组织获奖项目参加了第十四届北京国际科技博览会,获得广泛好评。

2012 年:

2 月 14 日,中共中央、国务院召开国家科学技术奖励大会。高能物理专家谢家麟院士和建筑学家吴良镛院士获得 2011 年度国家最高科学技术奖。

6 月 4 日,国家最高科学技术奖获奖者吴征镒、王忠诚、孙家栋、师昌绪和王振义小行星命名仪式在北京举行。

6 月 17—22 日，国家科学技术奖励工作办公室组织获奖项目参加了福建"中国海峡项目交易会"，参展展厅被公众投票为最受欢迎展厅。

7 月 19—20 日，国家科学技术进步奖中首设的创新团队奖进行了初评，3 个团队通过评审。

这年，国家自然科学奖首次进行小同行专家评审。国家科学技术奖励工作办公室与省市地方共建的"国家科技成果转化服务示范基地"达到 10 个。

2013 年：

1 月 8 日，中共中央、国务院召开国家科学技术奖励大会。中国科学院力学研究所研究员郑哲敏院士、中国电子科技集团公司电子科学研究院研究员王小谟院士获得 2012 年度国家最高科学技术奖。创新团队奖首次授予"第二军医大学肝癌临床与基础集成化研究创新团队"等 3 个科研团队。

2014 年：

1 月 10 日，中共中央、国务院召开国家科学技术奖励大会。中国科学院大连化学物理研究所张存浩院士、中国人民解放军总装备部程开甲院士获得 2013 年度国家最高科学技术奖。

2015 年：

1 月 9 日，中共中央、国务院召开国家科学技术奖励大会。"两弹一星功勋科学家"于敏院士获得 2014 年度国家最高科学技术奖。

6 月 3—19 日，在国家科学技术奖初评会议期间，首次举办公众旁听活动。

6 月 24 日，组织召开了国家科学技术奖初评结果公示发布会，并首次在科技部和国家科学技术奖励工作办公室网站同步公布三大奖通用项目的初评结果和评审专家名单，全方位接受社会监督。

11 月 12 日，国家科学技术奖励工作办公室邀请部分老同志、评委、获奖代表召开座谈会，纪念《国家科学技术奖励条例》实施 15 周年、国家科学技术奖励工作办公室成立 30 周年。

这年，针对社会反映"经济效益虚高""应用情况不实"等可能存在的问题，首次组织开展对国家技术发明奖、国家科学技术进步奖通用项目的直接经济效益、应用情况真实性的核查试点。从初评通过为特等奖、一等奖的项目中随机抽选项目，委托第三方专业机构进行核查，为后续建立一套更加科学合理的经济效益核算方法与核查机制提供了有益探索。

2016 年：

1 月 4 日，2015 年诺贝尔生理学或医学奖获得者屠呦呦和国家最高科学技术奖获得者谢家麟、吴良镛、郑哲敏、张存浩小行星命名仪式下午在北京钓鱼台国宾馆举行。中共中央政治局委员、国务院副总理刘延东颁发小行星命名证书、运行轨道图，并发表重要讲话。全国政协副主席、科技部部长万钢，中科院院长白春礼等领导出席命名仪式。

1 月 8 日，中共中央、国务院召开国家科学技术奖励大会。国家最高科学技术奖获奖人选第二次空缺。

2017 年：

1 月 9 日，中共中央、国务院召开国家科学技术奖励大会。中国科学院物理研究所赵忠贤院士和中国中医科学院屠呦呦研究员获得 2016 年度国家最高科学技术奖。

2 月 10 日，国家科技奖励推荐项目报送截止，各单位推荐的三大奖项目合计达到 1073 项。

5 月 31 日，国务院办公厅印发《关于深化科技奖励制度改革的方案》，改革方案的重点任务：一是实行提名制，采取由专家学者、组织机构、相关部门提名的制度，进一步简化提名程序；二是建立定标定额的评审制度，即三大科技奖的一、二等奖项目实行按等级标准提名、独立评审表决的机制，一等奖评审落选项目不再降格参评二等奖，授奖总数不超过 300 项；三是三大奖奖励对象由"公民"改为"个人"；四是明晰专家评审委员会和政府部门的职责；五是增强奖励活动的公开透明度；六是健全科技奖励诚信制度；七是强化奖励的荣誉性等。此外，将提高奖金额度。

7 月 7 日，科技部印发《科技部关于进一步鼓励和规范社会力量设立科学技术奖的指导意见》。

这年，试行授奖数量总额控制：国家自然科学奖控制在 45 项左右，国家技术发明奖控制在 65 项左右，三大奖总数不超过 300 项。在评审委员会阶段对国家技术发明奖试行了差额投票，差额 9 项，为进一步完善定额评审制度积累了宝贵经验。

这年，对完成人报奖间隔年限和论文规范使用出台了更严格的规定。一是规定三大奖获奖项目的全部完成人，必须间隔两年才能提名国家科技奖，遏制了部分完成人搭车报奖、拼凑报奖的现象。二是规定国家自然科学奖提交评审的论文专著数量，从原来的"不超过20篇"减少为"不超过8篇"，力求营造求实创新和"重质量、轻数量"的风尚。

2018年：

1月8日，中共中央、国务院召开国家科学技术奖励大会。南京理工大学王泽山院士和中国疾病预防控制中心病毒病预防控制所侯云德院士获得2017年度国家最高科学技术奖。

1月26日，国家科技奖励提名项目报送截止，由于实行提名制，提名名额有较大增长，各单位推荐的三大奖项目合计达到1491项。

3月，国家科学技术奖励工作办公室委托国家功勋荣誉奖章的设计单位清华大学美术学院负责奖章设计和获奖证书的优化设计。

这年，因实行了定额定标评审，提名特等奖和一等奖的项目仅有70项，仅占5.3%，与2017年提名437项特等奖和一等奖相比，降幅显著。国家最高科学技术奖奖金额度由500万元/人调整为800万元/人；奖金将全部授予获奖者个人，由个人支配。这是国家最高科学技术奖设立19年来奖金额度及结构首次调整。

2019年：

1月8日，中共中央、国务院召开国家科学技术奖励大会。哈尔滨工业大学刘永坦院士和中国人民解放军陆军工程大学钱七虎院士获得2018年度国家最高科学技术奖。

11月22日，国家科学技术奖励工作办公室印发《国家科学技术奖提名制实施办法（试行）》。

这年，首次在国家自然科学奖中试行放开完成人国籍限制，共有10名长期在华工作的外籍专家作为项目完成人被提名（5人牵头，5人参与），为吸引鼓励海外高层次人才来华创新创业进行了有益探索。强化小同行作用，民口项目网评实现全覆盖，小同行意见全面带入后续评审阶段。优化会评专家回避规则。进一步增大海外专家参加国家自然科学奖会评的领域范围与人数。组织会评专家对成果包装拼凑、重复报奖等问题重点讨论审查。试点开展对候选项目的真实性核查。

2020年：

1月10日，中共中央、国务院召开国家科学技术奖励大会。中国船舶重工集团公司第七一九研究所黄旭华院士和中国科学院大气物理研究所曾庆存院士获得 2019 年度国家最高科学技术奖。

10 月 7 日，国务院发布新修订的《国家科学技术奖励条例》。条例中提出"国家加大对自然科学基础研究和应用基础研究的奖励。国家自然科学奖应当注重前瞻性、理论性，国家技术发明奖应当注重原创性、实用性，国家科学技术进步奖应当注重创新性、效益性"等新的规定。

这年，因新冠肺炎疫情影响，初评网评阶段在个别网评组进行了改革尝试；在初评会评阶段采用腾讯会议视频进行评审，使评审工作得以安全有效进行。

2021 年：

11 月 3 日，中共中央、国务院召开国家科学技术奖励大会。中国航空工业集团有限公司顾诵芬院士和清华大学王大中院士获得 2020 年度国家最高科学技术奖；授予三大奖（项目）264 项，其中国家自然科学奖 46 项、国家技术发明奖 61 项、国家科学技术进步奖 157 项；8 名外籍专家和 1 个国际组织获中华人民共和国国际科学技术合作奖。

因科技奖励制度改革的需要，本年度未进行国家科学技术奖项目的提名和评审工作。

主要参考文献

[1]《二十五史》中的列传、货殖列传、方技传、宦者列传、循吏传、杂传、沟洫志、畴人传、艺术、兵志等.

[2] J. 科尔，S. 科尔. 科学界的社会分层［M］. 赵佳苓，顾昕，黄绍林，译. 北京：华夏出版社，1989.

[3] 爱克斯朋. 诺贝尔奖的历史［J］. 科学，1999（6）：58-60.

[4] 曾公亮等. 武经总要［M］//中国兵书集成. 北京：解放军出版社，1987.

[5] 陈青猷. 韩非子集释［M］. 上海：上海人民出版社，1974.

[6] 傅兰雅. 格致汇编［M］. 上海：上海书店石印本，1897.

[7] 高亨. 商君书注译［M］. 北京：中华书局，1974.

[8] 管仲. 管子［M］. 北京：北京燕山出版社，1995.

[9] 鬼谷子. 鬼谷子［M］. 太原：山西古籍出版社，2001.

[10] 郭沫若. 甲骨文合集［M］. 北京：中华书局，1978.

[11] 国家科学技术部. 关于进一步鼓励和规范社会力量科技奖励的指导意见：国科发奖〔2017〕196 号［A］. 2017.

[12] 国家科学技术奖励工作办公室. 地方科学技术奖励政策及有关资料汇编［Z］. 2006.

[13] 国家科学技术奖励工作办公室. 国家科学技术奖励工作指南［M］. 北京：北京科学技术出版社，1988.

[14] 国家科学技术奖励工作办公室. 国家科学技术奖励公报［Z］. 2000—2020.

[15] 国家科学技术奖励工作办公室. 国家科学技术奖统计分析报告［Z］.

2014，2016—2018.

［16］国家科学技术奖励工作办公室．全国科技成果统计年度报告［Z］．2006—2019.

［17］国家科学技术奖励工作办公室．中国科学技术奖励年鉴［Z］．2000—2019.

［18］国家科学技术奖励工作办公室．中华人民共和国社会力量设立科学技术奖简介［Z］．2005.

［19］国立中央研究院各种奖金办法［A］．南京：中国第二历史档案馆，卷宗号 393，案卷号 1770.

［20］国立中央研究院各种资金历届得主人名（自然类）［A］．南京：中国第二历史档案馆，卷宗号 393，案卷号 1223.

［21］国民政府教育部．第二次中国教育年鉴［M］．上海：商务印书馆，1948.

［22］哈里特·朱克曼．科学界的精英［M］．北京：商务印书馆，1979.

［23］郝景盛．抗战七年来之科学［A］．革命文献（59）．

［24］亨利·莱昂斯．英国皇家学会史［M］．陈先贵，译．昆明：云南机械工程学会，1985.

［25］洪仁玕．资政新篇［M］//中国史学会．中国近代史资料丛刊（太平天国）．上海：上海人民出版社，1957.

［26］姬昌．周易［M］．双安珍藏本，香港：香港万卷机构出版印刷，2006.

［27］奖励工业技术暂行条例［A］．南京：南京中国第二历史档案馆，卷宗号 5，案卷号 iii.

［28］教育部举办民国三十年度著作发明及学术奖励经过述要［A］．南京：中国第二历史档案馆，卷宗号 394，案卷号 00033.

［29］教育部著作发明及美术奖励规则［A］．南京：中国第二历史档案馆，卷宗号 394，案卷号 00034.

［30］杰里·加斯顿．科学的社会运行［M］．北京：光明日报出版社，1988.

［31］康有为．请奖工艺奖创新折［M］//中国史学会．中国近代史资料丛刊（戊戌变法）．上海：上海神州国光杜，1954.

［32］李迪．康熙几暇格物编译著［M］．上海：上海古籍出版社，1993.

［33］李昉．太平御览［M］．北京：中华书局，1960.

［34］李林安．19 世纪英国的科学捐助运动［J］．自然辩证法研究，1992（2）：39.

［35］李约瑟．中国科学技术史（第 1 卷—第 6 卷）［M］．北京：科学出版社，1975.

［36］利玛窦．中国札记［M］．何高济，等译．北京：中华书局，1983.

［37］刘泽芬．国外科技奖励［M］．北京：冶金工业出版社，1989.

［38］米哈依洛夫，等．科学交流与情报学［M］．徐新民，等译．北京：科学技术文献出版社，1980.

［39］墨子的弟子及其再传弟子．墨子［M］．广州：广州出版社，2004.

［40］默顿．科学社会学［M］．上海：商务印书馆，2003.

［41］默顿．十七世纪英国的科学、技术和社会［M］．上海：商务印书馆，2002.

［42］穆孝天，李明回．中国安徽文房四宝［M］．合肥：安徽科学技术出版社，1982.

［43］任鸿隽．中国科学社社史简述［J］．中国科技史料，1983（1）：2-13.

［44］容闳．西学东渐记［M］．长春：湖南人民出版社，1981.

［45］沈括．梦溪笔谈［M］．呼和浩特：远方出版社，2004.

［46］司马光．资治通鉴［M］．北京：大众文艺出版社，1999.

［47］王华宝等注译．周礼［M］．长沙：岳麓书社，2001.

［48］王钦若．册府元龟［M］．北京：中华书局，1960.

［49］王世舜．尚书译注［M］．四川：四川人民出版社，1982.

［50］王学珍，郭建荣．北京大学史料［M］．北京：北京大学出版社，2000.

［51］魏若望．传教士、科学家、工程师、外交家南怀仁［M］．北京：社会科学文献出版社，2001.

［52］吴枫．中华思想宝库［M］．长春：吉林人民出版社，1999.

［53］吴涧东．三十年来中国之发明专利［A］．重庆：重庆市档案馆，1946.

［54］吴兢．贞观政要［M］．上海：上海古籍出版社，1979.

［55］武衡．东北区科学技术发展史资料［M］．北京：中国学术出版社，1988.

［56］武衡．抗日战争时期解放区科学技术发展史资料［M］．北京：中国学术出版社，1983.

［57］夏东元．洋务运动史［M］．上海：华东师范大学出版社，1992.

［58］雅各布·布克哈特．意大利文艺复兴时期的文化［M］．上海：商务印书馆，1984.

［59］严可均．全晋文［M］．北京：中华书局，1958.

［60］佚名．宣统二年归国留学生史料续编［J］．历史档案，1997（4）：52-66.

［61］张道藩．抗战时期之学术序［A］．革命文献（59）．

［62］张双棣等．吕氏春秋详注［M］．长春：吉林文史出版社，1986.

［63］赵万里．从荣誉奖金到研究资助：探析法国科学院奖助系统的形式［J］．自然辩证法研究，2000，16（3）：61-66.

［64］中国第二历史档案馆编．中华民国史档案资料汇编［M］．南京：江苏古籍出版社，1994.

［65］中国科学社裘氏父子理工著述奖金办法［A］．南京：中国第二历史档案馆，卷宗号394.

［66］中国科学院．中国科学院发展史（预印本）［M］．1989.

［67］中国驻埃及使馆科技处．埃及的科技奖励制度［Z］．国外科技调研资料，1999.

［68］中国驻澳大利亚使馆科技处．澳大利亚科技奖励介绍［Z］．国外科技调研资料，1997.

［69］中国驻巴西使馆科技处．巴西的科技奖励制度［Z］．国外科技调研资料，1999.

［70］中国驻德国使馆科技处．德国的科技奖励制度［Z］．国外科技调研资料，1999.

［71］中国驻俄罗斯使馆科技处．俄罗斯的科技奖励制度［Z］．国外科技调研资料，1999.

［72］中国驻法国大使馆科技处．法国国家和民间科学技术奖励情况［Z］．

国外科技调研资料，1997.

［73］中国驻芬兰使馆科技处．芬兰科学技术奖［Z］．国外科技调研资料，1999.

［74］中国驻韩国使馆科技处．韩国科技奖励制度［Z］．国外科技调研资料，1997.

［75］中国驻印度使馆科技处．印度的科技奖励制度［Z］．国外科技调研资料，1999.

［76］中国驻英国使馆科技处．英国女王奖［Z］．国外科技调研资料，1999.

［77］中华人民共和国国务院．国家科学技术奖励条例［Z］．2021.

［78］庄周．庄子［M］．北京：北京燕山出版社，1995.

后　记

在从事科技奖励工作 10 年时，本书的第一版付梓。不知不觉，13 年倏然过去。伴随我国科技的进步，科技奖励也在不断地改进完善。2017 年 5月，国务院办公厅下发了《关于深化科技奖励制度改革的方案》，提出了"改推荐制为提名制""建立定标定额的评审制度""奖励对象由'公民'改为'个人'""提高奖金额度"等改革要点。2020 年 10 月，按照方案新修订的《国家科学技术奖励条例》正式颁发，标志着我国科技奖励进入一个新阶段。

早在 1987 年，著名科学家钱学森就提出了开展"科技奖励学"的研究。其后，国内不少专家学者从不同的角度对我国及国外科技奖励进行调研，撰写了很多高质量的学术论文和研究报告。由于工作关系，笔者不自觉地对科技奖励也进行了一些思考和研究。2008 年，在科学出版社的支持下出版了《科学技术奖励综论》一书，全方位地介绍了中外科技奖励制度的起源、发展、理论、异同等，特别翔实地介绍了新中国成立以来我国的奖励制度，受到科技人员和有关管理者的关注和肯定。本次修订除对原内容作了精简外，加入了 10 多年来科技奖励创新发展的新资料新数据，使本书时代感更强。

近年来，国家科技奖励在全社会的影响力日益增强，科技界的关注度越来越高，已成为科技评价的重要标尺，其原因有如下几点：一是国家科技奖励的稀缺性、权威性和崇高性。从稀缺性来看，获奖项目是科技成果中的精品，是科技进步和人类文明的重要表征之一。据统计，2020 年国家科技成果网登记的成果达到了 76 521 项，而当年获奖成果不超过 300 项，也就是说，只有 3.92‰的成果获得奖励，可见获奖难度极大。从权威性来看，参评项目由科技部组织评审，国务院颁发奖状，是我国科技界的最高荣誉。从崇高性来看，每年国家都要召开国家科学技术奖励大会，党和国家主要领导人亲自为获奖代表颁奖，气氛热烈隆重，体现了党和国家对科技创新的高度重视、对科技人员的尊重和肯定。二是科技奖励是国家的重要国策。奖励做出重大创新和重要贡献的科技工作者写入了《中华人民共和国宪法》《中华人民共和国科学技术进步法》。通过科技奖励，承认和肯定科技人员做出的创新性贡献，树立了榜样的力量，激励科技界自立自强，取得新的成就。三是科技奖励制度是荣誉制度，但也是一种最重要的评价方式，是衡量科研水平的一把标尺。目前，人才评价、机构评价及很多方面均考虑到与获得奖励的影响力有关。

科技奖励涉及的科技知识面广，同时也涉及史学、行政学、心理学、社会学等方面，因此，书中难免存在不严谨及疏忽之处。本书的一些观点也仅仅是自己的思考，不代表任何组织和个人意见，内容难免以偏概全，敬请批评指正。本次修订再版更名为《中外科技奖励概论》。感谢同仁的理解、鼓励和支持！特别感谢科学技术文献出版社的大力支持！

科技在发展，时代在进步，科技奖励制度改革完善是一个永恒的话题。本书内容难以预测改革带来的变化，但"坚持少而精""精神奖励与物质奖励相结合""激励青年人才"的旋律不会变。愿本书内容对读者有启迪，有帮助，这是撰修本书的初衷。

作者

2021 年 11 月于北京

"共和国勋章"

国家荣誉称号奖章

国家最高科学技术奖奖章

"友谊勋章"

"两弹一星"功勋奖章

国家自然科学奖奖章（1999 年前）

国家技术发明奖奖章（1999 年前）

国家科学技术进步奖奖章（1999 年前）

国家发明奖最初颁发的奖章

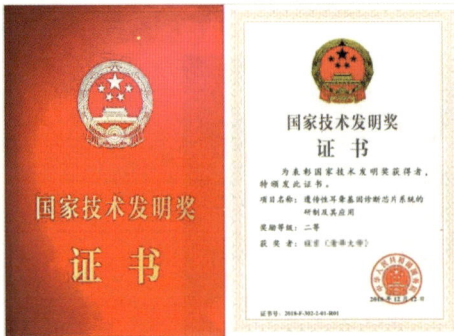
国家技术发明奖获奖证书

国家科学技术进步奖获奖证书

诺贝尔奖奖章

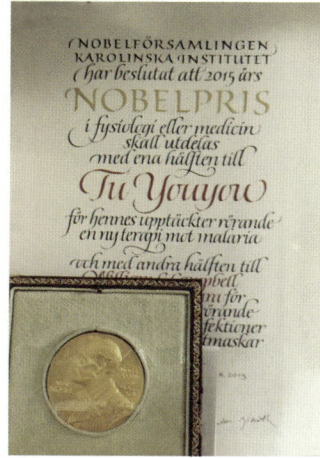
屠呦呦获得的诺贝尔奖奖章和证书

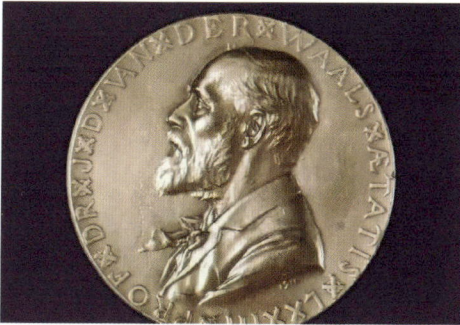
沃尔夫奖奖章

科普利奖奖章

美国国家科学奖奖章

美国国家技术与创新奖奖章

国家科学技术奖励大会

上海市科学技术奖励大会

湖南省科学技术奖励大会

何梁何利奖颁奖大会

未来科学大奖颁奖典礼

作者与"共和国勋章"、国家最高科学技术
奖获得者，杂交水稻之父袁隆平院士合影

作者与"共和国勋章"、诺贝尔科学奖
获得者屠呦呦研究员合影

作者与国家最高科学技术奖获得者、中国载
人航天工程首任总设计师王永志院士合影

作者与国家最高科学技术奖获得者、
著名数学家谷超豪院士合影

作者与国家最高科学技术奖获得者、
著名物理学家赵忠贤院士合影

作者与中华人民共和国国际科学技术合作奖
获得者、著名数学家丘成桐合影